U0077033

超前部署
賺好股

報酬是靠耐心等待出來的，
用16年獲利58倍

孫慶龍◎著

增訂版自序

從源源不絕到超前部署賺好股 008

自序

路只要是對的，就不怕遠 014

【第 1 篇】

建立正確觀念 贏在投資起點

1-1 認清股票真實報酬率 更能掌握完美投資3條件 022

學會分辨好公司及計算好價格／欲克服人性，必先破除短期致富的遐想／師法巴菲特，長期投資更有機會積攢財富

1-2 克服2大盲點 降低在股市「花冤枉錢」機率 031

盲點1》草率的投資決定／盲點2》「小賺大賠」的投資操作／投資人在市場易陷入恐慌，導致太早賣好股／買進前做足功課，極力看好股不輕易賣出／帳面虧損近15%時，需重新檢視看好理由／若看錯股票，於虧損15%時執行停損／克服2大心理難處，把停損當成買保險／停損需把握黃金期，並具備買回的勇氣

1-3 用衛星+核心策略調節持股部位 避免賣光長期持有的好股 053

受制人性弱點，獲利了結後難用更高價買回／運用衛星持股部位，取得報酬與風險之間的平衡／核心與衛星持股策略操作實例》京元電子

1-4 用四季投資法於低檔布局 成功在高檔豐收 068

四季投資法》用四季農作智慧布局股市投資／實戰經歷1》投資羅昇，經歷4次考驗賺1倍／實戰經歷2》投資鴻海，等待10個月後股價飆漲／AI在未來科技產業占據重要地位

1-5 把握生活選股6法則 嗅出投資賺錢的真正契機 089

找好股如同覓好茶，香氣與喉韻缺一不可／好股票的「香氣」，需用實際財務數字確認／若故事建立在「眼見為憑」上，潛在投資價值更高／以6大法則從「生活選股」，避免以偏概全影響

1-6 **別用買彩券心態買股票 投資好公司才能長期穩健致富** 107
只想投機試手氣，財富難累積／唯有對公司具備充分信心，才敢重壓資金／選股能力有限時，仍須建立良好投資組合

【第 2 篇】
聰明配置股票 打造賺錢組合

2-1 **師法BCG矩陣建立完美投資組合 抓緊明星股與金牛股** 116
將管理學BCG矩陣套用在區別個股類型上／建立完美投資組合3大策略

2-2 **GDP不一定會與台股連動 顯示股市並非經濟櫥窗** 130
若投資個股，不需過於在意經濟與大盤指數波動

2-3 **2類系統風險發生時 聰明危機入市** 136
經濟因素》伴隨景氣衰退，衝擊股市時間較長／非經濟因素》股市恐慌殺盤後，快速迎來報復性反彈／大盤高檔時擔心風險降臨，可預留現金等加碼／持股比重過高時，可採2應對策略／風險承受度較高者，可用防禦型股票取代現金

2-4 **從產業淘汰賽找投資機會 成功讓財富倍增** 147
台灣太陽能產業曾陷殺價競爭，一代股王黯然退場／3方面顯示太陽能產業可望走出黎明前的黑暗／受惠太陽能成長前景，碩禾2023年迎來轉機／從產業淘汰賽成功達成2大戰績

2-5 **當好公司遇到麻煩時 把握天上掉下來的禮物** 165
狀況1》新舊產品無法順利銜接的麻煩／狀況2》失去下游客戶的麻煩／狀況3》陷入財報虧損的麻煩

2-6 **市場無效率 成就獨家的冷門股投資術** 183
挑選冷門股標的須符合3條件／用正確方法投資冷門股，照樣創造優異獲利／健全的財務條件為區分是否為地雷股的關鍵／冷門股被市場調高本益比時，將支持股價走揚

2-7 **投資問題兒童股票　做好配置可兼顧風險與報酬** 197

將資金分散在多檔股票，可提高持股耐性／持股檔數愈多，可消除愈多「非系統風險」／持股4～8檔，可分散風險且適當貢獻獲利／若資金規模小，持股5檔是更好選擇

2-8 **挑具成長潛力的金牛股　進可攻退可守** 204

金牛股能否變明星股，取決於未來成長性／實際範例》巴菲特投資洗腎服務商DaVita／觀察擴廠計畫，提前掌握金牛股成長潛力／實際範例》2022年起環球晶大規模擴充自有產能／有現在的大擴產，營收才能有未來的大成長

2-9 **從資本支出、營運現金流量　評估股價未來成長性** 221

以財報的過去式推論股價的未來式，有其邏輯陷阱／財報分析需搭配產業基本面，才能掌握未來營運／擴大資本支出卻走向衰敗案例》綠能、友達／擴大資本支出走向大成長案例》台積電、大立光／資本支出應小於營運現金流量

【第 3 篇】

看懂財報眉角　篩出優質標的

3-1 **用3財務特點挖掘隱形冠軍　成就台股冠軍** 238

實際案例》碳纖維網球拍供應商拓凱

3-2 **5大「卸妝」技巧　看清財報素顏的模樣** 249

技巧1》釐清公司轉投資目的及效益／技巧2》當心企業購併決策使無形資產暴增／技巧3》區別本業收益與業外收益的差別／技巧4》存貨與應收帳款有無異常增加／技巧5》留意會計主管頻繁變動

3-3 **掌握淡旺季營收變化　提前卡位股票獲利時機** 279

淡旺季的營收變化，透露公司營運重大轉機／若是淡季表現勝過旺季，預告股價大漲／善用「淡季買股票，旺季數鈔票」投資策略／透過新增產能，達到淡季不淡效應

3-4 挖掘EPS上升＋具故事題材股票 坐享股價飆漲果實 293

EPS與本益比變化，為股價漲跌關鍵／熱門題材拉升本益比，短時間可激勵股價大漲／EPS是決定股價漲跌的核心關鍵／公司提升EPS方法1》提高營收／公司提升EPS方法2》降低成本／公司提升EPS方法3》降低股本

3-5 IFRS正式上路後 財報公布調整2原則 324

每月營收數字》上市櫃公司須公布合併營收／季報公布時間》第1、3季延後，第2季提前／未能如期公布財報的企業，暗藏營運危機

【第4篇】

學會計算價格 抓準進場時機

4-1 專注於公司營運表現 不看盤才能賺大錢 332

在股票市場中，投資人往往出現不理性行為／好公司跌到便宜價，投資人常因恐懼而不敢買進／忘卻股價起伏，避免投資變投機

4-2 用5種財務比率法 算出股票的「好價格」 338

現金報酬率》評估股價的最佳工具／本益比》預估本益比的參考性較追蹤本益比高／股價盈餘成長比》專業投資人愛用／股價淨值比》保守型投資人偏愛／股價營收比》數字穩定不易被操弄

4-3 股市大師愛用股票計算法──現金流量折現法 352

了解現金流量折現法前，先認識ROE／企業的合理價格，為未來現金流量的折現總和／範例試算》便利商店年賺100萬元的合理收購價／實際案例》以現金流量折現法計算台積電企業價值

4-4 把握過街老鼠股 賺取「鹹魚大翻生」的超額利潤 365

思考1》有在吃老本嗎？／思考2》這家公司會倒嗎？／思考3》公司值多少錢？／實際範例》2023年Q2航運股

增訂版自序

從源源不絕到超前部署賺好股

2010 年 8 月《今周刊》曾報導過我的一個操作實例，2009 年時，在不到一年的時間內，透過股票操作，將原先 52 萬元的資產成長到 325 萬元。該帳戶在 2010 年底成長到 499 萬元。

如今 14 年的時間又過去，這一筆 52 萬元的股票資產，在沒有增加其他資金的情況下，目前持續成長到 3,073 萬元（編按：截至 2024 年 6 月 19 日）；換言之，若以當初的成本計算，16 年多的時間，已經創造出超過 58 倍的投資獲利。

然而，這超過 58 倍投資獲利的報酬，在投資過程中，除了 2009 年逮到金融海嘯過後的報復性反彈，並於當年創造了 670% 的超額報酬之外，其餘年度都只是「中規中矩」的表現而已——其中 5 個年度的報酬率超過 20%、4 個年度落在 10% ～ 19%、4 個年度落在 0% ～ 10% 之間，甚至還有 2 個年度出現虧損的負報酬（詳見表 1）。

表1 投資16年來，成功將52萬元翻了58倍
——孫慶龍實際操作之股票帳戶市值變化

年度	年度報酬率（%）	股票市值（萬元）
2008年	N/A	52（本金）
2009年	670.77	401
2010年	24.60	499
2011年	6.56	532
2012年	17.74	627
2013年	25.41	786
2014年	7.16	842
2015年	-22.03	656
2016年	3.27	678
2017年	17.14	794
2018年	14.49	909
2019年	37.80	1,253
2020年	6.46	1,334
2021年	18.62	1,582
2022年	-1.28	1,562
2023年	43.27	2,238
2024年	37.33	**3,073**

註：1. 資料日期截至2024.06.19；2. 表中2009年～2023年數據皆於年底結算資產

然而，這樣「中規中矩」的獲利表現，得以讓這個股票帳戶繼續成長，最終創造出超過58倍的累積報酬率。不過，我最想強調的，不是這個績效的結果，而是創造出這個結果的方法，因為在股票市場中只要方法對了，處處都充滿賺大錢的機會；簡單來說，**投資的方法與投資的心態，決定了**

最後是否賺錢的關鍵。

此外，創造上述這個績效結果的好方法，我在這幾年也做了一些調整，從原本的「好公司」、「好價格」、「大賺小賠」，調整到「好公司」、「好價格」、「買低賣高」（詳見圖 1）。主要的原因，是我觀察到只要投資人能用好價格，買到好公司，通常股價的短線波動就無須太過在意；畢竟短線上，市場「或許」會忽視一家好公司的真實價值，但長線上，市場「絕對」會反映好公司的真實價值。

換言之，若太遵守「小賠」的停損原則，一方面會錯失好公司愈跌愈美麗的投資契機，另一方面會錯失「Buy & hold」（買進持有）好公司所帶來的財富增長效益。而這個體悟，也是我在歷經 2015 年當年大賠 22% 所換來的寶貴經驗。

回顧 2015 年，我因為太堅守「負 15% 小賠」的停損原則，被迫將許多未來具有成長性的好公司停損賣出。除了拖累當年績效外，從結果來看，每檔當時被停損的股票，後來股價都出現飆漲的走勢，讓當時看似理智的「停損」決定，最後淪為愚蠢的交易行為。此外，從多年來的實戰經驗也顯示，「好公司」一旦被賣掉，很多時候，都很難再買回來，尤其當行情出現報復性反彈時，股價的回升來得又快又急，常常會讓投資人措手不及。

圖1 近年將「大賺小賠」調整為「買低賣高」原則
——孫慶龍投資心法調整

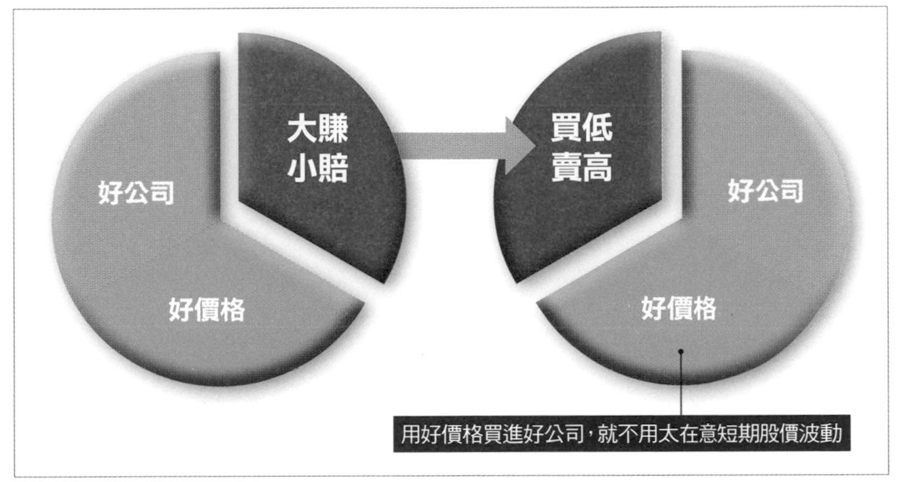

欣慰的是，每一次跌倒的經驗，都提供了未來變得更好的養分。時序進入2022年，雖然受到美國聯準會暴力升息的影響，加上台海危機，讓當年度的台股大跌22%，但不再停損「好公司」的決定，甚至相信「好公司愈跌愈美麗」的原則，不僅讓我2022年只小虧1.28%，更奠定2023年、甚至2024年獲利扶搖直上的基礎，也讓我愈來愈深信：短線上，市場「或許」會忽視一家「好公司」的真實價值，但長線上，市場「絕對」會反映「好公司」的真實價值。

過去十幾年，在投資的方法與領悟，我不僅將之進化成 2.0 的升級版，我也將 2013 年出版的著作《源源不絕賺好股》內容升級，也就是這本《超前部署賺好股》，期望透過這個進化後的版本，提供讀者更大的收穫。

基本上，作為《源源不絕賺好股》的增訂版，這本書主要是延續了原版書籍的架構，除了保留部分經典案例，以及新增近年的新案例，例如台積電（2330）、鴻海（2317）、京元電子（2449）、AI 產業之外，以下幾個章節，有做了大幅度的變更：

1-5：加入「從生活當中選好股的 6 大法則」觀念教學，雖然每個人的生活經驗不同，但是為了避免以偏概全，利用生活經驗選股時，務必要確認所選擇的公司是否符合這 6 大法則。

2-3：刪除原版內容關於景氣對策燈號與判斷台股落底時機的內容，新增在遇到系統風險與非投資風險時的回顧與分析，以及面臨股市高檔時，如何透過調配手中的持股比重，增強投資組合的防禦性。

2-6：發掘冷門股是我擅長的領域之一，偶爾有讀者問我，冷門股要怎麼定義？這個章節，特別將我用來評估冷門股的條件提出可量化的指標，並且加入了大數據的決策分析，將我的成功經驗客觀數據化，提供給讀者更具體的學習依據。

3-1：在分析關於尋找隱形冠軍的內容中，更換了全新的實例解說，包括2024年《投資家日報》開始追蹤的一家隱形冠軍企業。

3-2：原版〈看清財報素顏的模樣〉內容，講述容易被美化的財報項目，這個章節也增加了近年台股的經典案例，相信可以提供讀者更深刻的領悟。

最後溫馨提醒，每個人的狀況都不同，所以成功獲利的關鍵是找到適合自己的投資屬性及風險承受度的方法與策略。此外，我也相信在股票市場，**只要「方法對了，小錢也能變大錢」，但若「方法錯了，有再多的房子都不夠你賠。」**所以希望這本書的增訂問世，能透過慶龍小小的經驗，成為別人的祝福，並幫助更多的讀者，找到適合自己的投資方法與獲利方程式，就如同《聖經》馬太福音13:32「這原是百種裡最小的，等到長起來，卻比各樣的菜都大，且成了樹，天上的飛鳥來宿在它的枝上。」

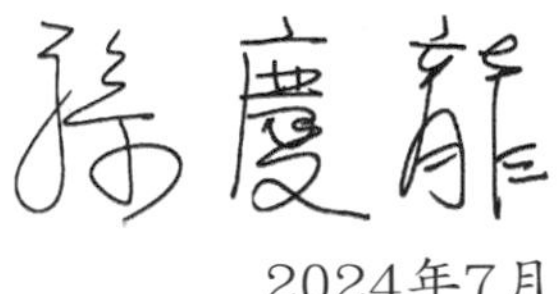

2024年7月

自序

路只要是對的，就不怕遠

前些日子認識了一個朋友，他說在股票市場中賠了很多錢，現在每天一看到股價的起起伏伏，一下緊張一下開心，不但沒有辦法專心工作，有時壓力大到連飯都吃不下。

其實股票投資，也是一種生活態度的選擇。

俗語說：「一種米養百種人」，在股票市場中也是如此，有些人熱中追逐市場的主流，到處打聽明牌，有些人則喜愛每天殺進殺出的快感；有些人埋頭技術分析的研究，而有些人則奉行基本面分析的準則。

不管是抱著什麼樣的態度，每個人進入到股票市場中，相信都只有一個目的，希望能透過資本市場「以錢滾錢」的魅力，創造出一個更好的生活。「更好的生活」，對許多人的定義來講，或許會認定就是要「賺大錢」，但對我而言，賺錢確實是最終的目的，但「安心賺大錢」才是真正想要追尋的方式。

每個人都有屬於自己的一片天空，在家庭，在工作，或者是在自己的興趣嗜好上，生活的重心應該要擺在這些更有意義的事情上面，而不是花費在股價每天上下起伏的波動上，甚至影響到生活的品質。

如何運用一種更理性的態度，去面對充滿誘惑與陷阱的股票市場？這才是真正能跳脫出人性中「恐懼」與「貪婪」弱點，所造成投資上非理性的傷害。

在金融市場中，投資人常常被灌輸「人不理財、財不理人」的觀念，而現代的台灣人要脫離當前「低薪與高工時」的惡性循環，唯有善用「人賺錢，兩條腿；錢賺錢，四條腿；智慧賺錢，九條腿」的投資術，才能提早完善個人甚至家庭的退休規畫，畢竟目前台灣的政經環境，不僅政府不可靠，尋求穩定成長的工作也愈來愈難得。

一般人最常接觸的理財工具，包括股票、基金、衍生性金融商品、債券與房地產等５大類。其中，股票投資由於具有報酬率佳、流動性佳等優點，因此最受台灣投資人的喜愛（詳見圖１）。但也由於波動性與風險相對較大，同樣也是讓台灣投資人受傷最深的理財工具。

其實股票投資並不可怕，可怕的是一般投資人由於想要追求短期致富，而將自己陷入到「投機與賭博」的氛圍中。我甚至認為「短期致富」在股票市場中根本不存在，短期致富根本只是一個空中樓閣的遐想，任何想要追求快速致富的人，除非本身有很好的偏財運，否則最後的結果不但很難在股票市場中賺到大錢，甚至想要全身而退都是挑戰。

把股票市場當作是一個「投機」的市場，不僅會產生不切實際的期望，更會掉入賠錢的深淵中，因此**唯有將股票市場看作是「投資」的市場，才能長長久久地運用「它」來創造人生的財富**，並且提早完成退休的規畫。

「路只要是對的，就不怕遠」是一位長輩分享給我的一句人生哲學，說明在人生的路途上，最怕的就是投入了大量的時間與精力之後，發現竟然只是白忙一場、徒勞無功，因為根本走錯路了。這個人生哲學的啟示，也讓我聯想，為什麼大多數的投資人都無法在股票市場中賺到錢？會不會根本的原因就在於「走錯路了」？而這個錯誤，就在於把股票市場看作是「投機」市場，而非「投資」市場。

一般人在生活周遭，由於充斥著太多電視媒體，或報章雜誌，或理財達人，或股市名嘴等「行銷式」的分析言論，因此不但容易將注意力集中在每天的焦點熱門股上，更會相信這個世界上存在著一種神奇的選股技術，

圖1 股票因報酬、流動性佳，受投資人喜愛

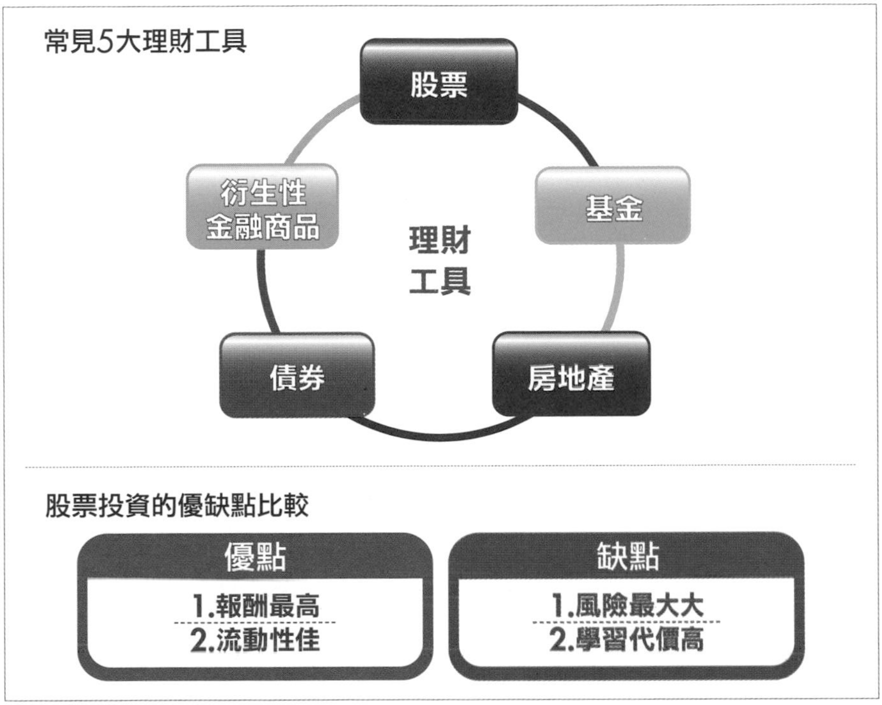

常見5大理財工具

理財工具：股票、基金、房地產、債券、衍生性金融商品

股票投資的優缺點比較

優點	缺點
1.報酬最高	1.風險最大大
2.流動性佳	2.學習代價高

只要能熱中於每天熱門財經的研究上、專注在每天股價波動的鑽研上，就可以讓人每天都買到強勢的股票，並且享受到漲停板的賺錢喜悅。

我以為投機與投資最大的差別，在於對股價走勢的態度，前者的重心在

於預測行情波動，並試圖在價格的起伏之間獲利；而後者在乎的是如何以好的價格買進好的公司，並享受好公司認真經營的成果與回饋（詳見圖2）。

行情的波動對投資者而言固然很重要，但真正的意義，只是利用「它」創造買進或賣出的機會，不僅不會仰賴「它」獲取投資的智慧，更不會期待只要盯著「它」就能找到賺錢的契機。換言之，大多數投資人之所以無法在股票市場中賺到錢的真正原因，就是錯把股市看作是「投機」市場，而非「投資」市場。

2010 年 8 月《今周刊》714 期曾報導過我的一個操作實例，2009 年～2010 年期間，透過股票操作，將資產從原先的 52 萬元成長到 325 萬元；3 年的時間又過去了，至 2013 年 5 月，股票資產又再成長到 700 萬元以上，如果以當初的成本計算，4 年多的時間，創造出超過 10 倍的獲利。

然而，我想要強調的不是這個績效的結果，而是創造出這個結果的方法，在股票市場中只要方法對了，處處都可以充滿賺大錢的商機，簡單來說，投資的方法與投資的心態，決定了最後是否賺錢的關鍵。

這個投資的方法，就是「好公司」、「好價格」與「大賺小賠」；而這個心態，就是用「投資」而非「投機」來正確看待股票市場。

圖2 股市投機者才會追逐每天股價行情的波動
——投資與投機大不同

投資	投機
◆在乎投資收益、公司營運	◆焦點放在股票是熱門或強勢
◆利用行情創造進出場機會	◆追逐每天行情的上下波動

52 萬元，是大多數投資人都可以拿得出來的數字，但能夠創造出「億萬人生」的卻少之又少，因此我有一個大願，希望這本《源源不絕賺好股》，在問世 15、20 年之後，能夠因為這本書裡所傳達的正確的投資方法，協助讀者創造出「1 億元的富足人生」。「1 億元」絕對不是一個幻想的目標，因為只要方法對了，並持之以恆地堅持貫徹下去，股票投資將是一個可以提供長期致富的管道。

共勉之！

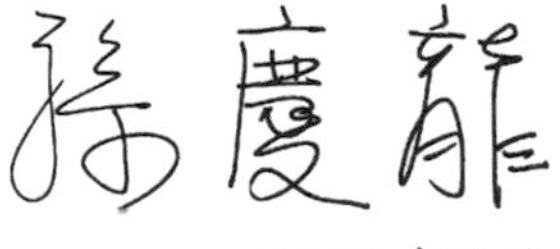

2013年9月

第1篇

建立正確觀念
贏在投資起點

認清股票真實報酬率 更能掌握完美投資3條件

假如股票投資是一個完整的圓，那麼成就這個圓，有 3 個必要條件：「發掘好公司」、「計算好價格」與「克服人性」（詳見圖 1）。

這 3 個條件必須環環相扣，缺了任何一個，都會讓原本完整的圓，因為缺了一角而不完美。

例如找到了好公司，也精準計算出可以安心獲利的好價格，但是投資人如果無法克服人性，依然無法在股票市場中享受到財富累積的喜悅。

學會分辨好公司及計算好價格

一般投資朋友，在股票投資上最大的困擾，不外乎兩點：

第一，無法清楚分辨一家公司的好壞。

圖1 如果無法克服人性，買到好公司也無法獲利

——完美投資3必要條件

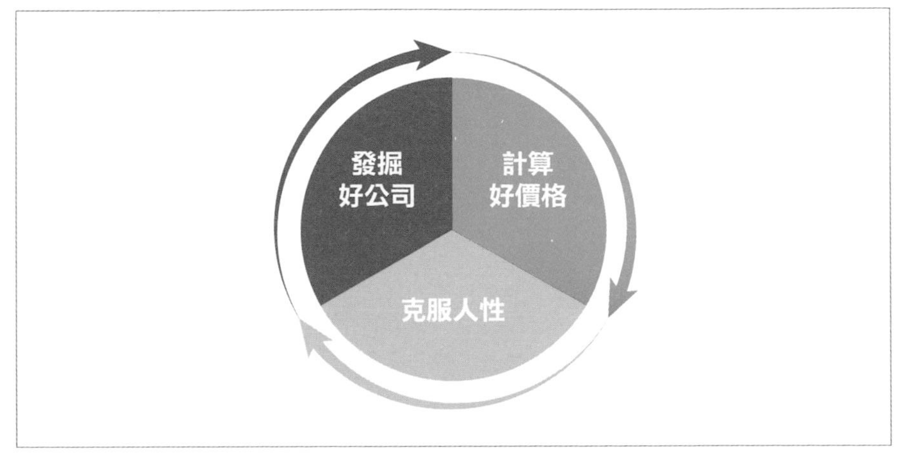

第二，無法確切計算一家公司股價的好壞。

因此，反映在股票的決策上，常常會混淆「投機」與「投資」的定義。

當投資人無法分辨好公司與計算好價格，就貿然進入充滿陷阱與誘惑的股票市場中，就好比一個人手裡捧著大把的鈔票，到商場上買東西，不看東西的好壞，也不比較價格的高低，就大肆採購，自然會成為不肖商人眼中的大肥羊。

這本書最大專業價值的地方有二，一是教讀者如何提早發掘被人忽視的好公司，二是協助讀者如何計算好價格。換言之，本書的讀者將會贏在股票投資的起跑點上。

然而，贏在起跑點，只能說是一個好的開始，因為要能真正享受到財富長期累積的喜悅，還必須在「克服人性」的議題上，做出正確的堅持。

欲克服人性，必先破除短期致富的遐想

談到克服人性，第一個認知，就是要「破除短期致富的遐想」。一般散戶最大的問題，就是急著想賺快錢，1 年賺 20% 嫌太少，總是想在 1 個月內、甚至幾天內就賺到 20%。最終的結果，就是讓自己陷入「投機」的金錢遊戲中，甚至會被市場上各種誇張的行銷話術所吸引。

我主筆《投資家日報》至今 2024 年，即將邁入第 16 個年頭，過程中看到了有太多的散戶，因為一心只想賺快錢，最後不僅讓自己掉入賭博的投機氛圍中，更換來傷痕累累的賠錢經驗。別忘了，在賭場裡，最後的贏家一定是莊家。

既然一心只想賺快錢，最後的結果大多數都是不堪回首。那為什麼又有

圖2 「買在起漲點」是散戶常需面對的投資誘惑
——股票市場中的投資誘惑

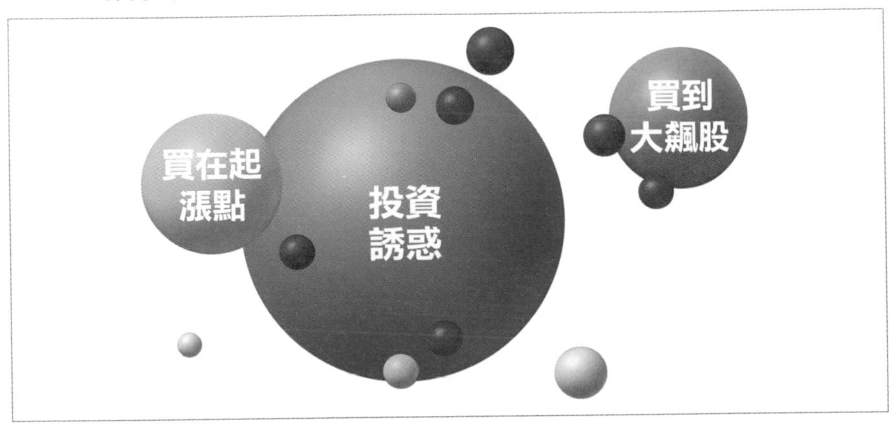

資料來源：《投資家日報》

許多投資人會前仆後繼地熱中於此？我認為關鍵就在市場中充斥著太多「行銷式的話術」，去勾起人們心中那個貪婪的魔鬼。

姑且不論那些每天在電視第四台、在網路上，搏命演出的投顧分析師、理財達人，如何吹噓自己有多厲害；許多電視與報章媒體，常常也會為了博取收視率、點閱率，語不驚人死不休地使用聳動性的標題，推銷各種投機式的操作方法，或是短線可能大賺（也可能血本無歸）的金融商品，去吸引一般投資大眾的目光。

股票市場存在太多誘惑，因此不但容易勾起散戶心中那個貪婪的魔鬼，更容易掉入「不肖業者」的陷阱中，誤以為投資市場中，確實存在某種可以「買在起漲點」、可以「買到大飆股」的神奇方法（詳見圖 2）。

師法巴菲特，長期投資更有機會積攢財富

倘若一心只想賺快錢，只想短期致富的想法不切實際，那麼多少投資報酬率才是合理的預期呢？

美國投資大師巴菲特（Warren Buffett）的經驗，或許可以提供參考——整體而言，巴菲特 1965 年～ 2023 年在股票投資上的年化報酬率為 19.8%。投資人千萬不要小看 19.8% 的年化報酬率，因為僅憑這樣的報酬率，就足以讓 10 萬元的資產，在 59 年的時間成長到 42.6 億元，或是讓 100 萬元成長到不可思議的 426 億元。

如果你認為 59 年不切實際，那我們用 30 年計算就好——同樣的報酬率，10 萬元能滾成 2 億元；就算是 20 年，也能滾到 3,700 萬元。

10 萬元是所有投資人都拿得出來的資金，但能夠成就億元身價的人卻是少之又少，關鍵就是一般投資大眾對股票投資存在太多錯誤的遐想。換言

表1 巴菲特近59年年化報酬率大勝美股大盤

——巴菲特vs.美股S&P 500指數年度報酬率

年度	巴菲特（%）	S&P500（%）	勝過大盤（百分點）	年度	巴菲特（%）	S&P500（%）	勝過大盤（百分點）
1965	49.5	10.0	39.5	1995	57.4	37.6	19.8
1966	-3.4	-11.7	8.3	1996	6.2	23.0	-16.8
1967	13.3	30.9	-17.6	1997	34.9	33.4	1.5
1968	77.8	11.0	66.8	1998	52.2	28.6	23.6
1969	19.4	-8.4	27.8	1999	-19.9	21.0	-40.9
1970	-4.6	3.9	-8.5	2000	26.6	-9.1	35.7
1971	80.5	14.6	65.9	2001	6.5	-11.9	18.4
1972	8.1	18.9	-10.8	2002	-3.8	-22.1	18.3
1973	-2.5	-14.8	12.3	2003	15.8	28.7	-12.9
1974	-48.7	-26.4	-22.3	2004	4.3	10.9	-6.6
1975	2.5	37.2	-34.7	2005	0.8	4.9	-4.1
1976	129.3	23.6	105.7	2006	24.1	15.8	8.3
1977	46.8	-7.4	54.2	2007	28.7	5.5	23.2
1978	14.5	6.4	8.1	2008	-31.8	-37.0	5.2
1979	102.5	18.2	84.3	2009	2.7	26.5	-23.8
1980	32.8	32.3	0.5	2010	21.4	15.1	6.3
1981	31.8	-5.0	36.8	2011	-4.7	2.1	-6.8
1982	38.4	21.4	17.0	2012	16.8	16.0	0.8
1983	69.0	22.4	46.6	2013	32.7	32.4	0.3
1984	-2.7	6.1	-8.8	2014	27.0	13.7	13.3
1985	93.7	31.6	62.1	2015	-12.5	1.4	-13.9
1986	14.2	18.6	-4.4	2016	23.4	12.0	11.4
1987	4.6	5.1	-0.5	2017	21.9	21.8	0.1
1988	59.3	16.6	42.7	2018	2.8	-4.4	7.2
1989	84.6	31.7	52.9	2019	11.0	31.5	-20.5
1990	-23.1	-3.1	-20.0	2020	2.4	18.4	-16.0
1991	35.6	30.5	5.1	2021	29.6	28.7	0.9
1992	29.8	7.6	22.2	2022	4.0	-18.1	22.1
1993	38.9	10.1	28.8	2023	15.8	26.3	-10.5
1994	25.0	1.3	23.7	1965～2023	**19.8**	**10.2**	**9.6**

註：1. 巴菲特報酬率數據取自其執掌之波克夏．海瑟威（Berkshire Hathaway）之每股市值變化及美國 S&P 500 指數含息報酬率；
2.1965～2023 年該列為年化報酬率　　資料來源：波克夏公司年報、《投資家日報》

之，只有破除一心只想賺快錢，只想短期致富的錯誤遐想，才能避免讓自己陷入「可以買在起漲點」、「可以買到大飆股」的陷阱中。

表 1 列出巴菲特過去的投資績效，從中不僅可以看出股票投資的真實面貌，相信更可以讓投資人拋開一心只想賺快錢的錯誤遐想，真正體會長期投資所帶來的財富增長效益。

翻開巴菲特過去 59 年間每年的投資績效，年度獲利超過 100% 只有 2 年，績效落在 50% 到 99% 有 8 年，30% 到 49% 有 9 年，10% 到 29% 有 18 年，個位數報酬 11 年，虧損有 11 年。

看到巴菲特這樣的績效分布圖，相信會讓許多習慣「重口味」的投資人覺得不夠驚喜，但這卻是股票投資中最真實的面貌。即使如投資大師巴菲特，最常出現的年報酬率也只能落在 10% ～ 29%，偶爾逮到「危機入市」的好時機，才能創造 50% 以上年報酬率（詳見圖 3）。

認清股票投資的真實報酬率為何？我認為是所有投資人都應該「必修」的一門課，因為它不僅攸關「克服人性」的課題，更是通往「財富自由」的必經之路；此外，另一門「必修」課，則是要克服「不耐久候」的操作習性。

圖3 近59年來，巴菲特有近1/3年度報酬率為10%～29%
——1965～2023年巴菲特報酬率分布

10年/59年	年報酬率超過100%：**2個年度** 年報酬率50%～99%：**8個年度**
27年/59年	年報酬率30%～49%：**9個年度** 年報酬率10%～29%：**18個年度**
22年/59年	年報酬率未達10%：**11個年度** 年報酬率虧損：**11個年度**

註：1965年～2023年的年化報酬率為19.8%　　資料來源：《投資家日報》

在股市愈久，就愈讓我深信一件事——**短線上，市場「或許」會忽視一家「好公司」的真實價值，但長線上，市場「絕對」會反映這家「好公司」的真實價值**。因此，當投資人用「好價格」買進一家「好公司」時，時間最終會成為財富累積最好的朋友，而沒有耐性，往往也是造成遺憾最大的元凶。

將巴菲特過去的投資績效陳列出來，最主要是為了説明股票投資的真實面貌，到底是長什麼樣子？投資人能夠拋開錯誤的遐想，才能享受到財富長期累積的效果。

談到克服人性，第 2 個認知，就是要「避免喜歡聽明牌的草率投資決策」，下一章節將會進一步説明。

克服2大盲點 降低在股市「花冤枉錢」機率

最近筆者的辦公室在添購新的電腦周邊設備，單是多功能事務機的選擇，不但考量了廠牌（EPSON、HP、Canon）、型號機種，甚至連最後通路店家的價格優惠，都成了選購的考量。「貨比三家」，比的不僅是事務機的「功能特性」，更重要的是要選出最具經濟實惠的設備，才不至於花了冤枉錢。

其實，在日常生活中，大到車子的選購，小到百貨用品的採買，「貨比三家」、「逢低買進商品」的觀念，一直深植在一般消費者的心裡，因為愈是謹慎的購買決策，就愈能降低「花冤枉錢」的機率。

然而，這樣習以為常的觀念，放到股票投資上，卻往往完全變調。我在一次電視節目中，與知名主持人鄭弘儀、于美人共同討論股票投資的議題。其中，于美人分享她過去一次買股票的經驗，股票資訊的來源僅是在餐廳裡，聽到隔壁又隔壁桌的人，說某檔股票如何如何的好，因此便決定進場買進股票。如此「特別」的買股經驗，確實讓當時在場的來賓哭笑不得。

圖1 股市投機者才會追逐每天股價行情的波動
——一般投資人不易從股市賺錢的原因

太早賣原因	不願賠錢賣原因
對股票不了解 放掉強勢股	對虧損反感 死抱弱勢股

盲點1》草率的投資決定

其實，草率的投資決定，普遍發生在一般人實際投資的過程中。許多人在買某一檔股票時，常常僅是因為「這家公司聽起來不錯，應該不會倒」，或者是「在電視上聽到某分析師的推薦」、「報紙上的 10 大熱門股」，或者接到券商營業員的電話推薦某檔股票，便在很短的時間內，決定了數十萬元、甚至動輒上百萬元的投資決策。

草率的投資決策，最大的問題，就是禁不起市場的風吹草動，而掉入「太早賣」的遺憾中。此外，「太早賣」充其量只是少賺或少賠的差別；最怕的是，如果考量一般投資人對虧損反感的心理，「不願賠錢賣」所衍生的股票大賠，往往是壓垮財富駱駝的最後一根稻草。換言之，一般投資人在

圖2 投資人即使看對，也往往僅小賺出場
——投資人的2大盲點

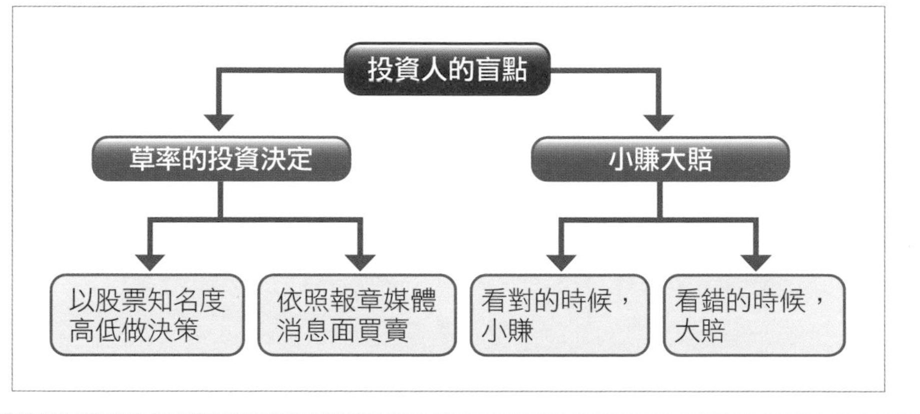

股票市場中，很難賺到錢的原因，從「賣」的角度來看，可歸納出兩點：「太早賣」、「不願賠錢賣」（詳見圖 1）。

盲點2》「小賺大賠」的投資操作

不管是「太早賣」或「不願賠錢賣」，其實都代表一般投資人的第 2 個盲點：「小賺大賠」的投資操作——看對股票時，僅小賺；看錯股票時，卻大賠。長期下來，當然無法成為市場贏家（詳見圖 2）。會有這樣的情形發生，主要的原因有二：一是對所投資的公司不夠了解，因此當市場上一有些風吹草動，例如大盤有下檔的風險等，往往就會急著想要出脫股票，或是小賺個 5%、10% 就心滿意足地急著獲利了結。

二是「對虧損的反感」也常常造成投資人買到不好的股票時，不甘心設立停損機制，股價腰斬再腰斬的結果，不僅住進「套房」，對個人的資產更是產生嚴重的衝擊。

投資人在市場易陷入恐慌，導致太早賣好股

戰國時代，有一名神射手，與當時的魏王打賭，只要拉一下弓，不用射出箭，就可以打下天上飛來的一隻鳥。隨後這名神射手拉了一下弦，作勢「咚」一響，一隻正在飛行的鳥隨即從天上掉下來。

魏王驚訝的表示：「這是如何做到的？」神射手解釋：「這是一隻曾經受過箭傷的鳥，所以當牠聽到弓弦聲作響時，害怕自己又被箭射中，所以拚命往高處飛。太用力的結果，導致原來的傷口再度撕裂，禁不住痛苦暈了過去，就從天上掉下來了。」

這個故事，是成語「驚弓之鳥」的典故，形容曾受過驚嚇的人，再次碰到類似的情況時（僅是類似，而非完全一樣），往往會因為過度驚恐而亂

了方寸，演變成更嚴重的後果。

一般投資人對於股票，存在了太多不好的過往經驗，因此市場中任何一個風吹草動，都容易讓投資人陷入「驚弓之鳥」的恐慌中，甚至急於想要賣出手中長線看漲的「好股票」。

太早賣實例》唐鋒

太早賣掉長線看漲的好股票，同樣也出現在我過去的實際操作經驗中。

2009 年 9 月，在研究中國內需成長市場的商機時，我發掘了一家在當時的台股中，完全沒有人注意到的股票：唐鋒（4609）。該公司主力產品為烤箱、烤麵包機、絞肉機、打蛋器等食物處理器，並且定位在中高階市場以區隔低價市場的競爭，加上零負債與高現金的財務結構（2009 年 Q2 股本為 4.79 億元，帳上現金卻高達 4.43 億元，詳見圖 3），以及當年度約 2 元的 EPS 獲利，因此決定在 18.5 元的價格買進，並且樂觀評估這會是：股價下跌風險有限，但上漲利潤卻有機會暴衝的好機會。

然而，時間進入 2010 年 1 月，當時中國政府無預警的開出緊縮貨幣政策第一槍，調高存款準備率兩碼（0.5 個百分點），強力回收人民幣 3,000 億元（約合新台幣 1.44 兆元）的閒置資金，引發市場投資人擔憂全球央行

圖3 2009年Q2，唐鋒帳上現金充足、無長期負債

——2009年Q2唐鋒（4609）資產負債表

會計科目	98年06月30日	
	金額	%
資產		
流動資產		
現金及約當現金	442,659.00	44.77
公平價值變動列入損益之金融資產-流動	75,550.00	7.64
流動負債	394,746.00	39.93
長期負債		
各項準備		
負債總計	416,631.00	42.14
股東權益		
股本		
普通股股本	479,468.00	48.50

註：金額單位為千元　　資料來源：公開資訊觀測站

恐會跟進，並對自 2009 年以來的寬鬆貨幣政策進行「退場機制」。

由於擔憂全球央行可能開始緊縮貨幣的疑慮，我當時評估台股恐將出現 1,000 點以上的回檔修正，因此在風險的考量下，決定以 22.5 元的價格，賣出了成本在 18.5 元的唐鋒（4609），實現獲利 22%。

圖4 太早賣唐鋒，導致錯失後續股價10倍漲幅
——唐鋒（4609）日線圖

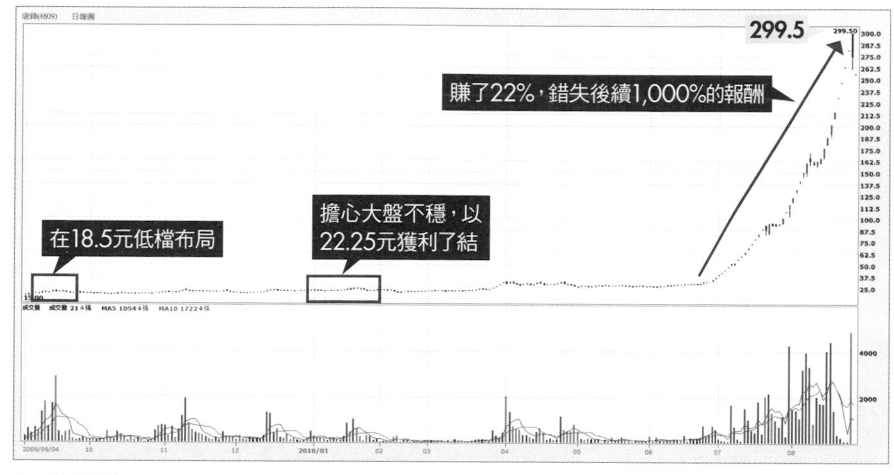

註：資料日期為 2009.09.04 ~ 2010.08.26　　資料來源：XQ 全球贏家

這個投資決策的後續發展是，台股真的如先前預估，大幅回檔了 1,000 點。但太早賣掉潛力股的結果，也喪失了後續唐鋒股價在 2010 年上演連續 29 根漲停，最高飆漲到 299.5 元，大漲超過 1,000%（10 倍）的投資利潤（詳見圖 4）。

姑且不論唐鋒後續因涉嫌炒作股票而違法犯紀的爭議，單就筆者的個股操作經驗，帳面上雖然仍是獲利收場，但對我而言，卻是一大挫敗。理由

是，已經領先市場大半年發掘出唐鋒這檔潛力股，並在 18.5 元的價格逢低布局，結果卻僅小賺 22%。

這一次的教訓，讓我深刻體驗到投資市場的一個道理：**已經做足研究功課，並且極力看好的股票，不要隨便亂賣，即使大盤可能遭遇大幅回檔的風險。**記取教訓之後，應用在下一檔個股的投資，就展現出正確的堅持，最後並以大賺 112% 收場。

戰勝太早賣實例1》羅昇

中國趨勢大師陶冬於 2011 年接受媒體採訪時，曾引用一段親身經驗，說明當時中國的經濟正處於前所未有的大轉變。他說：「每次出差到上海，總喜歡到知名的五星級酒店香格里拉吃早餐，雖然那裡的早餐有 5、600 種，但總喜歡吃上一根現炸的油條，重溫兒時的記憶。然而，這一次去到上海，卻大失所望，桌上全是一堆炸老的油條，想請服務生現炸，卻被拒絕。」陶冬進一步說明：「後來餐飲部的經理跟我解釋，即使酒店大幅加薪了 70%，人事的流動率仍然高達 70%，所以嚴重影響服務的品質。」

加薪 70%，仍然請不到人，正點出了中國的經濟正經歷一場結構性的大轉變，而這個結構性的大轉變，我在 2010 年 3 月～ 6 月期間的產業研究中，便發表了一系列相關的分析論點。

其實，中國當時的狀況，可在 1970 年代的日本，與 1990 年代的台灣找到相同的發展模式，台達電（2308）創辦人鄭崇華曾回憶到：「在台灣，有段時間即使願意加薪也不一定找得到人。」

從日本與台灣的歷史經驗與之後的發展，可以合理推論，中國當時缺工與大幅調薪的問題，將會引發日後關於「內需市場崛起」與「自動化設備需求大幅提升」等兩項股票投資的題材。後者更是我在 2010 年時產業研究的重點，並且找到當時具有「題材性」、「股價基期低」與「實際成長」的潛力股：羅昇（8374）。

成立於 1984 年的羅昇，本身並不從事生產製造的工作，主要業務是代理各類知名品牌的自動化機電零組件與耗材，包括台達電子、德國倫茨（Lenze）、日本 CKD、SONY、三木普利、日機電裝、三菱電機等皆為主要供應商。而當時羅昇的產品比重分別為變頻器 34.3%、空壓機 22.3%、自動化傳動 18.7%、自動化驅動控 16.3%、控制器及監控 8%。當時我研判中國自動化設備需求的大幅崛起，將帶動羅昇的營運水漲船高。

除此之外，羅昇最大的競爭優勢，就是代理的產品線完整，可以提供客戶「一站購足」（One Stop Shopping）的服務，因此下游客戶可以遍及數千家，以及橫跨各種產業，不但大幅降低了單一產業的風險，也可以維持公司一定的淨利率；這也足以解釋為什麼羅昇在金融海嘯的衝擊下，2009 年營收即使衰退近 4 成，仍可以維持每股稅後盈餘（EPS）2.28 元的水準。

看準了中國自動化商機的長線成長，以及羅昇本身營運的競爭優勢，2010 年 3 月，我決定在 32 元～ 33 元之間，低檔大量買進該公司股票。不料，不到 2 個月，便面臨挑戰。

2010 年 4 月～ 5 月，希臘國債慘遭降評至非投資等級，恐無力償還貸款，開出歐債危機的第一槍。市場擔憂，希臘若無法獲得足夠金援，勢必引發骨牌效應，屆時西班牙、葡萄牙、義大利與愛爾蘭等同樣有國債問題的歐洲國家，不但岌岌可危，甚至可能引爆像 1997 年亞洲金融風暴時，讓整個亞洲徹底淪陷的大型金融危機。

歐債危機的衝擊，讓當時的台股在 1 個月之內大幅回檔 1,000 點，而我在 2010 年 3 月份進場買進的羅昇，短線上也面臨到「獲利全數回吐」的狀況（從原本賺 16% 到賠 3%）。但我堅信，好股票終究可以戰勝系統性風險，因此決定忽略短線的起伏，續抱這檔潛力股。1 年之後，才得以在股價大漲到 66 元之際，逢高獲利了結，含息大賺 112% 開心收場（詳見圖 5）。

圖5 買進羅昇後遇短線修正，最終含息賺112%出場
——羅昇（8374）日線圖

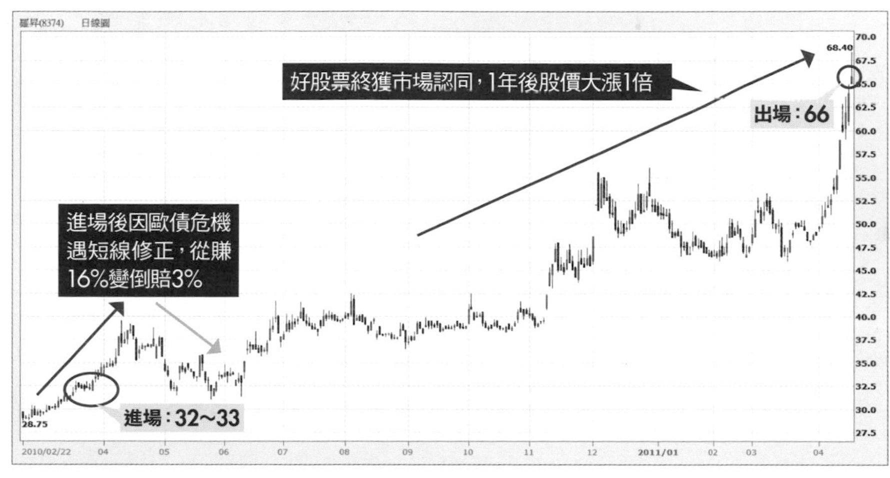

註：資料日期為 2010.02.22～2011.04.20　　資料來源：XQ 全球贏家

戰勝太早賣實例2》捷迅

時序進入 2018 年 11 月，當時我在《投資家日報》透過月 KD 指標出現低檔黃金交叉，挖掘出當時股價從 2016 年 56.8 元，跌落到 2018 年 10 月的最低點 26.6 元的捷迅（2643），並且在 31 元附近建立持股（詳見圖 6）。

回顧當時分析指出：

成立於 1984 年的捷迅，原本只是一家提供空運進口報關業務的服務公司，不過隨著業務的成長，並透過持續增加海運運送、空運快遞、自營倉庫，以及建立陸運運輸車隊等業務，逐漸茁壯成為一家可以提供空運、海運與陸運等一條龍服務的物流公司。截至目前（2018 年 11 月）為止，捷迅在全球建立了 18 個營運據點，以及 9 個倉儲據點，分別坐落在上海、杭州、香港、東莞、深圳、新加坡、舊金山、洛杉磯、達拉斯等地。

此外，近幾年網路購物消費型態的崛起，不僅讓捷迅董事長顧城明開始推動公司的轉型計畫，將服務客戶從原本完全依賴企業用戶，延伸到「電商網購及郵政業務」等一般消費者所需的服務，更讓近 3 年的營運比重出現了明顯變化。

捷迅的轉型計畫，雖然曾讓股價走揚到 2019 年 12 月 9 日那週的 42.5 元，持股報酬率一度達到 37%，但隨著 2020 年新冠疫情大爆發，不僅原本帳上的獲利全數吐光光，2020 年 3 月 23 日跌到 29.55 元的價格，更讓帳面開始出現虧損。

不過，我仍堅信好股票終究可以戰勝台股不穩的風險，因此決定忽略短線的起伏，續抱這檔潛力股。1 年之後，隨著股價大漲到 91 元與 100.5 元之際，開始逢高獲利了結，最後大賺 220% 開心收場（詳見圖 7、圖 8）。

圖6 2018年10月捷迅自高點大跌53%
——捷迅（2643）月線圖

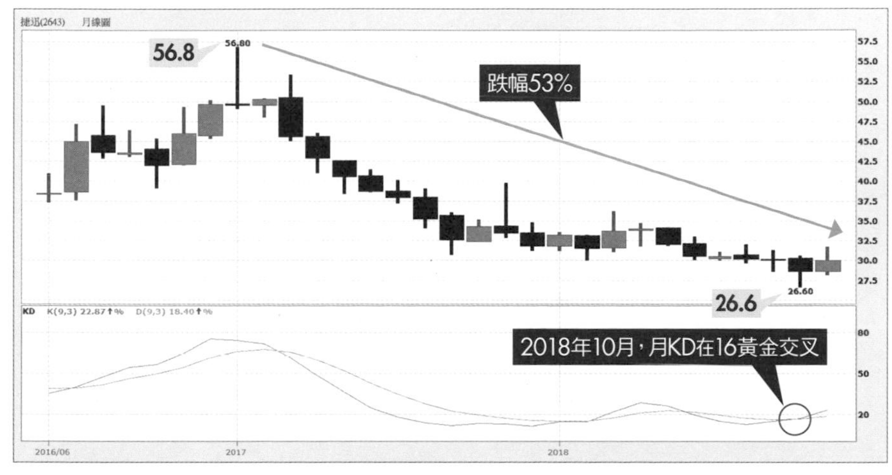

註：資料日期為 2016.06.01～2018.11.01　　資料來源：《投資家日報》、XQ 全球贏家

買進前做足功課，極力看好股不輕易賣出

相信會有人認為，上述的例子都是結果出現好的發展，因此當風險來臨時可以置之不理。但也有可能出現風險來臨時股價「崩跌」的狀況，若能「早一點賣」，是不是反而能保住原先的獲利，又可避免日後股價大跌的虧損？

以上的推論其實都是「結果論」的觀點，因為就邏輯來看，假設一檔股

圖7 低檔布局捷迅，耐心持有2年半歡喜收割

——捷迅（2643）週線圖

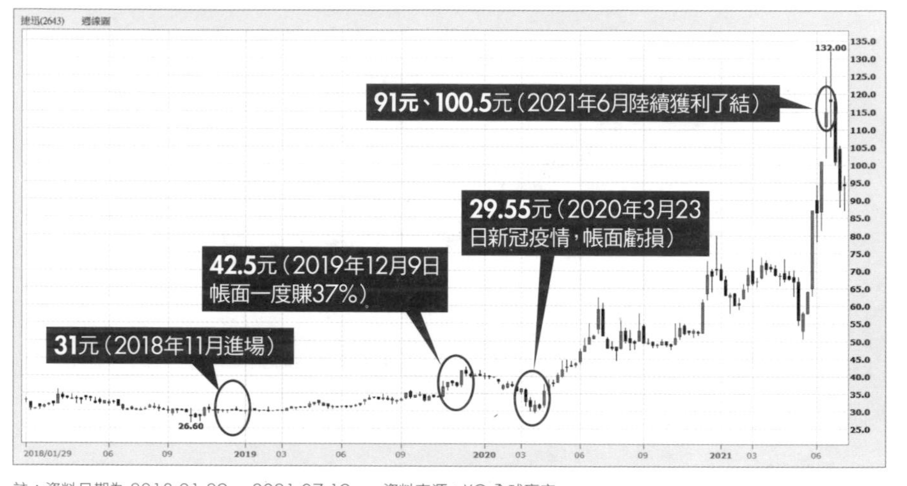

註：資料日期為 2018.01.29～2021.07.19　　資料來源：XQ 全球贏家

票根據綜合評估之後，股價存在 100% 的獲利空間，那為什麼投資人要在賺 30% 之後，就要先行實現獲利？唯一的考量，就是未來可能存在「不確定的風險」。

既然是不確定的風險，那發生的機率也是不確定。因此，如果投資人因為一個不確定的風險，而完全賣掉一檔潛力股，除非未來有勇氣再積極買回來，否則最後的結果，就是完全錯失後續賺 100% 的機會。

圖8 投資捷迅1年，含息賺220%出場
——捷迅（2643）對帳單明細

成交日期	種類	代號	商品名稱	數量	成交價	成交價金	手續費	交易稅
2021/06/09	普通賣出	2643	捷迅	10,000	91.00	910,000	778	2,730
2021/06/18	普通賣出	2643	捷迅	10,000	100.50	1,005,000	859	3,015
台幣小計				20,000	0.00	1,915,000	1,637	5,745

客戶淨收付	損益	報酬率(%)	持有成本
906,492	596,227	192.17%	310,265
1,001,126	690,861	222.67%	310,265
1,907,618	1,287,088	0.00	620,530

加計現金股利8萬元及已實現獲利，共136萬元，總報酬率約220%

然而，要重新再買回先前賣掉的股票，在實務經驗中，卻是一個極度考驗人性的課題。關於這個議題，我將留待 1-3，再跟大家詳細分享。

重新回到當「不確定的風險」可能發生時，是否足以支持提早賣股票的理由，我的回應還是相同，就是：**已經做足研究功課，並且極力看好的股票，不要隨便亂賣，即使大盤可能遭遇大幅回檔的風險。**

帳面虧損近15%時，需重新檢視看好理由

當然，天有不測風雲，投資判斷也常會出現失準的時候，因此對於看好的股票，雖然我主張「不提早賣」，但不代表「不願賠錢賣」。尤其當股

票帳面虧損若來到接近 -15% 時，就要重新檢視當初看好的理由是否已經改變？倘若改變了，就必須認真思考停損出場的必要性。

當股票走勢不如原先的預期，我們該如何看待呢？每次在檢視這個問題時，總想起「**抱最大的希望，盡最大的努力，做最壞的打算**」這個座右銘。希望跟努力，是實現許多事情的基礎，當然也包括股票投資。然而再多的投資分析，最後也有可能出現「跌破眼鏡」的情況。因此，「做最壞的打算」是不得不去面對的課題。

一般而言，投資人內心會產生恐懼與不安，有個很大的原因，就是對未來充滿不確定性，不曉得厄運的降臨會帶來多大的衝擊，因此造成心理上極大的負面壓力。

然而，如果能提早做好「最壞的打算」，將未來的損害控管在可接受的預期範圍內，對於戰勝恐懼與不安，將產生一定程度的效用。

若看錯股票，於虧損15%時執行停損

對於股票投資而言，「賠錢」是令人難受的經驗。然而，除非已經完全不參與市場，否則「賠錢」與「賺錢」都只是正常的過程，因此在做「最

壞打算」時，考量的就是：「賠多少」是自己可接受的範圍。

這是一個沒有標準答案的問題，因為每個人對於「風險」的承受度都不同，資金雄厚的美國投資大師巴菲特（Warren Buffett），可以忍受 -50% 的帳面虧損，仍面不改色持續加碼他所看好的股票，但不是每個人都是巴菲特。

所以，剛開始學習投資的新手，可以參考這樣的操作原則：看「對」股票時，利用「大賺」來創造財富；一旦看「錯」股票，則嚴守「-15% 停損」原則，只容許「小賠」，才不會傷到元氣。唯有保住絕大多數的資金，才能有東山再起的能量。

除此之外，由於布局股票的策略，都是以「逢低布局」為依據，因此「-15%」會是一個具有參考價值的標準。換言之，如果是一檔「趨勢對」的股票，又在低檔的價格買進，在正常情況，應該都可承受「-15% 的下跌」；因此如果買進後，股價下跌超過 15%，通常只會有兩種可能：看錯趨勢，或是股價並不在底部（詳見圖 9）。

此時，除非有足夠的理由（例如你有充分把握，買到的是具成長性的好公司），否則對於股市新手而言，都應該要有認賠 15%、停損出場的心理

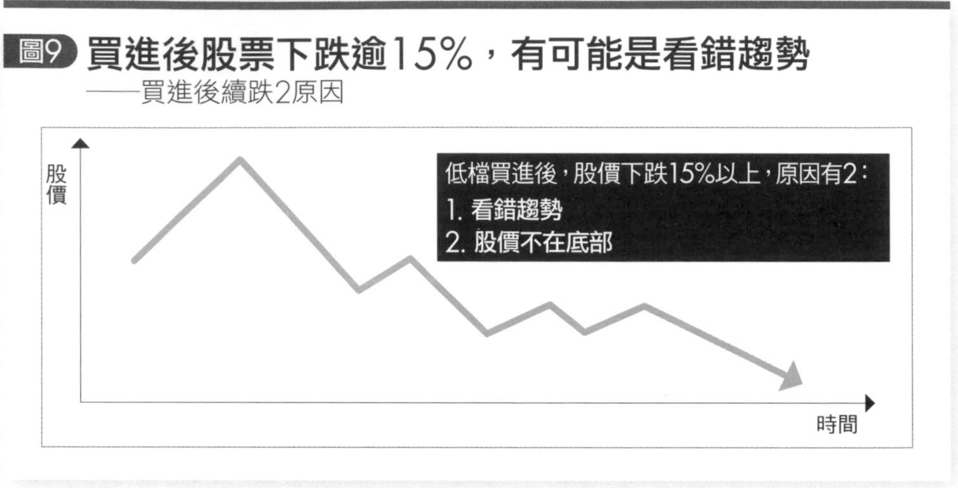

準備。

克服2大心理難處，把停損當成買保險

一般投資人執行停損時，心理上會面臨 2 大難處：一方面心疼虧錢，二方面又擔心會不會錯殺在最低點（詳見圖 10）。

第 1 個停損難處是來自「對虧損的反感」，這是一般投資人的正常反應。根據心理學的統計調查，投資人對虧損反感的程度，是對於賺錢喜悅的 2 倍；換句話說，一筆 -15% 虧損，必須用一筆 30% 的獲利，才能平衡內心

圖10 投資人在執行停損時，往往會擔心錯殺在最低點
——執行停損時的2大難處

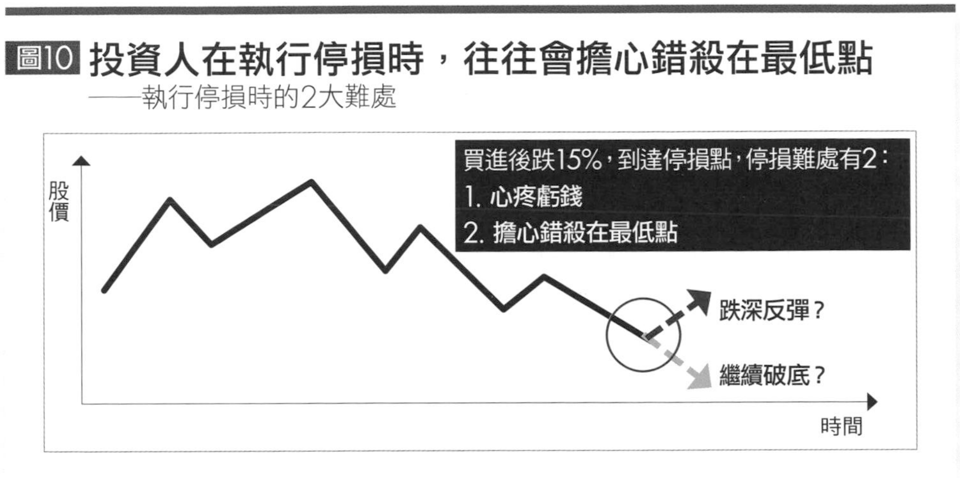

的感受。

然而，克服對虧損的反感，正是成就完美投資的重要心理課題。戰勝它，才有戰勝市場的可能。

第 2 個停損的難處則是「擔心殺在最低點」。的確有這個可能，然而，即使是殺在最低點，也不能否定停損的價值，因為它保證當「意外」發生時，可以獲得足夠的保障。反之，如果不執行停損，卻可能讓自己面臨更大的困境。懂得停損，充其量只會小賠；但不懂得停損，卻可能會屍骨無存。尤其對於股市新手而言，常常會因為只學到半點皮毛就貿然進場，買到一檔長期趨勢已經明顯往下的股票。

停損機制的建立，不是用在「看對」的時候，而是當投資人警覺到有「看錯」疑慮時，可採取機械式的投資紀律，避免因人性「不認輸」的弱點，產生「感性干擾理性」所導致的嚴重後果（詳見圖 11）。

上述的論點，有點像是「保險」的概念。保險制度對人類來說，是一種社會安全的防護機制，人們願意每年花錢去買保險（即使用不到，還是要付錢）；目的就是希望當意外發生時，能夠獲得保障，讓自己、讓家人不會因為「意外」，而造成無以維生的經濟損失。

因此，當投資的風險出現時，買一個「保險」（停損），就是保障未來再起的能量。

停損需把握黃金期，並具備買回的勇氣

當一檔股票的股價走勢，不如原先預期時，除了要有認錯停損的勇氣之外，還必須掌握 2 個重點：

1. 要在第一時間勇敢停損，如果錯過了黃金的第一時間，停損的意義就

圖11 善用停損，可有效保護資產
——停損2大目的

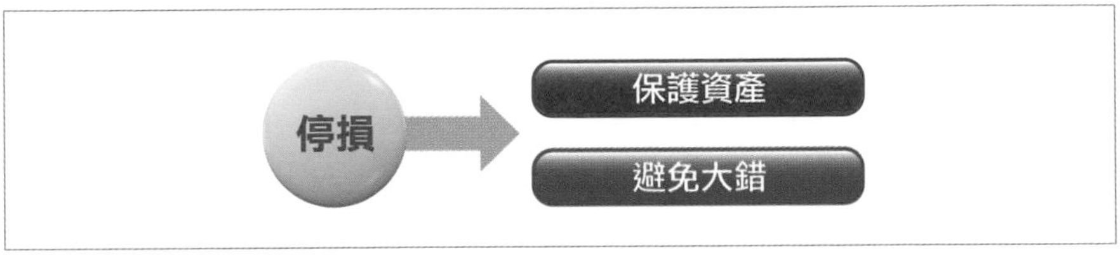

會大打折扣。

2. 停損的股票未來若出現反轉，要有再買回來的勇氣。

所謂停損的第一時間，就是買進後股價再跌「-15%」，只要能將損害控制在這個區間內，就可保留日後東山再起的機會；另一方面，被停損掉的股票，不等於未來就完全沒機會，充其量只能說短線上機會較少，但長線上終究還是要回歸公司基本面的發展。換句話說，只要公司的基本面，確定有繼續向上走揚的契機，即使先前被停損掉，依然可以再買回來。

重新再買回先前被停損的股票，其實非常考驗人性。尤其是在「一朝被蛇咬，十年怕草繩」的心理壓力下，投資人對於曾經虧損過的股票會產生反感，想要化解過去的陰影，確實不容易。

然而，買回曾經停損過的股票，卻有一些不容忽視的優點。除非你當初是聽明牌胡亂買進，否則，你買進的公司，應該會是自己熟悉且深入追蹤的標的。而投資你所熟悉的公司，是提高賺錢機率的不二法門。

如果只是因為曾經在這檔股票虧過錢，就放棄追蹤、甚至不再買回來投資，不就枉費先前所有研究的工作嗎？而這些研究的內容，都有可能成為下一次從這檔股票上賺到錢的基礎。

總結而論，停損是一個困難的決定，但卻是一個必須做的決定。懂得停損的人，才會是股市最後的贏家。

用衛星＋核心策略調節持股部位避免賣光長期持有的好股

知名主持人陶晶瑩有一首傳唱大街小巷的流行歌曲〈姊姊妹妹站起來〉，其中有一段歌詞寫道：「10個男人7個傻8個呆9個壞，還有1個人人愛，姊妹們跳出來，就算甜言蜜語把他騙過來，好好愛，不再讓他離開。」

這一段俏皮的歌詞，其意境與股票投資似乎也有異曲同工之妙。投資實務中，常有好公司難覓、好價格難得的感慨。因此，當投資人已用「好價格」買到「好公司」時，就應該要好好關注它，別輕易讓它離開而投入他人懷中（急著獲利出場，並追逐其他股票）。有些股票，一旦錯過就不再了。

受制人性弱點，獲利了結後難用更高價買回

舉例來說，2009年曾經讓我大賺3倍的軟板大廠嘉聯益（6153），帳面上分別在8.5元～12.3元之間的價格買進，並且在16元～23元的價格獲利了結。看似成果豐碩的投資報酬，對我而言，卻是一次格外寶貴的

經驗。

因為這牽涉到投資心理學的議題——假設投資人曾經以較低的價格買過一檔股票，並且也在股價上漲後賣出實現獲利；未來若要用比當初賣出時更高的價格買回來，發生的機率確實不大，因為人性的弱點，常會使投資人陷入兩難的局面。

時間得再回到 2010 年 6 月，也就是我賣出嘉聯益股票後的 10 個月；當時隨著全球智慧型手機熱賣，一方面持續帶動軟板產業需求大幅提升，另一方面則持續挹注嘉聯益的營運；換言之，嘉聯益的投資價值重新浮現。

然而，對照當時嘉聯益的股價已經漲到 32 元，比當初我以 23 元的賣出價格整整高出 9 元之多。在過去經驗的框架下，要如何說服自己再用 32 元買回來？畢竟曾經在 23 元賣出過這檔股票。在人性弱點造成的掙扎與遲疑下，最後的結果就是，眼睜睜錯失了後續嘉聯益股價再一路飆上 70 元的漲幅（詳見圖 1）。

時序進入 2023 年 2 月到 3 月，當時為了提高手中現金比重，也做了一件從目前結果論來看，「似乎」是個相當愚蠢的決定——減碼手中所持有的半導體測試股京元電子（2449），獲利了結 40 張。

圖1 2010年獲利出場後，卻錯失後續近1倍漲幅
——嘉聯益（6153）週線圖

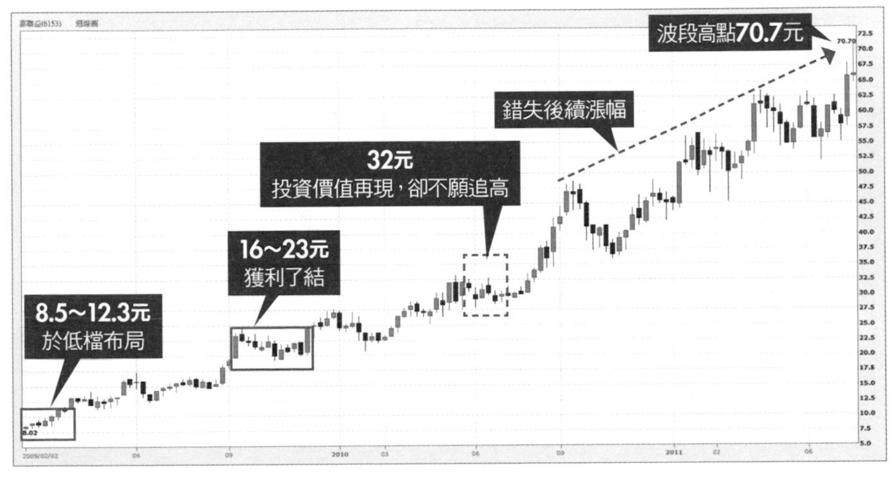

註：資料日期為 2009.02.02 ～ 2011.07.25　　資料來源：XQ 全球贏家

雖然加計股息，一共收進了超過 40 萬元的已實現獲利，總報酬率達 26%，卻也少賺了後續京元電子股價持續上漲到 2024 年 3 月 8 日波段高點 123 元，也就是股價從 50 元再漲 146% 的多頭行情（詳見圖 2）。

運用衛星持股部位，取得報酬與風險之間的平衡

上述賣出京元電子看似愚蠢的決定，其實是這幾年我在長期投資策略上，

圖2 減碼京元電子後，股價繼續飆漲

——京元電子（2449）週線圖

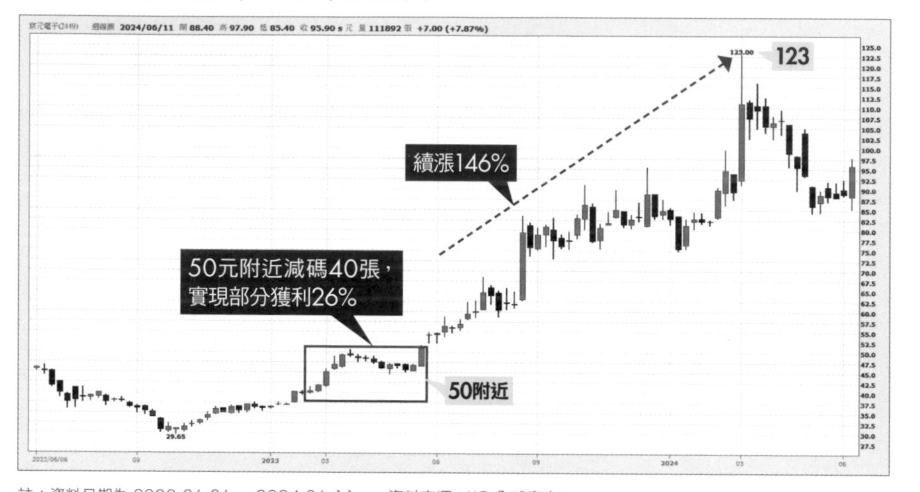

註：資料日期為 2022.06.06 ～ 2024.06.11　　資料來源：XQ 全球贏家

所採取的權宜之計，期望用「核心持股」與「衛星持股」的概念，透過「核心持股」，避免賣光值得長期擁有的好股票，並透過「衛星持股」，在報酬與風險之間取得一個平衡（詳見圖 3）。

假設投資人打算買進 10 張 A 股票，透過上述策略，就是以 5 張為核心持股部位，5 張為衛星持股部位，作為投資組合的配置。所謂的核心持股部位，指的就是不管行情變動為何，只要股價還沒有上漲到「目標價」之前，

圖3 核心持股長期持有，衛星持股適時加減碼
——核心持股與衛星持股概念

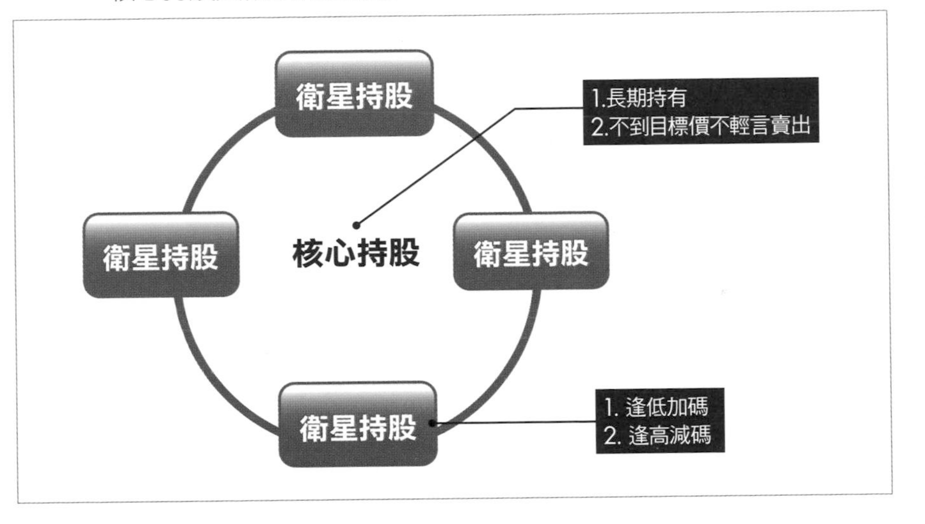

一律採取續抱的策略；而所謂的衛星持股部位，則是依據當時行情變化，作為可調整的部位，可用在「逢低加碼」上，也可用在「逢高獲利減碼」上。

這邊要提醒，核心持股部位與衛星持股部位的比重，投資人可以依照當時的市場行情去做彈性調整，可以是5：5，也可以是7：3，當然也可以是3：7，都沒有一定的標準，必須看每個投資人對於風險程度的接受狀況而定。

核心與衛星持股策略操作實例》京元電子

舉例來說，我持有的京元電子，就是採取上述策略，尤其 2022 年到 2023 年期間的行情波動確實相當劇烈，頗能提供「衛星持股」的操作空間。

策略 1》股價動盪時調節衛星持股部位，讓部分獲利入袋

回顧 2022 年以來京元電子的走勢，2022 年 1 月 18 日最高曾經來到 47.75 元，但隨著 2022 年上半年聯準會開始啟動暴力升息，下半年又出現電子產業的庫存風暴與台海危機，都讓這一家具有獲利基礎的好公司，股價一路走跌，最低甚至還跌到當年 10 月 13 日的 29.65 元（詳見圖 4）。不過沒多久就出現報復性反彈，2023 年 3 月 21 日上漲到波段高價 50.5 元，6 個月股價漲幅達到 70%。

看到上述京元電子股價的劇烈波動，聰明的投資人應該能發現，如果能掌握「好公司，愈跌愈美麗」的原則，並利用股價超跌，甚至市場出現恐慌性賣壓之際，開始逐步建立「衛星持股」的部位。相信隨著後來股價出現一波報復性的反彈行情，不僅大幅提高整體投資效益，更提供將「衛星持股」獲利了結、回收資金的契機。

圖 5 是於 2023 年 2 月～ 3 月減碼京元電子的對帳單，詳細操作如下：

圖4 股價下跌時加碼衛星持股部位，上漲時則減碼
——京元電子（2449）週線圖

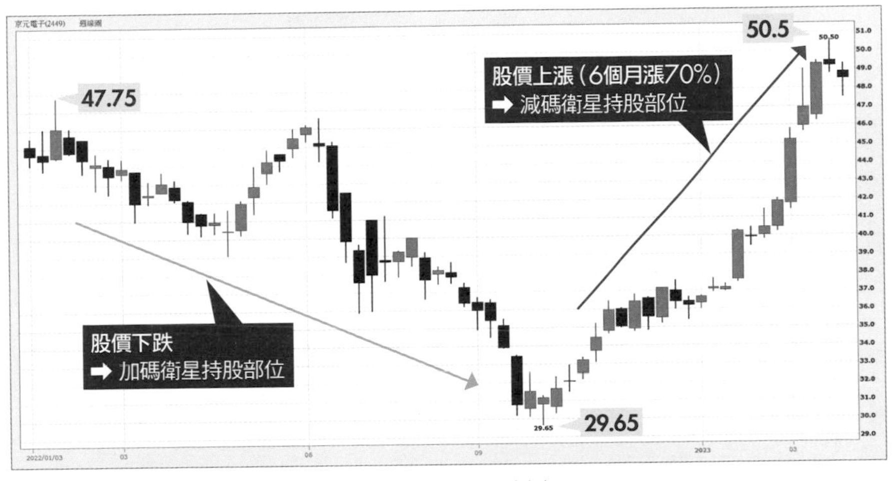

註：資料日期為 2022.01.03～2023.03.27　資料來源：XQ 全球贏家

賣出日期①：2023 年 2 月 14 日。

賣出價格：40.5 元，漲到升息 18 碼（利率 4.75%）的合理價下緣。

賣出股數：1 萬股（10 張）。

損益與報酬率：獲利 9 萬 2,174 元，報酬率 29.61%。

賣出日期②：2023 年 3 月 7 日。

賣出價格：45.9 元，漲到升息 18 碼（利率 4.75%）的合理價上緣。

賣出股數：1 萬股（10 張）。

損益與報酬率：加 3 萬元股利後為 8 萬 2,523 元，報酬率 20.4%。

賣出日期③：2023 年 3 月 9 日。

賣出價格：48.15 元，漲到升息 21 碼（利率 5.5%）的昂貴價。

賣出股數：1 萬股（10 張）。

損益與報酬率：加 3 萬元股利為 10 萬 4,937 元，報酬率 25.9%。

賣出日期④：2023 年 3 月 21 日。

賣出價格：50.3 元，漲到升息 18 碼（利率 4.75%）的昂貴價。

賣出股數：1 萬股（10 張）。

損益與報酬率：加 3 萬元股利為 12 萬 6,353 元，報酬率 31.2%。

這 4 筆賣出金額加計股息後的總報酬率為 40 萬 5,987 元，報酬率 26.6%。

事實上，上述調節京元電子衛星持股部位的時機，我早在 2022 年 11 月 10 日的《投資家日報》就已經事先規畫好。由於聯準會自 2022 年 3 月起連續升息，而基準利率的提高，會影響企業價值下修，因此當時我分別在連續升息 18 碼（美國基準利率升到 4.75%）及 21 碼時（美國基準

圖5 京元電子衛星持股部位減碼，獲利入袋26%

——京元電子（2449）對帳單明細

成交日期	種類	代號	商品名稱	數量	成交價	成交價金	手續費	交易稅
2023/02/14	普通賣出	2449	京元電子	10,000	40.50	405,000	346	1,215
2023/03/07	普通賣出	2449	京元電子	10,000	45.90	459,000	392	1,377
2023/03/09	普通賣出	2449	京元電子	10,000	48.15	481,500	411	1,444
2023/03/21	普通賣出	2449	京元電子	10,000	50.30	503,000	430	1,509
台幣小計				**40,000**	**0.00**	**1,848,500**	**1,579**	**5,545**

客戶淨收付	損益	報酬率(%)	持有成本
403,439	92,174	29.61%	311,265
457,231	52,523	12.98%	404,708
479,645	74,937	18.52%	404,708
501,061	96,353	23.81%	404,708
1,841,376	**315,987**	-	**1,525,389**

加計已領取現金股利9萬元，以及已實現獲利，共約40萬6,000元，總報酬率26%

利率升到5.5%）的情境下，根據預估每股盈餘（EPS）及本益比，試算出京元電子的企業價值區間（詳見表1）。過程中，我不僅完全沒有做任何變動，更呼應了透過「財報分析」所計算的合理企業價值，足以實現不看盤也能輕鬆獲利的投資目標。

策略2》未達目標價前，抱緊核心持股部位

整體而言，雖然行情的劇烈波動，提供了京元電子衛星持股部位的操作空間，不過在核心持股部位的操作上，我依舊維持既有的投資紀律——不

表1 2022年升息18碼下，京元電子合理價為40～45元

——京元電子（2449）不同升息情境的企業價值區間

條件1：採EPS預估值4.67元計算，美國升息18碼（利率4.75%）、本益比下修29%

	項目	特價	便宜	合理（下緣）
2022年預估值	預估本益比（倍）	9.24	10.73	12.21
	對應股價（元）	30.60	35.50	40.50
	項目	合理（上緣）	昂貴	瘋狂
	預估本益比（倍）	13.70	15.18	16.67
	對應股價（元）	45.40	50.30	55.20

註：1. 資料日期為 2022.11.10；2.EPS 採當時法人預估值。對應股價算法為「預估 EPS× 預估本益比 ×（1 − 0.29）」

條件2：採EPS預估值4.67元計算，美國升息21碼（利率5.5%）、本益比下修32.5%

	項目	特價	便宜	合理（下緣）
2022年預估值	預估本益比（倍）	9.24	10.73	12.21
	對應股價（元）	29.10	33.80	38.50
	項目	合理（上緣）	昂貴	瘋狂
	預估本益比（倍）	13.70	15.18	16.67
	對應股價（元）	43.10	47.80	52.50

註：1. 資料日期為 2022.11.10；2.EPS 採當時法人預估值。對應股價算法為「預估 EPS× 預估本益比 ×（1 − 0.325）」
資料來源：《投資家日報》

管行情變動為何，只要股價還沒上漲到「目標價」（至少要到合理價之上）之前，一律採取續抱的策略。

圖 6 是 2024 年 1 月 17 日我實際的京元電子股票核心庫存，詳細操作

圖6 2024年1月，京元電子核心部位的總報酬達106%
——京元電子（2449）對帳單明細

種類	代號	商品名稱	欲委託價	欲委託量	可下單數量	現股數量
現股	2449	京元電子	70.80	80,000	80,000	80,000
		[台幣]小計	-	-	-	80,000

成本均價	市價	股票市值	持有成本	盈虧	盈虧(%)
40.4709	77.50	6,200,000	3,237,672	2,934,893	90.65%
-	-	6,200,000	3,237,672	2,934,893	90.65%

加計現金股利52萬元以及未實現獲利，共約345萬4,893元，報酬率106%

註：庫存與累積損益資料日期至 2024.01.07

內容如下：

- ◆股票名稱：京元電子（2449）。
- ◆現股數量：8 萬股（80 張）。
- ◆成本均價：40.47 元。
- ◆ 2024 年 1 月 17 日盤中股價：77.5 元。
- ◆持有成本：323 萬 7,672 元。
- ◆股票市值：620 萬元。
- ◆價差盈虧：293 萬 4,893 元。

圖7 2024年5月京元電子股價修正，進場布局衛星部位
——京元電子（2449）對帳單明細

成交日期	種類	代號	商品名稱	數量	成交價	成交價金	手續費
2024/05/09	普通買進	2449	京元電子	10,000	85.20	852,000	728
2024/05/13	普通買進	2449	京元電子	10,000	85.20	852,000	728
台幣小計				20,000	0.00	1,704,000	1,456

◆累積現金股利：52 萬元。

◆累積獲利：345 萬 4,893 元。

◆報酬率：106%。

策略3》趁股價修正3成時再次布局衛星部位

時序進入 2024 年 5 月，隨著京元電子股價一路從同年 3 月 8 日最高點 123 元，跌到 5 月 6 日最低點 84.3 元，修正幅度雖然高達 31%，但行情的劇烈波動，反而提供投資人好整以暇重新布局「衛星持股」的機會。圖 7 是我實際交易的對帳單，分兩天各買進 10 張（詳見圖 7）：

◆種類：普通買進。

◆股票名稱：京元電子（2449）。

圖8 趁股價修正時布局衛星持股部位，1個多月漲逾4成
——京元電子（2449）日線圖

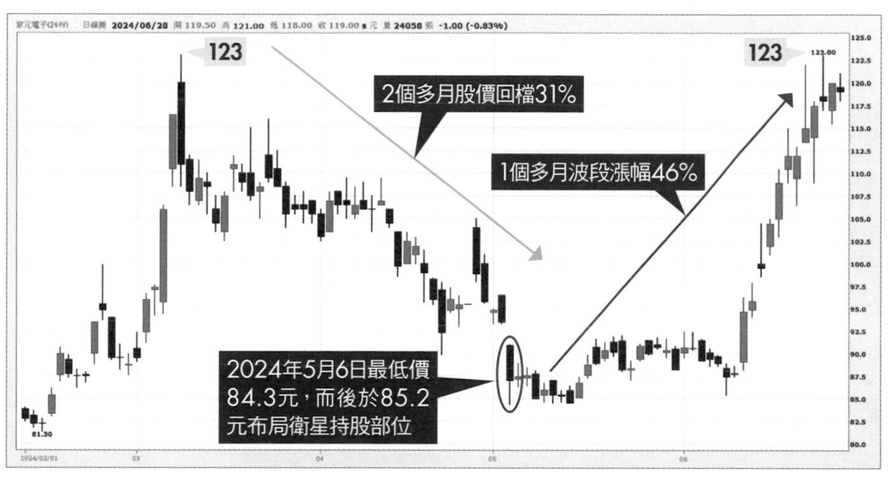

註：資料日期為 2024.02.01 ～ 2024.06.28　　資料來源：XQ 全球贏家

◆買進日期①：2024 年 5 月 9 日。

◆買進日期②：2024 年 5 月 13 日。

◆買進價格：85.2 元。

◆買進股數：2 萬股（20 張）。

◆買進成本：170 萬 4,000 元。

隨著京元電子的股價從 2024 年 5 月 6 日的最低點 84.3 元，上漲到同年6月26日的最高點123元，在近1個多月最高漲幅近46%的帶動下（詳見圖8），不僅直接拉升投資的績效表現，更再度印證了透過「衛星持股」與「核心持股」的操作彈性，確實可以在報酬與風險之間取得一個平衡。

圖9是截至2024年6月27日，我所持有的京元電子實際庫存狀況，以及加計股利的總報酬狀況：

◆股票名稱：京元電子（2449）。
◆現股數量：10萬股（100張）。
◆成本均價：49.43元。
◆現價：120元（2024年6月27日收盤價）。
◆持有成本：494萬3,128元。
◆股票市值：1,200萬元。
◆帳上獲利：700萬3,772元。
◆帳上報酬率：141.69%。
◆累積現金股利：52萬元。
◆累積獲利：752萬3,772元。
◆含息總報酬率：152%。

溫馨提醒，上述京元電子的範本，單純只是舉例說明，投資人可依照風

圖9 截至2024年6月底，京元電子含息總報酬率達152%
——京元電子（2449）對帳單明細

種類	代號	商品名稱	欲委託價	欲委託量	可下單數量	現股數量
現股	2449	京元電子	108.00	100,000	100,000	100,000
		[台幣]小計	-	-	-	100,000

成本均價	市價	股票市值	持有成本	盈虧	盈虧(%)
49.4313	120.00	12,000,000	4,943,128	7,003,772	[illegible]
-	-	12,000,000	4,943,128	7,003,772	141.69%

加計現金股利52萬元，以及未實現獲利，共約752萬元，報酬率152%

註：庫存與累積損益資料日期至 2024.06.27

險承受度，與對投資標的的了解，選擇符合自己投資邏輯的潛力好股，並具體實現「核心持股」與「衛星持股」的操作策略。

再次強調，核心持股的概念，是避免投資人賣光值得長期擁有的好股票；而衛星持股的概念，則是為了在報酬與風險之間取得一個平衡。然而，不管採取何種投資策略，重點還是那句話：好男人與好股票都難找，遇到了要珍惜。

用四季投資法於低檔布局 成功在高檔豐收

被譽為「德國股市教父」的安德烈．科斯托蘭尼（André Kostolany），在他 65 年的投資經歷中，不但見證了詭譎多變的金融市場，更總結了一個畢生的投資理論；他認為，想要在股票市場中成為長期贏家，必須具備 4 項特質：想法、耐性、閒錢與好運（詳見圖 1）。

贏家特質1》有想法——分析觀點需領先市場

所謂的「想法」，指的是投資人在買賣股票之前，必須對未來的股市或個股先有看多或看空的想法，因為有想法才能形成信念，有信念才能形成決策。換句話說，投資股票必須先有方向，有方向才能決定策略；當然，這個方向必須經過「大膽假設、小心求證」的過程。

除此之外，科斯托蘭尼眼中的「有想法」，其實強調的是，想在股票投資中創造優異的績效，關鍵在於領先市場的分析觀點（即使只多領先一步）；換言之，當「生米還未煮成熟飯之前」，真正的股市贏家已經「能預先聞

圖1 **想在股市成為長期贏家，須具備4特質**
——股市贏家4大特質

到滿屋的飯香」，而提早卡位了（詳見圖 2）。

然而，「有想法」只是建立在「大膽假設」的基礎上。假設要能成立，還必須透過「小心求證」才能確認。在股票投資分析中，最有力的驗證，就是每月與每季公布的財務報表，每月 10 日公布的前 1 個月營收，更是投資人掌握公司營運最即時的股票資訊。

贏家特質2》有耐性——理性看待市場起伏

談完了「有想法」之後，接下來就是買進股票後，會面臨到考驗「耐性」

圖2 **想創造優異的投資績效，想法須領先市場**
——想法運作的齒輪

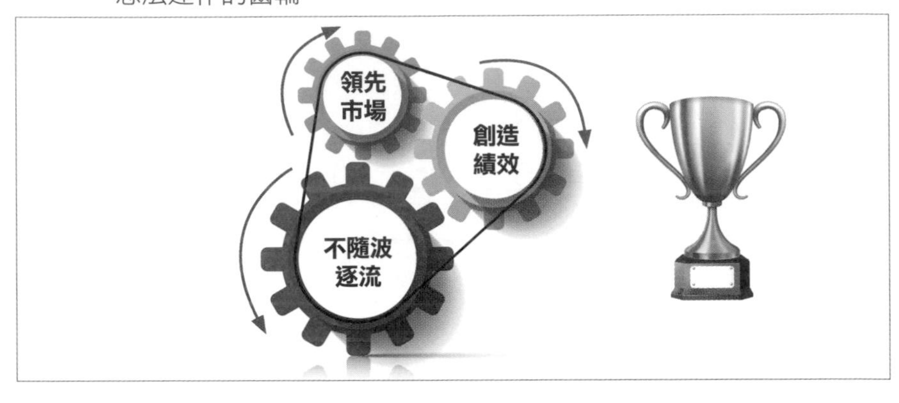

的挑戰。整體而言，科斯托蘭尼認為，「耐性」可分為 2 個層面：①心臟夠大、②沉得住氣（詳見圖 3）。

有時，股票一開始的走勢並不如原先預期，此時心臟要夠大，才能承受短線的震盪，只要「當初看好的理由沒有改變」之前，都應理性看待市場的起伏，才能避免掉入「太早賣掉」好股票的遺憾中。

此外，當看好某家公司未來的發展，並買進該公司股票之後，能否「沉得住氣」，則是觀察是否具備股市贏家特質的重要指標；尤其當股價原地

圖3 在股市中具備耐性，意味心臟夠大、沉得住氣
——耐性的2個層面

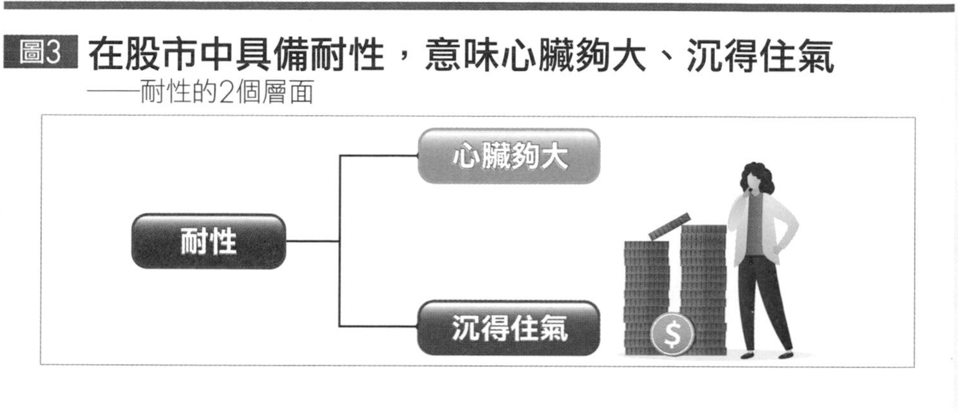

不動長達一段時間之後，更是檢驗的標準。

贏家特質3》有閒錢——才能好整以暇地投資

第 3 個股市贏家的特質是「閒錢」投資，所謂「閒錢」指的是生活開銷以外的資金。

閒錢的計算方式，通常可用總資金扣除 6 個月的生活費用。假設 1 個月的家庭總支出是 10 萬元，閒錢就是扣除 60 萬元（＝ 10 萬元 ×6 個月）生活費用的剩餘資金。

「閒錢投資」最大的好處是投資心理上的優勢，因為閒錢投資才能承受得住短線的起伏震盪，也才能好整以暇、耐心等待。

贏家特質4》有好運——成功都要有點運氣

最後，世上所有的事物要能夠成功，「好運」或多或少都會造成影響。

四季投資法》用四季農作智慧布局股市投資

「格局決定結局，態度決定高度。」在股票投資中，我始終堅信，財富累積的過程應揚棄追求 5%、10% 的蠅頭小利，透過「大賺」的格局，才能創造出優異的結果。因此我一直宣揚的投資理念是，面對股票市場每天的起伏，秉持不隨波逐流的態度，才能更專注在產業與個股的研究上，尋找被市場低估的好股票，逢低布局且長期投資。

另一方面，大賺的格局加上長期投資的原則，應用在股票投資上，就會呈現出一種類似農業社會的節氣循環，姑且命名為「四季投資法」，指的就是春耕、夏耘、秋收、冬藏的概念，將農業社會的節氣循環，運用在股票投資的布局策略（詳見圖 4）。

春耕》努力尋找好公司，逢低布局好價格

「春耕」指的就是努力尋找「好公司」，在尚未引起市場注意時，利用「好

圖4 將農業社會的節氣循環，運用在投資布局策略上

——四季投資法運用原則

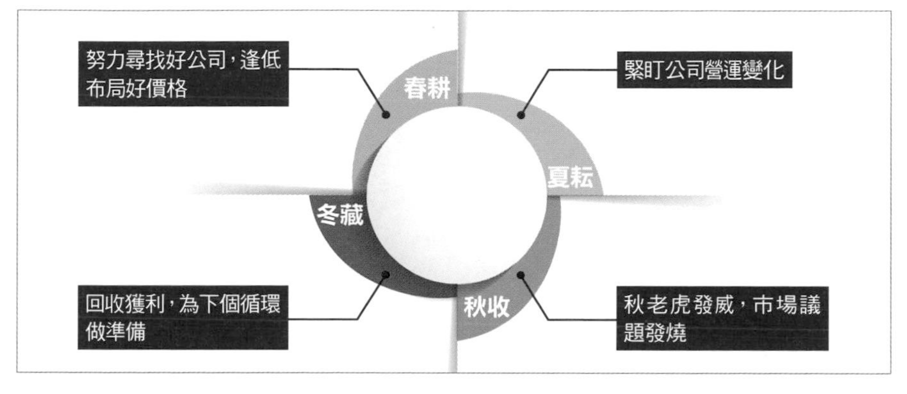

價格」的條件默默買進、逢低布局，並等待日後營運的發酵。

夏耘》緊盯公司營運變化

買進之後，持續關注公司每個月公布的營收，以及每季獲利等財報數字，觀察是否進入「夏耘」階段。

通常財報數字或營運展望上會出現一些利多訊息，因此會讓市場上其他投資人開始注意到這檔股票。因為先前已經在春耕期以較低的成本建立持股，所以這段時期會開始享受到第 1 波獲利的喜悅，獲利大約會落在

20% ~ 30% 之間。

秋收》秋老虎發威，市場議題發燒

然而，真正可以讓投資人享受到賺大錢的喜悅，則必須得仰賴「秋老虎」的發威。因為只有在火熱的太陽帶動市場投資人瘋狂追逐時，才能創造出好整以暇、逢高出脫的機會，此時正值「秋收」的階段。

冬藏》回收獲利，為下個循環做準備

最後「冬藏」，則是將股票的獲利落袋為安，並且將滿滿的現金好好收藏。冬藏最主要的目的就是，當下一個春耕來臨時，手上有豐沛的籌碼可以再一次逢低布局。

上述的 4 個階段中，其實「春耕」是最苦悶的，因為必須忍受市場先知的孤獨，要看到別人還未看到的商機，一方面要堅持專業分析，另一方面則需要不「人云亦云」的勇氣。

相信有些投資人會提出一個疑問，有沒有什麼方法，可以跳過苦悶的春耕與難熬的夏耘，直接進入股價狂飆的秋收階段呢？

如果我成仙的話，應該有能力預測並捕捉到市場中每檔正在狂飆的股票。

可惜的是，我終究只是個凡人，在股票投資的布局上，也只能循著過往的成功經驗，並深信這個投資的道理：「一分耕耘，一分收穫；要有甜美的收穫，就必須先懂得勤奮耕耘。」

總結而論，還是老話一句：「股票投資是一門克服人性的學問。」

實戰經歷1》投資羅昇，經歷4次考驗賺1倍

以 2010 年到 2011 年讓我大賺超過 1 倍的羅昇（8374）為例，除了在「想法」上，預估中國的自動化商機，勢必將帶動羅昇營運的成長之外，在長達 1 年多的持股過程，更經歷了「心臟夠大」與「沉得住氣」的考驗。整體而言，共出現過 4 次考驗（詳見圖 5）。

「考驗 1」是發生在 2010 年 3 月～ 5 月期間，當時以 32 元～ 33 元買進羅昇，雖然沒多久帳面就立即擁有 16% 的獲利，但隨後歐債風暴加劇，讓台股短時間內就重挫超過 1,000 點，面對此一變局，是該續抱？還是見好就收？心臟夠大的我，決定持股續抱。

通過「考驗 1」之後，沒多久「考驗 2」降臨。長達 6 個多月的時間，羅昇的股價始終在 40 元上下盤整，不僅磨煞持股的耐心，更要有拒絕誘

惑的決心。因為沒耐性的投資人，此時可能會選擇賣掉當時已經有 20% ～ 30% 獲利的羅昇，將資金轉往其他熱門的股票。然而，沉得住氣的我，完全不在意羅昇的股價長達 6 個月的時間不漲也不跌。

「考驗 2」的等待是值得的，因為隨著公司基本面逐漸轉佳，股價盤整大半年後的羅昇，短時間內又拉出了一波 30% ～ 40% 的漲幅。

然而「考驗 3」又隨之而來，2011 年 3 月 11 日，日本發生大地震，不僅撼動全球金融體系，市場更充斥著「居高思危」的氣氛，面對此一巨變，心臟夠大顆的筆者，決定揚棄「見好就收」的想法，持股依然續抱。

時間最後的證明，如果沒有通過「考驗 3」的測試，就沒有辦法體會後來羅昇股價「步步高升」的喜悅，甚至在「考驗 4」來臨時，也就是在股價繼續發動的初期按捺住想賣出的想法，依然維持相同的決定。

回顧這 4 次考驗人性的階段，其實是完全建立在對羅昇這家公司未來營運成長的分析上，因為對公司夠了解，所以才會有絕對的信心，一次又一次地通過市場的考驗。

類似投資羅昇的歷程，看似簡單輕鬆，但說實在的並不容易，因為每一

圖5 持有羅昇1年多，熬過4次考驗大賺1倍
——羅昇（8374）日線圖

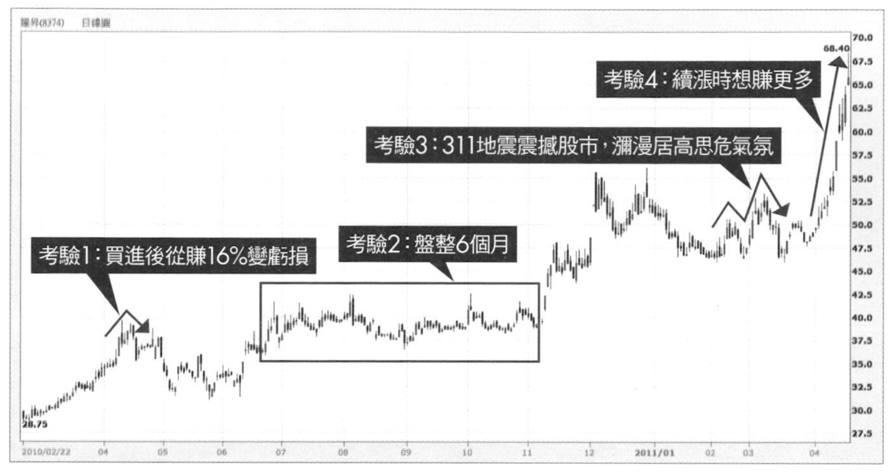

註：資料日期為 2010.02.22 ~ 2011.04.20　　資料來源：XQ 全球贏家

次的考驗都要盡全力克服人性弱點，但也因為不容易，所以才值得認真體會箇中道理，並精確掌握贏家之所以成為贏家的投資思維。

實戰經歷2》投資鴻海，等待10個月後股價飆漲

我主筆的《投資家日報》長期追蹤的台股營收王鴻海（2317），在2024 年 3 月 14 日公告 2023 年的財報，全年營收達 6.16 兆元，雖然

圖6 鴻海發動漲勢，7個多月來漲了112%
——鴻海（2317）日線圖

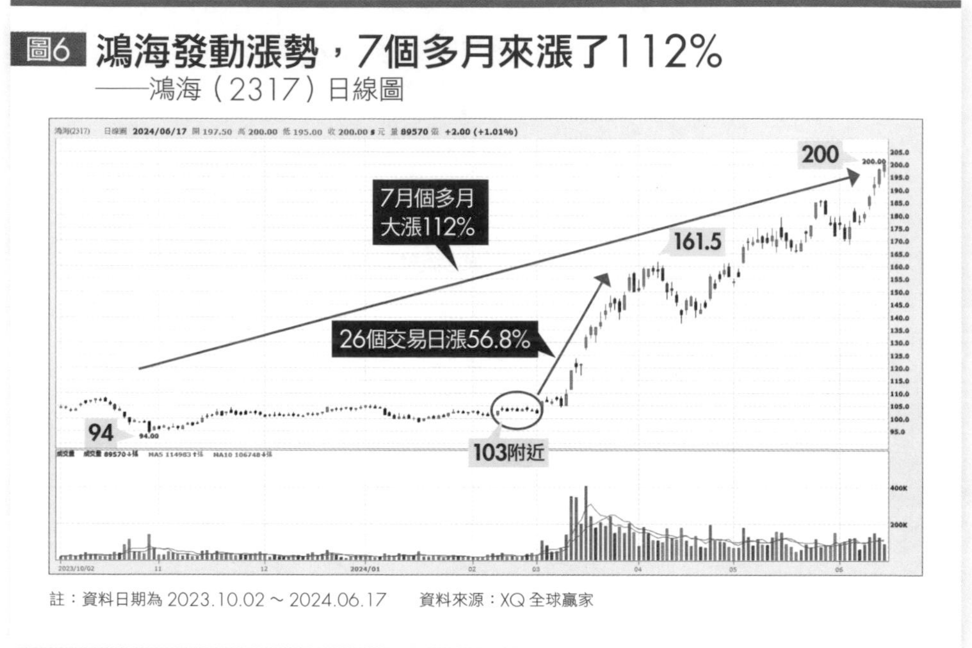

註：資料日期為 2023.10.02 ~ 2024.06.17　　資料來源：XQ 全球贏家

相較 2022 年 6.62 兆元衰退 6.98%，但毛利率從 6.04% 上升到 6.3%，營業利益率從 2.6% 上升到 2.7%，稅後淨利率從 2.13% 上升到 2.31% 的帶動下，全年每股盈餘（EPS）達 10.25 元，較 2022 年的 10.21 元，微幅成長。

營收衰退，獲利卻逆勢成長，受到此一激勵，加上台股攻上 2 萬點的多頭氛圍，也讓身為台股第 2 大權值股的鴻海，從 2024 年 3 月以來，展現

圖7 鴻海連續3年配發5元以上現金股利

——鴻海（2317）EPS與現金股利

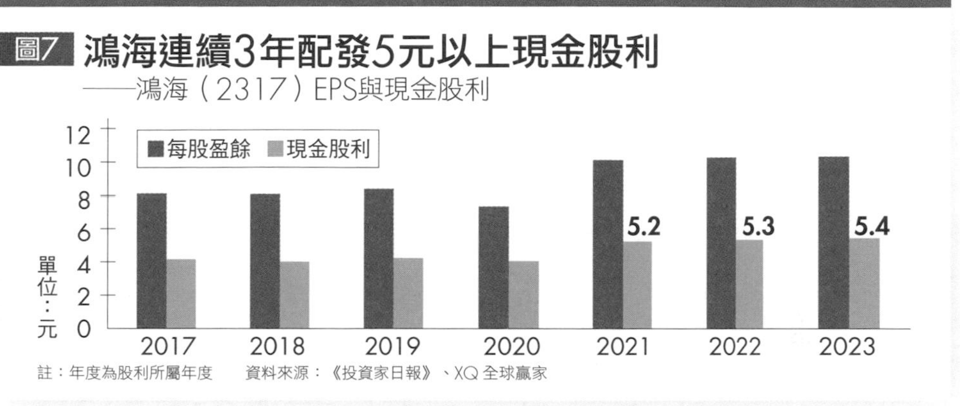

註：年度為股利所屬年度　資料來源：《投資家日報》、XQ 全球贏家

大象狂奔的飆股走勢。股價從 2 月底的 103 元，一路上漲到 4 月 9 日的波段高點 161.5 元，僅僅 26 個交易日，股價狂奔 56.8%。甚至在休息一段時間後，截至 2024 年 6 月 17 日，鴻海股價更飆到 200 元，漲幅 94%。若從 2023 年 10 月 30 日最低點 94 元算起，鴻海股價累積漲幅更高達 112%（詳見圖 6）。

此外，鴻海董事會也決定配發創歷史新高的 5.4 元現金股利，這已是連續 3 年股利配發都達到 5.2 元以上（詳見圖 7）。

看到鴻海近期股價的狂奔，相信《投資家日報》的長期訂戶一點也不會感到意外。2023 年 6 月 28 日，我曾在華視《鈔錢部署》的節目中，根據鴻海的本益比及人工智慧（AI）伺服器成長動能的潛力，提出當時鴻海股價極度委屈的分析論點（註 1），也早在 2023 年 4 月 24 日的《投資家日報》中，領先市場提出我的觀察內容，當時的分析內容大致如下：

檢視 2023 年 3 月底出現月 KD 指標在 25 以下黃金交叉的口袋名單中，還有一檔引起我研究興趣的，就是台股的第 2 大權值股鴻海。

回顧上一次鴻海的月 KD 指標出現在 25 以下黃金交叉，時間要回溯到 2019 年 2 月（詳見圖 8）。當時的鴻海，正經歷一波股價從 2017 年 6 月最高點 122.5 元，下墜到 2019 年 1 月最低點 67 元的空頭走勢，波段跌幅不僅高達 45%，更讓許多持股的投資人信心動搖。

不過，行情總是在絕望中開始誕生，隨著 2019 年 2 月出現月 KD 指標在 17 附近黃金交叉，不僅暗示前一波的空頭走勢即將進入尾聲，更開啟了後續股價從 72.7 元，上漲到 2021 年 3 月最高點 134.5 元，波段漲幅高達 85% 的序曲。

註 1：華視《鈔錢部署》節目精華片段（2023.06.28）可參考影片連結：https://youtu.be/GD38PFY-k2I ? si=d-QKZ_jwm-eiMJEr

圖8 繼2019年後，鴻海2023年再現月KD黃金交叉
——鴻海（2317）月線圖

註：資料期間 2016.09～2023.04　　資料來源：XQ 全球贏家、《投資家日報》

回顧台股在 2021 年 5 月，受本土疫情影響，大盤從前波高點 1 萬 7,709 點快速修正 2,550 點後又緩緩回升，經歷高檔震盪後，2022 年 1 月創下歷史新高 1 萬 8,619 點。然而，鴻海股價並未跟著水漲船高，鴻海從前波高點 134.5 元，2021 年 5 月最低跌至 96.5 元，波段跌幅達 28%，而後就持續在區間震盪。雖然沒有再破底，但 2023 年 1 月鴻海再度跌破 100 元的心理關卡，最低來到 98 元，相信也讓許多持股投資人不免心生「鴻海怎麼了？」的困惑。

然而就當投資人開始「不耐久候」之際，鴻海的月 KD 指標，悄悄地在 2023 年 3 月底出現低檔黃金交叉的轉折。是否會再度複製前一次中長期趨勢「由空翻多」的歷史經驗？值得投資人留意。此外，鴻海的月線、季線、半年線、年線等 4 條短中長期均線約在 103 元均線糾結（詳見圖 9），似乎也有利於後續股價開啟一波多頭的行情。

從落底訊號出現到大漲，相隔10個月不算晚

值得一提的是，鴻海從股價出現上述的「落底訊號」，到 2024 年 3 月股價開始狂奔，中間相隔了 10 個月的時間，相信這樣的過程，對於市場許多人而言，會感覺「太久了吧」？但是，這才是投資的真實面貌。

一般散戶最大的問題，就是急著想賺快錢，不想 1 年賺 40%，而是想在 1 個月內就賺到 40%，最後的結果，就是讓自己陷入到「投機」的金錢遊戲中，甚至會被許多市場誇張的行銷話術所吸引。

重新再回到鴻海的分析，鴻海 2023 年營收達 6.16 兆元，雖然較 2022 年微幅衰退，但在「三率三升」的帶動下，2023 年 EPS 仍達到 10.25 元，較 2022 年微幅成長。

鴻海能夠在營收衰退下，繳出獲利逆勢成長的成績單，顯示這幾年董事

圖9 鴻海股價出現均線糾結時，有利開啟多頭行情
——鴻海（2317）日線圖

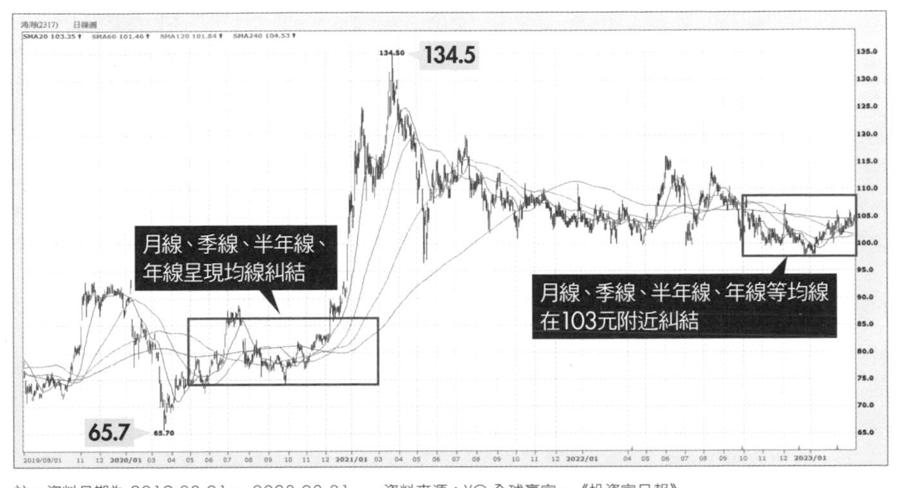

註：資料日期為 2019.08.01 ～ 2023.03.31　　資料來源：XQ 全球贏家、《投資家日報》

長劉揚偉追求更高附加價值的營運目標，似乎看到一些成果。

受惠伺服器業務成長，可望進一步推動鴻海業績走揚

檢視 2023 年各項產品占鴻海的營收比重，以智慧型手機為主的消費智能產品，仍是貢獻營收的最大來源，占比達到 54%；其次是以伺服器為主的雲端網路，占比為 22%；再來就是電腦終端產品的 18%，以及元件的 6%。而 2024 年第 1 季，就可以看到消費智能產品的占比降低到 48%，雲端網

路產品占比則提升到 28%（詳見表 1）。

展望 2024 年，根據董事長劉揚偉表示，雖然智慧型手機與電腦終端產品將呈現「持平」的營運內容，但在伺服器產品訂單增加的帶動下，可望帶動 2024 年鴻海的營運進一步走升。

進一步分析鴻海 2024 年來自伺服器的營收貢獻能夠上升，關鍵是來自 AI 伺服器的貢獻。

2023 年 AI 伺服器占鴻海所有伺服器營收比重已達 30%，預估 2024 年將持續成長到 40%；換言之，以一個簡單的數學來試算，鴻海 2024 年來自於 AI 伺服器的營收貢獻可望逼近新台幣 6,900 億元，計算的方式是「2023 年營收 6.16 兆元 × 雲端網路占比 28%×AI 伺服器占比 40%」。在假設 AI 伺服器代工的「營業利益率」為 7% 的基礎下，2024 年鴻海來自 AI 伺服器的 EPS 貢獻可望達到 3.48 元（＝（6,900 億元 ×7%）／ 138.6 億股）。

此外，值得留意的是，鴻海在 AI 伺服器的競爭優勢有 2：

①完整的布局：從關鍵零組件、模組，到系統組裝、數據中心平台皆有

表1 雲端產品占鴻海營收比，已成長至28%
——鴻海（2317）4類產品占營收比重

產品	占營收比重（%）	
	2023年	2024年Q1
消費智能產品領域	54	48
雲端網路產品領域	22	**28**
電腦終端產品領域	18	18
元件及其他產品領域	6	6

資料來源：鴻海法說會

布局（詳見圖 10）。

②先進的散熱技術：鴻海在 2024 年初展示了在液冷散熱的技術，讓 AI 伺服器的運算效能更佳、電力使用效率更好、空間更優化、營運成本更低、運作更安靜等優點。

如果能在 2023 年 4 月，發現股價低迷的鴻海已然出現月 KD 低檔黃金交叉的訊號，並進入「春耕」階段慢慢布局；接著就可進入「夏耘」時期，持續追蹤鴻海的營收及獲利表現，會發現鴻海的營收在 2023 年第 3 季就出現了營收微幅衰退但獲利年成長的表現。而到 2024 年 3 月中旬，鴻海公布的財報數字驚豔市場，隨後鴻海跟著 AI 議題持續發燒，投資人便可以好整以暇，等候未來逢高出脫的「秋收」及「冬藏」時機。

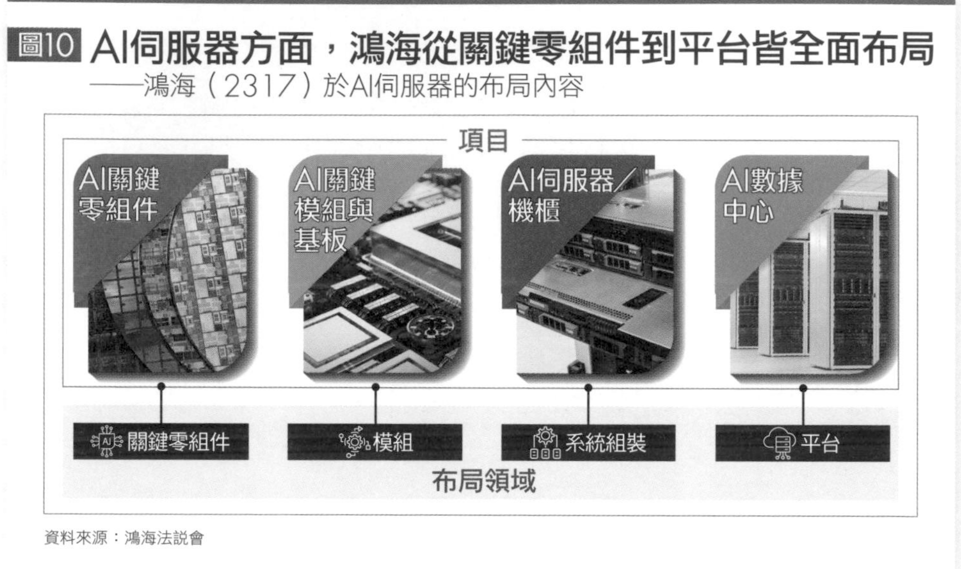

圖10 AI伺服器方面，鴻海從關鍵零組件到平台皆全面布局
——鴻海（2317）於AI伺服器的布局內容

資料來源：鴻海法說會

AI在未來科技產業占據重要地位

AI 的重要性和成長性，相信投資人從 2024 年 5 月底到 6 月初期間，AI 晶片大廠輝達（NVIDIA）執行長黃仁勳在台灣的演講，就能深切感受到 AI 在此刻到未來的科技產業，占據多重要的地位。

而早在 2023 年 3 月時，我便在《投資家日報》提出對 AI 產業的重要性。當時我曾引述美國《時代雜誌》（Times）封面故事〈人工智慧軍備競賽正

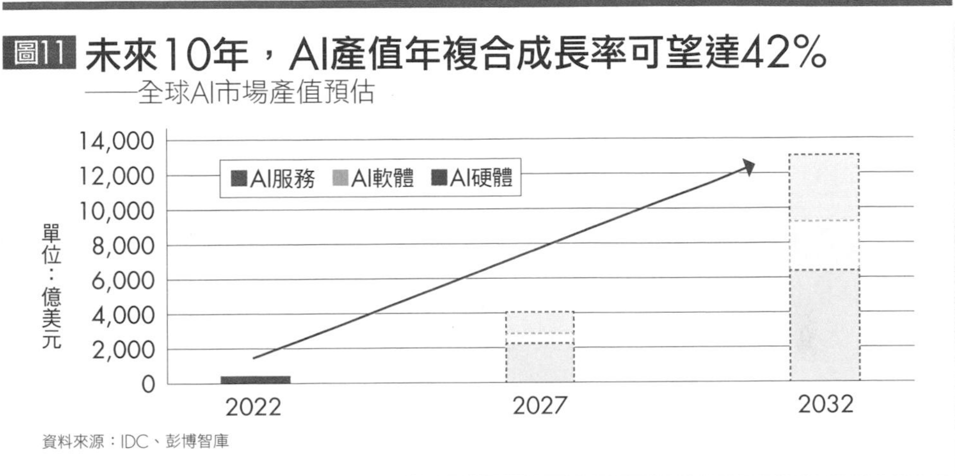

圖11 未來10年，AI產值年複合成長率可望達42%
——全球AI市場產值預估

資料來源：IDC、彭博智庫

改變一切〉的內文指出，未來 AI 的運算能力，將會以每 6 個月到 10 個月的時間就成長 1 倍，而這樣子的高速成長，不僅將帶給全球半導體產業強勁走揚的驅動力，更會對全球國內生產總值（GDP）產生大幅提升的效益。

再根據全球 4 大專業諮詢機構之一的 PwC 資誠聯合會計師事務所預估，到 2030 年全球的 GDP，將會因為 AI 的導入，提升高達 15.7 兆美元的產值，總產值甚至超過中國加上印度 GDP 的總和；其中，6.6 兆美元來自生產力的提升，9.1 兆美元來自消費市場的效應。

而 1 年的時間過去，隨著這一波 AI 的投資浪潮，掀起了美國股市與台灣股市相關概念股的狂飆走勢，似乎也再度印證《投資家日報》總能領先市場，做對投資與做出績效的專業價值。關於 AI 所帶來半導體產業的成長面貌，也可以參考我曾於 2023 年 2 月在個人 YouTube 頻道提出的分析觀點（註 2）。

此外，依據研究機構 IDC 的預估，未來 10 年全球 AI 市場的產值，將以年複合成長率 42% 的速度飆升（詳見圖 11），一路從 2022 年 400 億美元，成長到 2027 年 4,000 億美元，再成長到 2032 年 1.3 兆美元。換言之，若以 2022 年作為基準點，2027 年 AI 產值將成長 10 倍，2032 年 AI 產值將成長 32.5 倍。投資人若想在資本市場上獲取豐厚的收益，想必是不能缺席對於 AI 相關產業的布局。

註 2：孫慶龍之財報魔法師 YouTube 頻道上談 AI 人工智慧的未來（2023.02.19），影片連結：https://www.youtube.com/watch?v=EkAo4mWpbgI

把握生活選股6法則 嗅出投資賺錢的真正契機

有個朋友想到中國經營茶生意，除了下游通路客戶的耕耘之外，如何取得上游優質茶葉的供應，更是一大學問。為了貼近最上游的茶葉市場，這位朋友千里迢迢地親赴以盛產茶葉聞名的中國江西，直接第一線與當地茶農面對面洽商。

「想要拿到好茶葉，其實沒有什麼好的方法，就只有『勤奮』兩字。」朋友表示，到了當地，光是在市集街上兜售的茶農，少說就有 3、400 人，每家茶農扛著剛從產地採收下來、一大包又一大包的茶葉，都說自己的茶葉最好，根本無從選擇。所以只能一家家試茶，先聞茶的氣味，不合格的連泡都不用泡，直接換下一家茶農。

然而，有香氣的茶，不一定會有喉韻；有喉韻，也不一定會有香氣。因此在試茶的過程，就必須反覆品味這其中的差異，而「好茶」也就在這品味的過程中，被確認出來。這些「品質檢驗」的過程都完成之後，才會與茶農開始「談價格」，價格太高的也不會考慮，因為沒有利潤可言，買進來也會是賠錢貨。

找好股如同覓好茶，香氣與喉韻缺一不可

聽到朋友的這番談話，不禁想到原來茶生意與股票投資，竟然也有異曲同工之妙。

在茫茫股海中，投資人只要能找到「體質健全」（有喉韻）且有「故事題材」（有香氣）的好股票，並且在「好價格」時進場買進，如此就能輕鬆創造投資賺錢的契機。

然而，體質健全、又有故事題材的好股票要從哪裡找？前者可從財報分析中看出一些端倪，相關的論點留到第 3 篇再予以詳細介紹，而後者則可從兩方面來討論，姑且命名為「童話故事」與「真實故事」。

好股票的「香氣」，需用實際財務數字確認

對於許多投資人來說，買股票，其實就是在買一個「Story（故事）」，有故事題材的股票，才會有「香氣」，也才會吸引到市場投資人的注意。

但對理性的投資人而言，更重要的是這股香氣，這個 Story 必須建立在「有所本」的基礎上。

換句話說，要有實際的財務數字，來驗證這是一個「真實故事」，而非「童話故事」，如此才能在投資的市場中走得長久、走得安穩，否則童話故事只不過是一場美麗的煙火，雖然燦爛，但一轉眼就灰飛煙滅。

至於如何區別「真實故事」與「童話故事」，可從基本面與股價之間的關係來辨別。

以 2009 年 6 月為例，當時世界衛生組織（WHO）預估，全世界將有超過 20 億人口感染 H1N1 新型流感，全球疫情將快速擴散，因而讓台股相關的防疫概念股，有了一個得以炒作股價的故事題材，其中包括生產口罩的恒大（1325）、康那香（9919），生產疫苗的中化（1701），與生產保健食品的葡萄王（1707）。

然而，若比對這些股票在股價大漲之際的公司營運狀況，理性的投資人可輕易分出誰是童話故事，誰又是真實故事。在正常情況下，全球疫情的快速擴散，將會導致市場對於口罩的熱烈需求；換言之，口罩廠商在股價因故事題材而大漲之際，公司的營收也應該要有相對應的增長，這是合理的推論，也是市場投資人得以「做夢」的題材。但在真實的世界中，又是如何呢？

案例1》恒大享有高本益比，月營收卻衰退

進一步追蹤恒大 2009 年 7 月的營收，照理說，6 月全球爆發疫情，生產口罩的恒大，7 月的營收應該要有所反映，但事實卻是，營收竟比沒有疫情的 2008 年 7 月，還整整衰退了 32.67%（詳見圖 1）。這是一個匪夷所思的結果，但不管如何，股價大漲，本益比邁向 30 倍之際，已經預告這場「童話故事」即將落幕。

案例2》葡萄王本益比僅12倍，且營收大幅成長

反觀另一檔同樣具有防疫故事題材的葡萄王，由於消費者有服用保健產品提高免疫力的需求，不但直接帶動葡萄王 2009 年 7 月的營收，較同年 6 月大增 48.01%，與 2008 年 7 月同期相比，也成長了 22.64%。

除此之外，葡萄王的股價在 2009 年 8 ～ 9 月時，雖然也因故事題材開始上漲，但本益比也僅在 12 倍左右；換言之，從基本面與股價的關係來看，葡萄王的故事就有「真實故事」的條件了。

上述投資邏輯的推論，大約在 3 個月後得到最直接的驗證，我眼中為童

圖1 2009年7月恒大營收衰退，股價隨之大跌

——2009年4檔疫情題材股營收、本益比

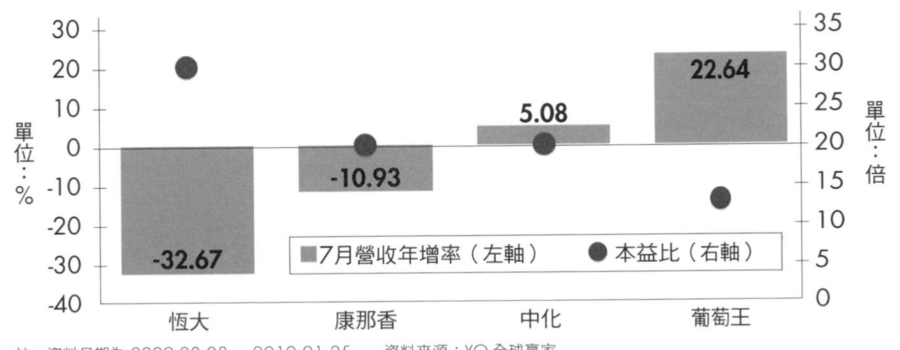

註：資料日期為 2009.08.03～2010.01.25　　資料來源：XQ 全球贏家

恒大（1325）日線圖

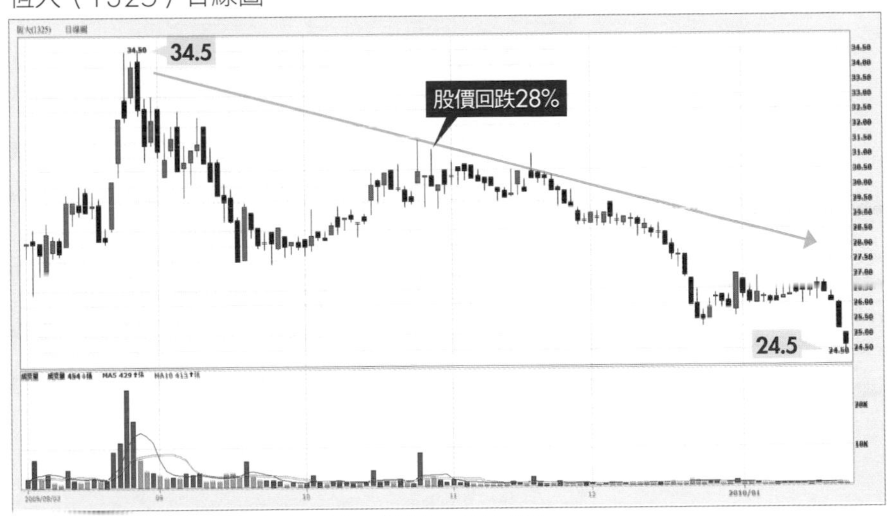

註：資料日期為 2009.08.03～2010.01.25　　資料來源：XQ 全球贏家

話故事的恒大，股價回跌了 28%，而具有真實故事條件的葡萄王，股價卻大漲了超過 1 倍（詳見圖 2）。

在看待市場上任何一個發燒議題時，理性的投資人必須採取的態度就是「不隨波逐流」，應貫徹有故事、有業績，還要股價合理的投資原則。

若故事建立在「眼見為憑」上，潛在投資價值更高

了解了童話故事與真實故事在基本面的差異性之後，接下來要分享的是，如果真實故事能建立在「眼見為憑」的基礎上，背後所隱藏的投資價值將更為驚人。尤其，若能從本身的生活經驗中，親眼目睹到一家公司的生意門庭若市，好生意的背後，通常也代表好股票的投資選擇。

案例1》寶雅

談到從生活經驗中找好股票，就讓我想起一段往事。1996 年到 2000 年我就讀台南成功大學時，很常跟同學們去一家美妝與生活雜貨專賣店買東西。這家專賣店的商品以平價為訴求，在當時吸引了一大批經濟較拮据的死忠學生族群。

20 多年的時間過去，這家原本僅是在中南部發跡的平價商品專賣店，由

圖2 2009年葡萄王的股價在3個月大漲逾1倍
——葡萄王（1707）日線圖

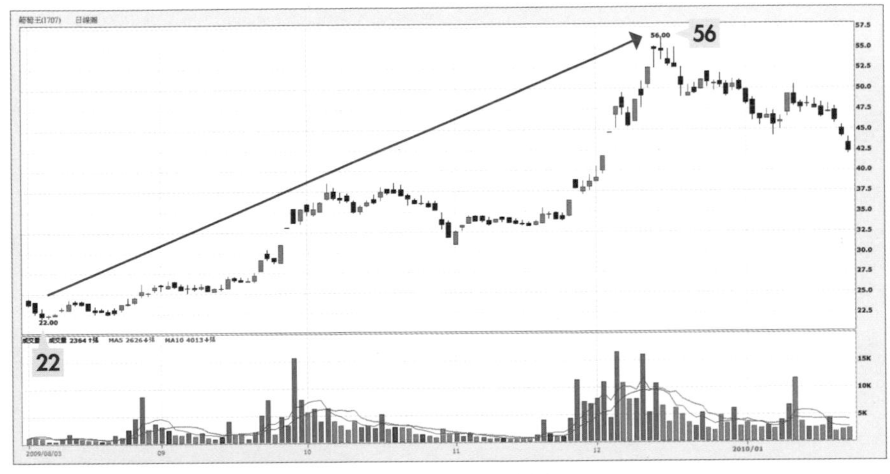

註：資料日期為 2009.08.03 ~ 2010.01.25　　資料來源：XQ 全球贏家

於掌握到這幾年台灣不景氣的經濟脈動，不但發展成全國連鎖的通路業者，更成為台股的上市櫃公司，名為寶雅（5904）。

寶雅的企業形象非常鮮明——「美麗、健康、流行、便利、實惠」的訴求，完全切中想要省荷包又想跟流行的消費心理。在消費者絡繹不絕的支持下，寶雅門市在全台灣一家接著一家開，快速展店的同時（編按：2009 年展店到 44 家，2013 年 68 家，2019 年突破 200 家並新增居家五金品牌「寶家」，2024 年 6 月底寶雅與寶家一共來到 390 家分店數，股價的漲幅更是驚人，2008 年股價最低時僅 17 元，最高在 2020 年 7 月漲至 660 元，13 年時間大漲 3,782%（詳見圖 3）。

案例2》景岳

另一次眼見為憑的生活經驗，也讓我在 2009 年的一次產業研究上，獲得意外的驚喜。2009 年 11 月，我在家看電視隨意轉台時，剛好轉到電視購物頻道，其中對於知名作家吳淡如所代言的景岳（3164）專利噬脂活益菌印象深刻，並衍生出兩方面的研究。

一方面，景岳是一家上市櫃公司，成立於 2000 年，是全亞洲第 1 家以「益生菌（有益於人體的活菌）」作為生物製藥的 cGMP（Current Good Manufacturing Practices，現行優良藥品製造標準）藥廠，累計已投入上億元資金在功能性益生菌的研究與開發上，擁有多項在世界各國的專利。其中最具價值的，是獨立開發、並獲得國際乳酸菌協會（IPA）認證的 3 隻菌株，分別用於噬脂（號稱減重）、調整過敏與牙齒保健等用途上。

另一方面，我也探聽到周遭許多朋友對於「專利噬脂活益菌」的成效深信不疑。為此，我還特地親自打電話去訂購，客服人員的回覆竟是：「先生，對不起，目前產品缺貨中。」

圖3 寶雅股價歷經13年大漲3782%
——寶雅（5904）月線圖

註：資料日期為 2003.06 ~ 2024.06　　資料來源：XQ 全球贏家

消費者的愛用與支持，是相當重要的投資訊息。再進一步追蹤公司的營收，就可以看到更明確的驗證，因為從 2009 年 8 月開始，景岳月營收的年增率，就分別以 89%、185%、98%、129% 的驚人幅度大躍進（詳見圖 4）。

現代人飲食豐盛下，愛美又要求健康，市面上不僅充斥各種減重產品，更創造了龐大的減重商機，而景岳在當時可說是生逢其時。

圖4 2009年景岳搭上減重商機，月營收暴增
——景岳（3164）月營收及年增率

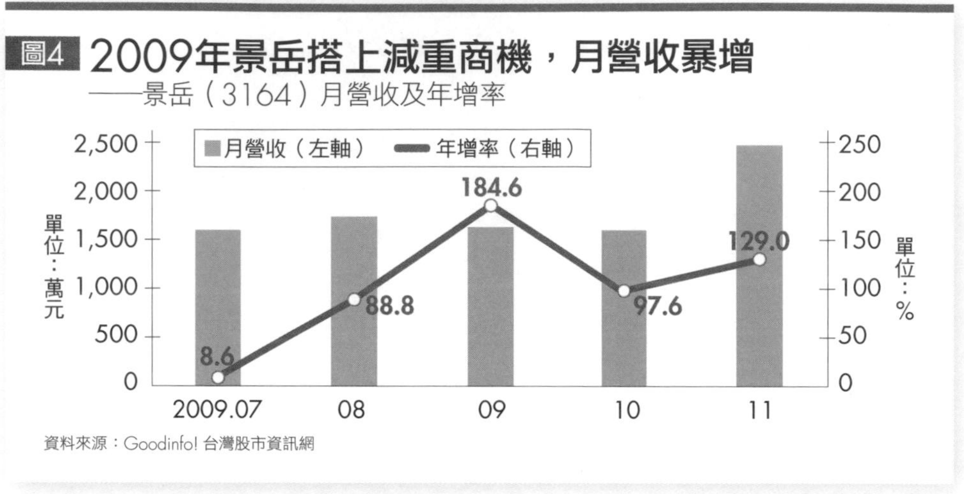

資料來源：Goodinfo! 台灣股市資訊網

2009 年 11 月 23 日，在我發表關於景岳研究報告的隔一天，市場就開始對於這檔「有喉韻」又有「香氣」的股票，展開熱烈的討論。

之後，景岳股價不僅連續 8 天漲停板（詳見圖 5），更驗證了從生活中一樣可以發掘到好股票。

以6大法則從「生活選股」，避免以偏概全影響

從生活中的經驗去尋找好公司，是許多投資大師所倡導的選股邏輯，其好處除了「眼見為憑」之外，更是投資的領先指標之一。畢竟，直接在現

圖5 從財報驗證景岳故事真實性後，股價連續8天漲停
——景岳（3164）日線圖

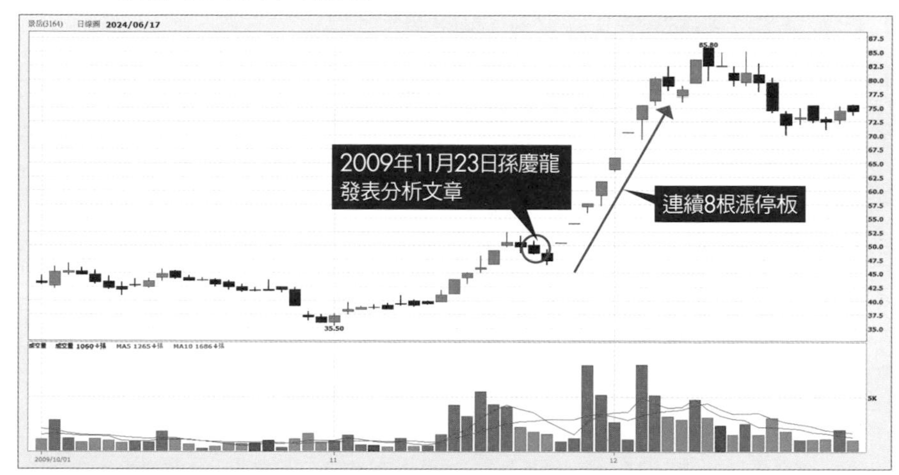

註：資料日期為 2009.10.01 ～ 2009.12.25　　資料來源：XQ 全球贏家

場觀察產品的銷售狀況，以及消費者的直覺反應，往往比「看圖說故事」的技術分析，或「按圖索驥」的財報分析，更能直接嗅出投資賺錢的真正契機。

不過，由於每個人的生活經驗都大不相同，有些時候容易出現「以偏概全」的主觀印象，因此，若想要用生活經驗來選擇投資的標的，還是得遵守以下 6 大法則：

1. 產品可以用一句話說清楚。

2. 消費者會持續購買。

3. 產業龍頭：具規模經濟與無形資產價值。

4. 能夠穩定且持續配發現金股利。

5. 股東權益報酬率能數年在 15% 以上。

6. 遇到倒楣事，可進場撿便宜。

投資自己可以理解的公司，是非常重要的原則，因為只有對一家公司產品建立基本認識，才有利後續進行「產業分析」甚至「財報分析」的判斷。

此外，我還特別偏愛能提供「消費者持續購買」產品或服務的公司。一方面，這類型的公司，容易創造穩定的現金流量；另一方面，較容易建立無形價值，維持較優異的賺錢品質。再者，若能進一步搭配股價滑落到「超跌」價位，用好價格買進好公司，財富自然水漲船高。

選股實例1》食品股佳格

了解上述生活選股 6 大法則後，接下來就套用在佳格（1227）的分析上：

① 產品可以用一句話說清楚

成立於 1986 年的佳格，如果要用一句話說清楚它的產品地位，那就是

圖6 桂格、得意的一天，皆為佳格旗下品牌
——佳格（1227）主要品牌與產品

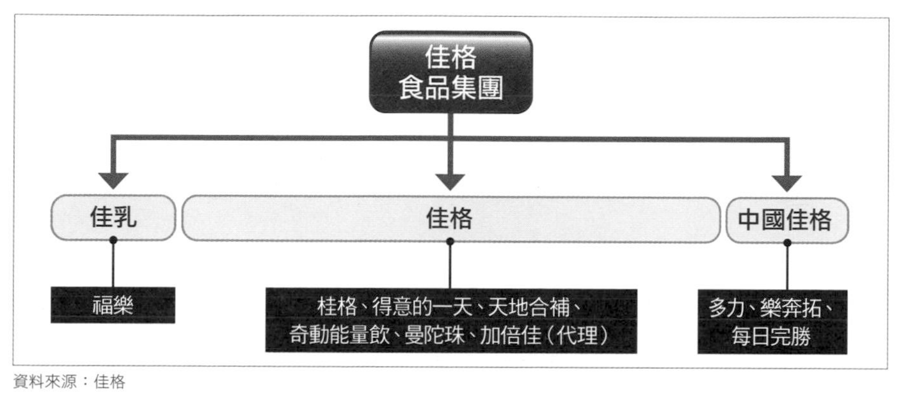

資料來源：佳格

「燕麥片產品在台灣市占率第 1」。佳格的自有品牌，除了在台灣的桂格、得意的一天、天地合補、福樂，與在中國的多力（編按：葵花子油品牌）及每日完勝（詳見圖 6）。桂格的主要產品包括麥片、穀物、奶粉；天地合補主要產品為功能飲與膠囊錠劑；福樂主要產品為鮮奶、優酪乳、優格；得意的一天主要產品為油品、肉鬆、粥、水等。

② 消費者會持續購買

就以桂格的麥片而言，是我個人和家中長輩每天早上必吃的食物之一。早餐吃麥片，被認為有以下 5 大好處：

❶ 因麥片中有高量的膳食纖維和蛋白質，可以幫助增加飽足感，控制食欲，幫助減肥。

❷ 幫助腸道蠕動，降低便祕的困擾。

❸ 幫助維持血糖的正常值。

❹ 幫助維持健康的膽固醇含量。

❺ 增加體內的抗氧化分子。

佳格提供的沖調式產品食用方便、口味多元，長年在市場上富有口碑，多年來也在台灣市場雄踞龍頭地位。

③ 產業龍頭：具規模經濟與無形資產價值

根據市場研究機構凱度（KANTAR Worldpanel）的調查（2022Q1（SFG）& MAT22P5 Household Penetration），佳格是台灣第 1 大的營養及保健品廠商，麥片／穀物、保健飲品、食用油以及調味品／即食產品的家戶滲透率皆為第 1（詳見表 1）。此外，佳格在中國市場的葵花油品牌多力，也達到家戶滲透率第 1 的地位。

④ 能夠穩定且持續配發現金股利

佳格不僅已連續 34 年都能配發股利，從 2001 年開始，連續超過 20 年都能配發現金股利。2010 年之後，更連續超過 13 年，至少每年都能配

表1 佳格為台灣穀物麥片、食用油等市場龍頭
——佳格重要產品線及家戶滲透率排名

產品類型	品牌	家戶滲透率排名
麥片／穀物	桂格	1
保健飲品	桂格	1
食用油及調味品／即食產品	得意的一天	1
乳品／發酵乳	福樂	4
葵花油	多力（中國）	1

資料來源：佳格法說會簡報、KANTAR Worldpanel（2022Q1（SFG）& MAT22P5 Household Penetration）

發出 1.25 元以上的現金股利。

⑤ 股東權益報酬率能數年在 15% 以上

股東權益報酬率（ROE）是衡量公司幫股東賺錢的能力，同時也是美國投資大師巴菲特（Warren Buffett）眼中最重要的財務指標。佳格的 ROE 雖然在 2021 年掉到 13.7%，2022 年掉到 6.85%、2023 年掉到 7.14%，但在綜合衡量過去的獲利表現，以及近 15 年平均值 19.2%、近 10 年平均值約 16%（詳見圖 7），仍勉強符合股東權益報酬率在 15% 以上的條件。

⑥ 遇到倒楣事，可進場撿便宜

佳格近幾年的股價一路從 2011 年時的最高點 141.5 元，下墜到 2022

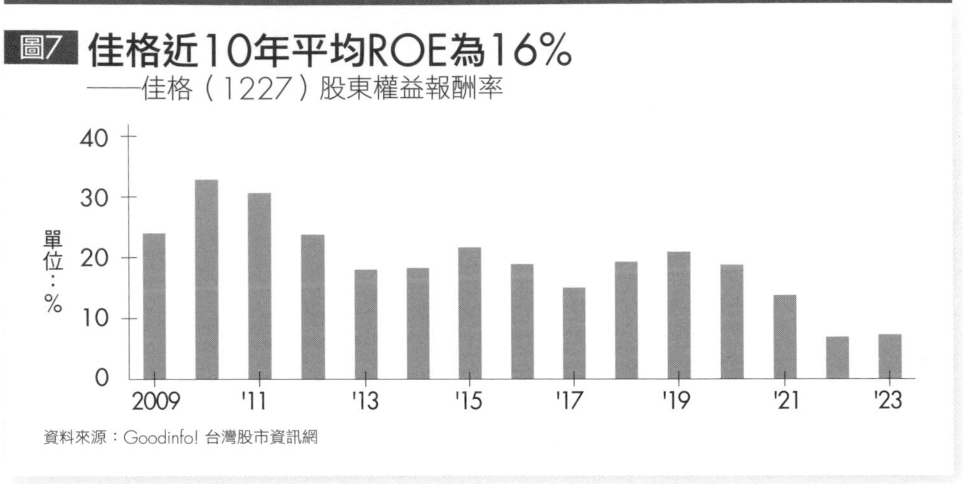

年 9 月的 36.55 元，期間波段最高跌幅達 74%（詳見圖 8）。分析主要原因，是遇到兩件麻煩事，一是中國的市場競爭激烈，導致空有營收、獲利卻下滑的局面，二則是第二代接班人上任之後，企業文化的丕變，導致公司人事上的浮動。

不過危機就是轉機，過去的獲利績優生，雖然遇到了麻煩事，但也造就了便宜的好價格。

許多投資朋友會問，要去哪裡找「好公司」？一般而言，可分為 3 大來源：1. 媒體、2. 券商、3. 生活經驗（詳見圖 9）。

圖8 **佳格股價最低跌至2022年36.55元**

——佳格（1227）月線圖

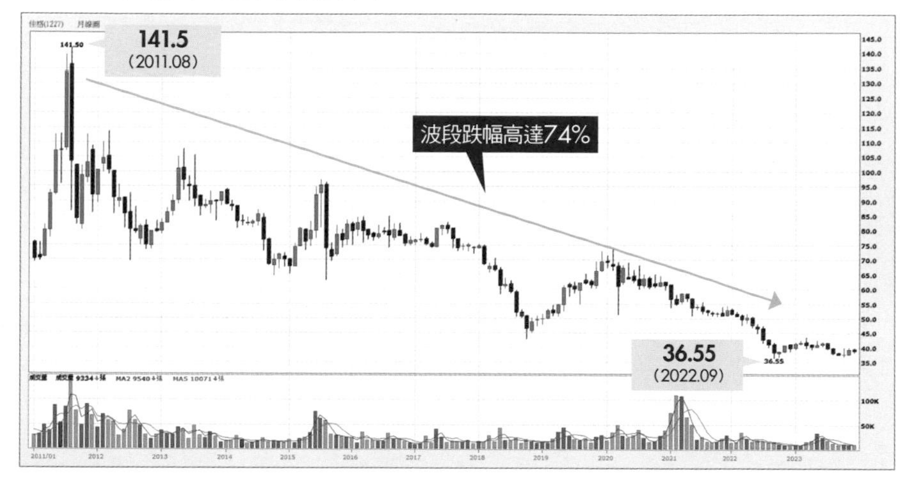

註：資料日期為 2011.01 ~ 2023.12　　資料來源：XQ 全球贏家

在處理來自於媒體的資訊時，要特別小心，因為資訊的取得，常常來自於「意圖影響資訊」的人手中，因此，如何訓練自己擁有獨立判斷的專業能力，便是很重要的關鍵。

券商的資訊來源，由於立場不同，常常也會產生不盡人意的發展，主要理由是，證券商的獲利來自於股票「交易」的手續費收入。客戶交易愈頻繁，證券商賺取的手續費愈高。合理推論，就證券商的立場而言，會有意無意

圖9 投資人往往透過媒體、券商或生活經驗中找股
——尋找好公司3管道

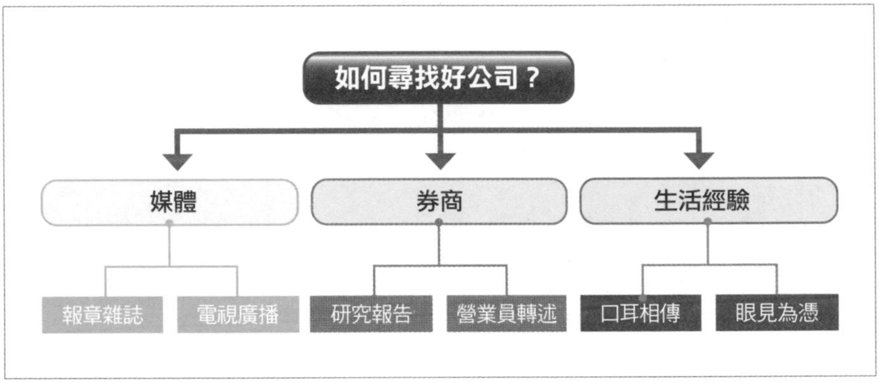

地鼓勵客戶進行短線的交易。然而，根據歷史的經驗顯示，短線交易並不是長期獲取穩健利潤的好方法。

最後一個資訊來源是來自生活周遭的經驗。由於投資者是站在終端消費市場的角度，去看待一家公司的營運狀況，這類的資訊往往具有領先股票市場的投資價值，而領先市場通常就是拿到股票賺錢的入場券。

總結而論，不管股票資訊來源為何，只要資訊夠清楚明白，並貫徹有故事、有業績，還有股價合理的投資原則，就能達到安心賺大錢的投資目的。

別用買彩券心態買股票 投資好公司才能長期穩健致富

有一次在電視台錄影的過程中，與市場一位非常知名的分析師聊天，他說 2010 年初的時候買了一檔飆股：龍巖（5530），30 元買進後，便一路抱到 120 元的價格（詳見圖 1），1 年多的時間，股票市值變成 4 倍。

如此了得的投資績效，引起我進一步追問：「那你一共買了幾張？」這位分析師有點勉為其難地表示：「3 張而已。」

類似的狀況，也發生在 2009 年，當時我認識一位分析師，號稱自己在威剛（3260）的股票操作上，大賺了將近 10 倍——8 元買進後一路抱到 80 元才獲利了結，然而當我進一步詢問：「買了多少張？」這位朋友才有點心虛的表示：「我只有買 1 張，試試而已。」

歷史的經驗告訴我，買到一檔能夠大漲 10 倍的股票，確實是一件值得慶祝的事，但如果只買 1 張（或是張數很少），那可以肯定，「投機」的成分遠遠多過「投資」的成分。

只想投機試手氣，財富難累積

舉例來說，一般人買彩券，多是抱著「試試手氣」的想法，頂多買個 1、2 張，因為即使沒有中獎也無傷大雅。在正常的情況下，相信絕對不會有人將「全部的家當」押注在彩券上，因為這樣做的風險太大了。

許多投資人喜歡到處打聽明牌，也常常沉浸在追逐飆股的氛圍中，但這樣的投資策略，即使買到了飆股，真的能夠在股票市場中賺到大錢嗎？

以上述的威剛為例，假設這位朋友一共有 100 萬元的資金，即使威剛真的大賺了 10 倍，但是僅買 1 張的結果，換算成整體資金的報酬率也只有 7.2%；換言之，張數的多寡，將決定整體報酬率為 1,000% 還是 7.2% 的差別。

買到飆股，要能夠賺到大錢，還必須搭配買進多少張數。只買 1 張，即使對了，賺的也只是塞牙縫的錢，但如果一次買 50 張、100 張，買到飆股才有意義，對財富的累積也才會產生實際的幫助。換言之，投資人在股票的實際獲利，不能只看單一個股的漲幅，還必須搭配買進的張數（詳見

圖1 2010年龍巖從30元以下漲至120元以上
——龍巖（5530）週線圖

註：資料日期為 2010.01.01 ~ 2011.02.21　　資料來源：XQ 全球贏家

圖2 股票漲幅高、買進張數多，才能享有巨大獲利
——投資的實際獲利

圖 2）。

投資的目的，是希望能透過錢滾錢的方式創造財富，然而資本市場中「投資」與「投機」往往只是一線之隔。用「投機」的心態投資股票，絕對無法在市場中長期生存下來，因為在賭場上，只有莊家才是永遠的贏家。唯有學會用「投資」的心態，來看待股票投資，才是長期穩健致富的不二法門（詳見圖 3）。

唯有對公司具備充分信心，才敢重壓資金

那什麼是「投資」？什麼又是「投機」？美國投資大師巴菲特（Warren Buffett）的一段話，或許可當作參考：「如果你不敢將所有的錢重壓在某一檔股票上，那我勸你連 1 股都不要買。」

重壓一檔股票，對於許多投資人而言，是一件不可思議的操作策略，即使在正統的學術領域，學校裡的投資學教科書中，也不斷強調「不要把所有的雞蛋放在同一個籃子裡」的投資組合理論。然而，巴菲特卻有不一樣的想法，他認為：如果這是一個黃金打造的籃子，那為什麼不能把所有雞蛋都放在一起？如果手裡捧著是一顆「金雞蛋」，又為什麼還要再費心思去照顧其他普通雞蛋呢？

圖3 投資而非投機，才能長期穩健致富
——投資vs.投機

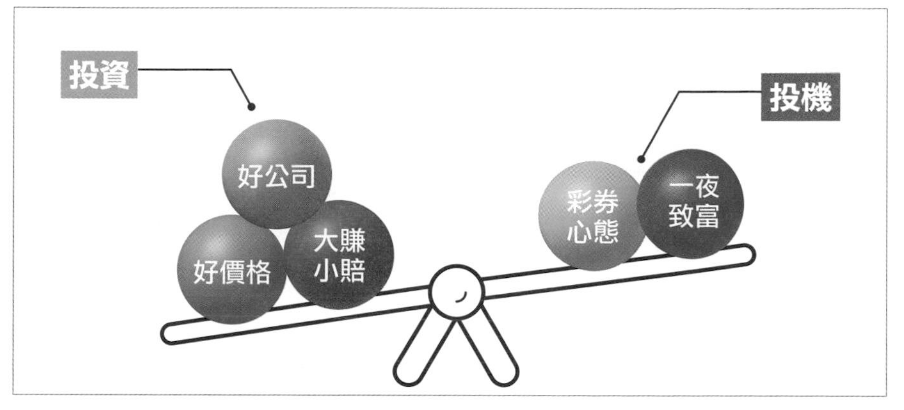

相信會有人提出疑問：「我又不是巴菲特，單壓一檔個股，投資的風險不會太高嗎？」

所謂的投資風險，並不是一檔股票買了太多張，而是投資人根本不了解所投資的公司；換句話說，風險是來自於不了解，因為不了解而信心不足，因為信心不足，所以只敢買 1、2 張。

換言之，投資人要降低股票投資的風險，真正的做法應該是從加深對公司的了解著手。不管是透過產業分析、財報分析，技術分析，或是籌碼分析，

圖4 透過深入分析公司，能加深持股信心
——投資信心來源

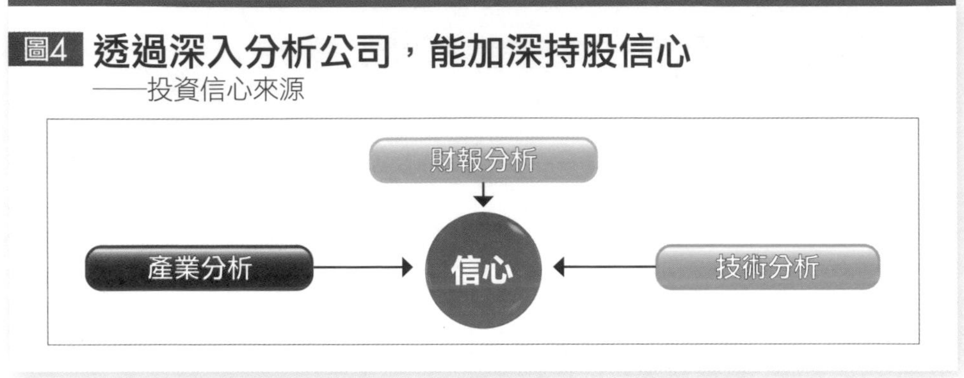

重點在於找到足夠的理由，支持並確認所投資的公司是具有成長前景的潛力股，才是真正降低股票投資風險的根本做法（詳見圖 4）。

選股能力有限時，仍須建立良好投資組合

平心而論，把全部的錢都壓在同一檔股票上，除非選股能力有投資大師等級，否則仍會面臨到不小的風險。但我想要強調的是，買進股票張數的多寡，其實是一個牽涉到人性的議題，因為「重壓」與「只買一張」的背後，通常也是代表是在投資，還是在投機的差別。

此外，如果選股能力沒有辦法達到如投資大師的境界，投資組合的規畫確實有其必要，因為一個「完美投資組合」規畫，不但可達成「風險」與「報

酬」之間的最佳平衡，更可創造出「源源不絕賺好股」的良性循環，並且達到長期財富穩健成長的目標。

而上述所謂的完美投資組合，就是在第 2 篇即將討論的核心主題：BCG 投資組合。

第2篇

聰明配置股票
打造賺錢組合

師法BCG矩陣建立完美投資組合 抓緊明星股與金牛股

經過這麼多年在股市的實務經驗，我逐漸深刻體會到，即使做了再多的投資分析與研究功課，最後決定賺錢與否的關鍵，其實只有「操作」兩字——操作的精髓在「大賺小賠」，而操作的體現則在「完美投資組合的規畫」。

一個完美投資組合的規畫，不但可在「降低風險」與「提高報酬」之間找到最佳平衡點，更可創造出「源源不絕賺好股」的良性循環，達到一般投資人在追求長期財富穩健成長的目標。

而所謂完美的投資組合，除了要反映「聚焦投資」的精神（看好的股票不能只買 1 張），重點還有布局的股票必須各司其職，並且提供投資組合長期穩定的獲利成長。

要如何達到投資組合長期穩定的獲利成長？管理學中的「BCG 矩陣」

（BCG Matrix，又稱為波士頓矩陣），提供了一個可行的方向。

BCG 矩陣是 1970 年時，由波士頓顧問集團（Boston Consulting Group）創辦人布魯斯．亨德森（Bruce Henderson）所提出的一種評估工具，主要的目的是運用企業產品的布局策略，去分析單一公司的長期競爭力，並提供完整且具有邏輯架構的分析模型。簡單來講，一家公司能夠發展成為長青企業，一定是建立在成功的產品布局上，而成功的產品布局，就是「汰弱留強，捉住現在，投資未來」。

整體而言，BCG 矩陣是根據產品的市場成長性以及市場占有率（簡稱市占率），區分為 4 大策略（詳見圖 1）：

1. 逐漸放棄落水狗級產品（低成長、低市占）。

2. 抓住金牛產品（低成長、高市占），並盡可能擠出現金。

3. 投入相對較少的現金，維持明星級產品（高成長、高市占）的競爭優勢，確保高市占率，並挹注公司主要獲利。

4. 挹注大量現金，改善問題兒童產品（高成長、低市占），透過提升競爭優勢，將其蛻變成明星級產品，提供未來公司營運的成長動能。

簡單來講，**一家能夠長青不墜的企業，其產品的布局策略就是：放棄「落**

圖1 BCG矩陣根據市場成長性與市占率，制定布局策略
——BCG矩陣策略

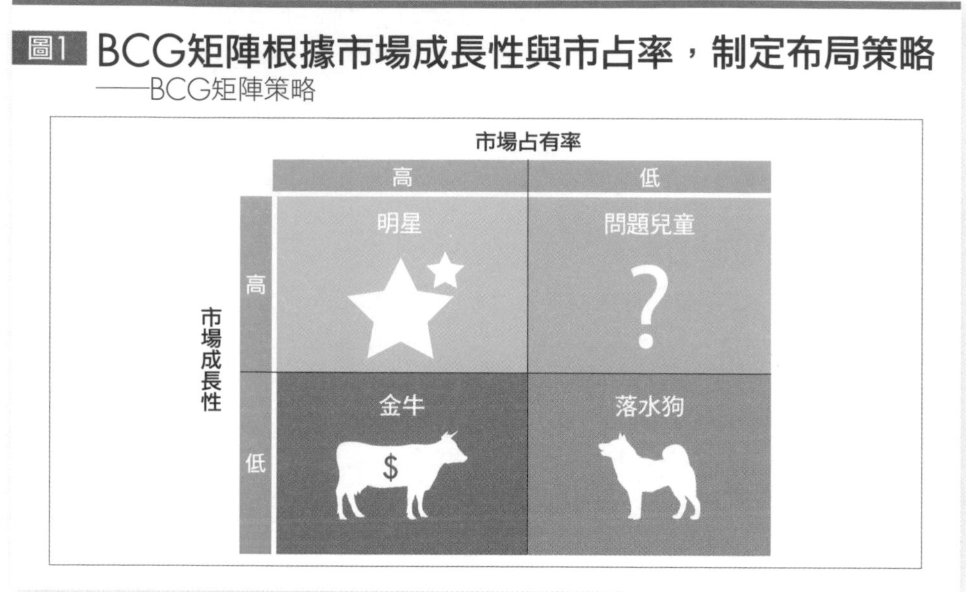

水狗」，捉住「金牛」，維持「明星」，投資「問題兒童」。

將管理學BCG矩陣套用在區別個股類型上

管理學上BCG矩陣的概念，可以運用在建構「完美投資組合」的規畫上，尤其是關於「汰弱留強，捉住現在，投資未來」的思維，正是股票市場中許多贏家共同的投資策略，甚至是許多國際投資大師之所以成為大師的唯一策略。套用在股票市場中，可將股票分為 4 種類型（詳見圖 2）：

圖2 BCG矩陣應用於股市中，可將股票區分為4種類型
——股票類型說明

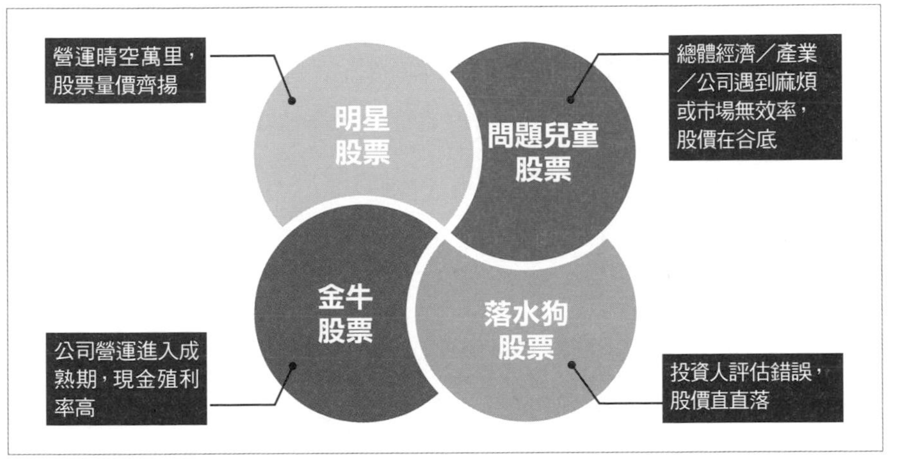

1. **明星股票**：營運晴空萬里，股票量價齊揚。

2. **落水狗股票**：投資人評估錯誤，股價直直落。

3. **金牛股票**：公司營運進入成熟期，現金殖利率高。

4. **問題兒童股票**：總體經濟／產業／公司遇到麻煩或市場無效率，股價在谷底。

其中，「落水狗股票」的特色是，投資人誤判情勢或看走眼，所持有股票股價疲弱不振，甚至跌落到停損邊緣。而落水狗股票也是拖累整體投資績效的主要原因。

「金牛股票」的特色，則是公司的營運成長進入到成熟期，未來成長性雖然不高，但公司穩定獲利，得以長期配發不錯的現金股利，因此具有「高現金殖利率」的優勢，可扮演完美投資組合中的一步活棋，提供進可攻、退可守的操作彈性。

「問題兒童股票」的特色是因為：①總體經濟遇到麻煩；②產業遇到麻煩；③公司遇到麻煩；④市場無效率等情況，造成目前股價在谷底徘徊。然而，若公司得以順利走出麻煩的困境，反映在股票市場，不但會晉升到人人追逐的「明星股票」行列中，更是帶動完美投資組合獲利上揚的重要依據。

整體而言，明星股票與問題兒童股票都必須建立在「有喉韻」與「有香氣」的基礎上；換句話說，財務結構健全與未來成長性是必備條件。

兩者不同的是，問題兒童股票因短暫遇到烏雲密布，所以股價在谷底徘徊，但明星股票由於眼前晴空萬里，所以股價則在相對高檔，容易出現「當市場一片看好時，投資人付出過高價格」的缺點（詳見圖 3）。

此外，在實務的經驗中，一檔股票的股價若在谷底，通常成交量也會相

圖3 明星與問題兒童股票差異在於股價高低
——明星股票vs.問題兒童股票

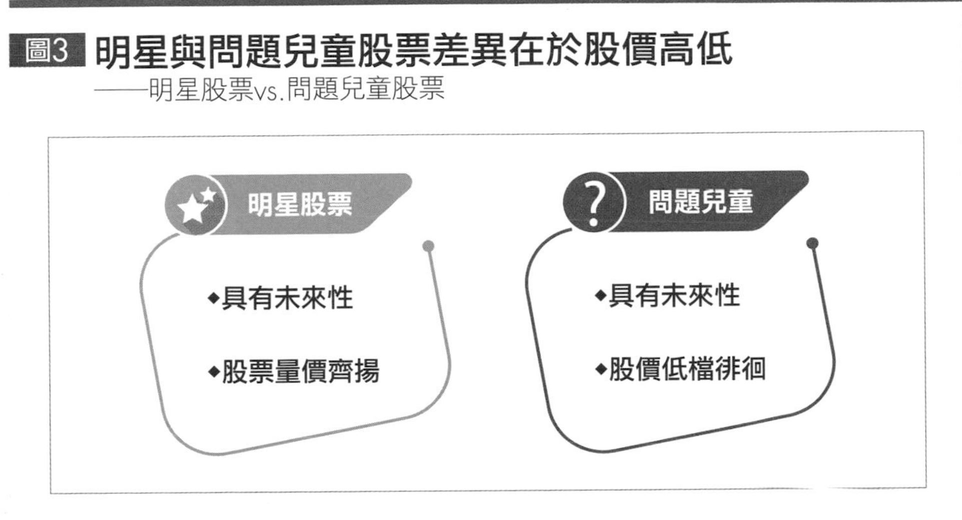

對較小；反觀，若公司的營運晴空萬里，股價則會出現「量價齊揚」的情況。

建立完美投資組合3大策略

了解落水狗股票、金牛股票、問題兒童股票與明星股票的特性之後，接下來就要利用這些股票的特性，建構出「完美的投資組合」，並且創造出得以「源源不絕賺好股」的良性循環。

應用在股票投資，可制定出 3 大策略：1. 放棄落水狗股票；2. 投資在問

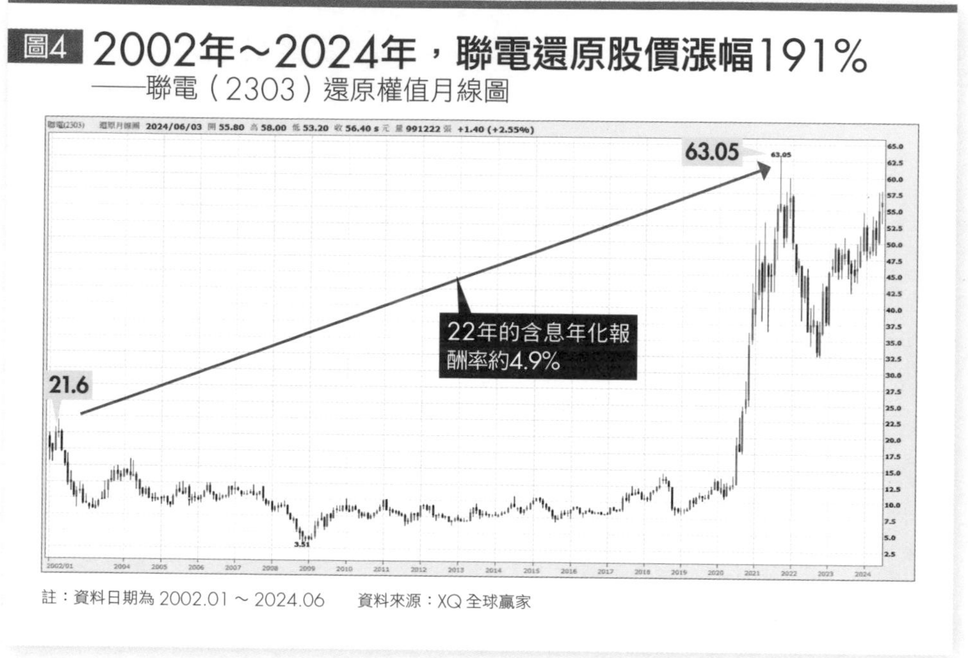

圖4 2002年～2024年，聯電還原股價漲幅191%
——聯電（2303）還原權值月線圖

註：資料日期為 2002.01 ～ 2024.06　　資料來源：XQ 全球贏家

題兒童股票階段，獲利在明星股票階段；3. 保有金牛股票。詳細說明如下：

策略1》放棄落水狗股票

這是個考驗人性的過程，因為一般投資人對於「虧損」相當反感，因此往往不願意主動停損股票。但不願意放棄落水狗股票的結果，最大的損失就是機會成本（Opportunity Cost）的喪失。機會成本的概念，其實在投資的過程中，扮演非常重要的角色，往往也決定了投資報酬率的高低。

圖5 2002年～2024年，台積電還原股價漲幅3150%
——台積電（2330）還原權值月線圖

註：資料日期為 2002.01 ～ 2024.06　　資料來源：XQ 全球贏家

以晶圓代工產業為例，即使是同樣的產業，拿名列第 1 的台積電（2330）與第 2 的聯電（2303）相比，投資人如果選擇買進聯電而非台積電，2002 年至今（截至 2024 年 6 月）計入股利的總報酬率約 191%，換算年化報酬率約 4.9%（詳見圖 4）。

反觀，若選擇買進台積電，2002 年至今（截至 2024 年 6 月），將可創造出約 3,150% 的總報酬率，換算年化報酬率約 16.7%（詳見圖 5）。

根據行為經濟學的理論，所謂的「機會成本」指的就是放棄其他機會的成本。如上述的例子，選擇買進聯電賺 191% 報酬的同時，也是代表放棄買進台積電賺 3,150% 的機會，換言之，放棄台積電所造成少賺將近 30 倍的損失，就是投資人所承擔的機會成本。

因此，從另一個角度來看，機會成本可以說是「最佳化的選擇價值」（the best alternative），只有將資源（資金）集中在最有效的用途（股票），才能創造出最大的效用（報酬）。

你可能想問：「我怎麼知道這檔股票是落水狗？」股票市場會告訴你答案，只不過一般投資人選擇忽略，甚至用鴕鳥心態面對；換言之，只要能夠克服「不願賠錢賣股票」的盲點，就能落實放棄落水狗股票的操作策略。

策略2》投資在問題兒童股票階段，獲利在明星股票階段

對於一般投資人來說，股票市場要「安心賺大錢」談何容易？因此，買股票不但要選擇好公司，公司的財務要健全，未來還要有成長性；更重要的是，價格要夠低。

明星股票雖然是創造投資組合獲利的最重要來源，但缺點就是股價偏高；因此就投資的最佳效用來看，如果某檔股票還處在問題兒童階段時，就先

圖6 在明星股票還是問題兒童階段時，先低檔買進
——建立完美投資組合的策略2

投入大量資金買進以創造低成本的優勢，將可大幅墊高日後投資組合的獲利基礎。

換言之，最好的投資策略，就是當明星股票還未變成明星之前，就先提早布局，尤其在還是問題兒童階段時，便宜的股價不僅可提供投資人逢低買進的契機，更可達成日後「安心賺大錢」的目標。簡單來講，就是投資在「問題兒童股票」階段，獲利在「明星股票」階段（詳見圖6）。

至於問題兒童的股票要從哪裡來？由於牽涉的內容較多，因此就留待 2-7 再專文討論。

圖7 在明星股票股價噴出前，往往會經歷自我質疑
——持有未來明星股票的5大心路歷程

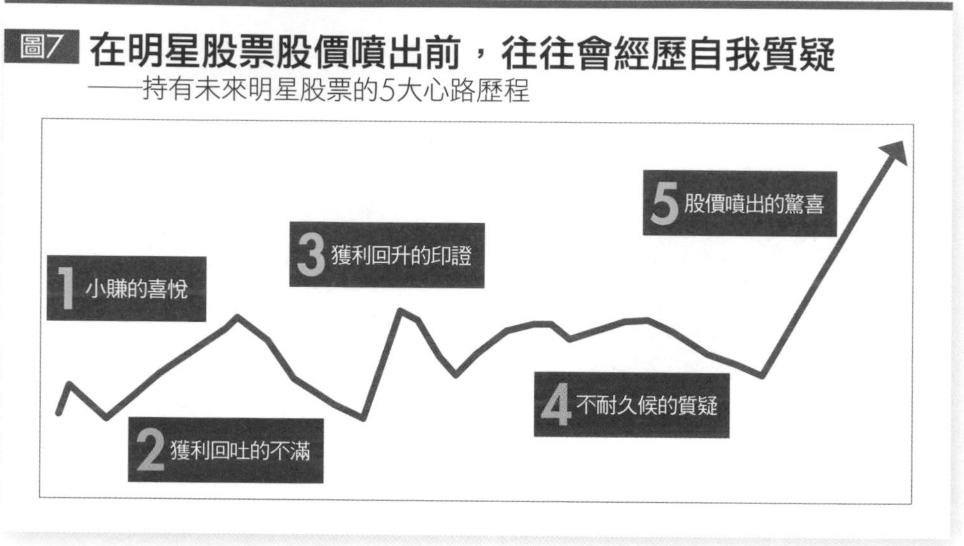

雖然明星股票在市場追捧下，不但股價容易出現持續向上走揚的發展，更是創造投資組合獲利的最重要來源。但是根據我的經驗，由於每檔明星股票，都是由問題兒童股票晉升而來，因此在投資的過程中，要真正做到「買進並持有（Buy & Hold）」未來的明星股票，其實並不容易，必須經過一番人性的考驗。

這考驗人性的過程，大體而言會經歷 5 個步驟（詳見圖 7）：

①小賺的喜悅：通常帳面累積獲利可達到 5% ～ 7%，有時甚至可達到 2

圖8 未來明星股票獲利回升時，投資人容易想賣股
——最容易賣掉「未來明星股票」的2時機點

位數的報酬。

②獲利回吐的不滿：通常主因是台股大盤不穩，造成個股股價下跌。而先前累積的獲利回吐，也總會讓持股者大嘆：「為什麼當初有賺時不先獲利了結？」

③獲利回升的印證：好股票雖然也會因為大盤不穩而一起下跌，但由於體質好，股價回升的速度也較快。然而，由於先前有「有賺時沒先賣」的遺憾，因此當股票獲利回升之後，持股還要能堅定續抱實屬不易，這又是一次考驗人性的過程（詳見圖 8）。

④不耐久候的質疑：股價在盤整階段，同樣是投資人最常賣掉「未來明星股票」的時機，尤其是看到市場其他股票正在上漲時，不但會心生質疑，

更會有一股想要賣掉手中持股，轉向其他市場熱門股票的念頭。

⑤股價噴出的驚喜：投資人只要能順利度過「獲利回升」與「不耐久候」這兩個最容易賣掉「未來明星股票」的時機，相信過沒多久，就能開始享受到股價噴出的喜悅。而期待、布局已久的問題兒童股票，也終於如願晉升為明星股票，開始成為投資組合的獲利來源。

總結而論，投資問題兒童股票並不難，因為不會牽涉到太多人性的考驗，真正的考驗其實是「當問題兒童股票成為明星股票」的過程，能通過考驗者，也才能晉升到股市贏家的行列中。

策略3》保有金牛股票，贏在起跑點

高現金殖利率是金牛股票的一大特色，不僅可扮演完美投資組合中的一步活棋，更提供「進可攻、退可守」的操作彈性。符合這種條件的股票，十之八九都會是值得投資人留意的好標的，因為通常這類型的股票，常常具有既可賺股利，又可賺價差的優勢。

對於一般投資人來說，想成為股市長期的贏家，在投資的心態上，必須先建立正確的先後順序觀念，也就是買股票時要先思考「如何賺好的現金股利」，而不是掉入到「只想賺價差」的迷思中。

圖9 挑選高現金殖利率股票，反而有機會賺到價差
——建立完美投資組合的策略3

賺股利	賺價差	贏家策略
◆高現金殖利率 ◆通常都是好價格	◆好價格，就容易日後創造賺價差的空間	◆既可以賺股利，又可以賺價差

一般投資人由於太想要賺價差的結果，最後反而不容易賺到錢，但若一開始就只設定「賺好的現金股利報酬」，最後反而更容易賺到股票的價差。

會有上述的結果，關鍵就在於「進場價格」的高低。一般而言，一檔股票能夠有好的現金殖利率，通常價格也不會差到哪裡去（詳見圖9）；反之，如果一檔股票的現金殖利率不高，除非這家公司目前是處於營運成長階段，否則也不容易見到「好價格」。

整體來說，挑選具有高現金殖利率（建議至少7%）的金牛股票，可以說是已經贏在起跑點，只要確認公司基本面出現向上走揚的發展，安心賺大錢都只是必然的結果。總結而論，持有金牛股票最大的優勢，就是讓完美的投資組合贏在起跑點上。

GDP不一定會與台股連動 顯示股市並非經濟櫥窗

近幾年，台灣許多官員都習慣把國內生產毛額（GDP）的成長率掛在嘴上，並且認為這是衡量台灣景氣的重要指標。反映在股票投資上，也有許多投資人直覺認為，台灣的 GDP 如果不好，股市的表現也一定不好。

然而，事實真的是如此嗎？

若投資個股，不需過於在意經濟與大盤指數波動

記得 2011 年 12 月 20 日，我曾經整理當時國內外各家研究機構對台灣 2012 年 GDP 的成長預估，除了外資瑞銀（UBS Group AG）預估值為 1.5% 之外，其餘的 10 家預估值都在 3% 以上，其中還有 7 家——包括國際貨幣基金組織（IMF）、寶華（5810）、巴克萊（Barclays）、台灣經濟研究院（簡稱台經院）、行政院主計總處（簡稱主計處）、中華經濟研究院（簡稱中經院）、花旗（Citigroup）——甚至樂觀預估到 4% 以上（詳

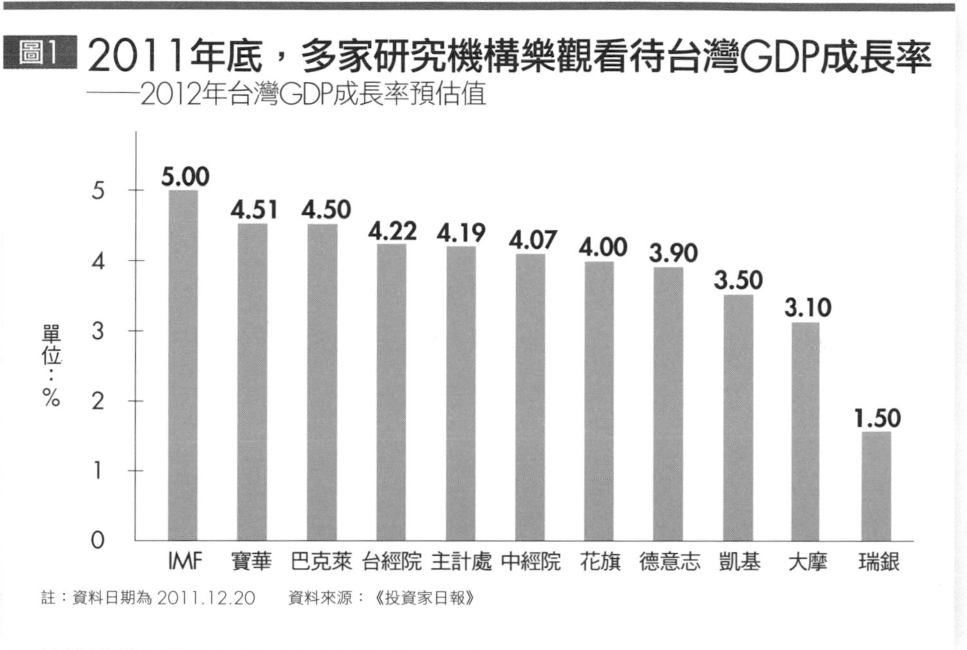

見圖 1）。

然而，1 年的時間過去，台灣 2012 年實際的 GDP 成長率僅有 1.25%，對照上述研究機構在 2011 年年底時的預估，差距之大，顯然有失專業的準確度。

不過，當我們把視角重新放回到股票投資上，即使 2012 年台灣真實的

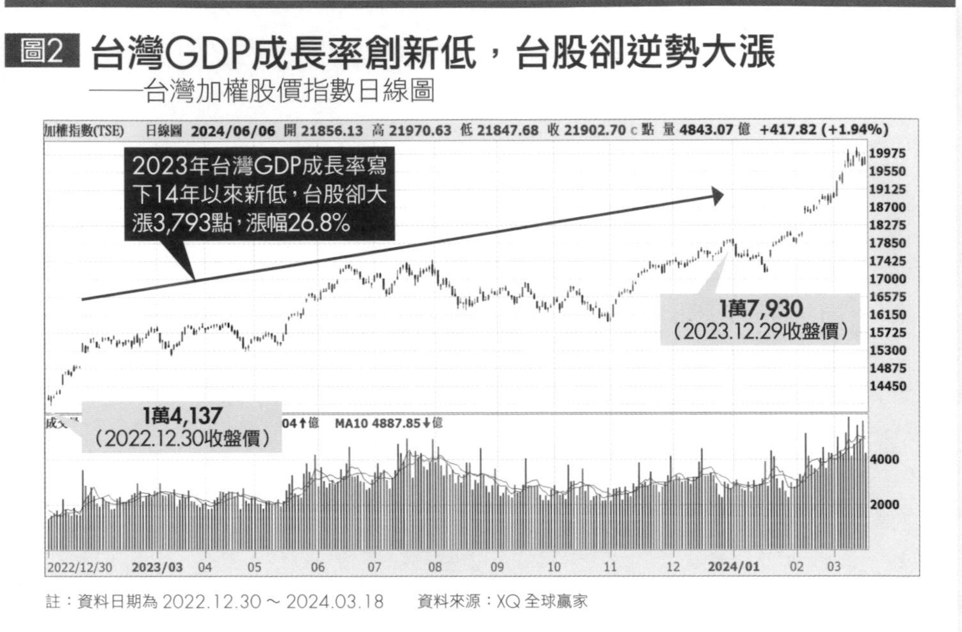

圖2 台灣GDP成長率創新低，台股卻逆勢大漲
——台灣加權股價指數日線圖

註：資料日期為 2022.12.30 ～ 2024.03.18　　資料來源：XQ 全球贏家

GDP 表現非常不如預期，但台股也並未因此重挫下跌，反而維持在 6,800 點～ 7,800 點的區間。換句話說，GDP 的成長率與股市的關聯性，在實務經驗中，並沒有這麼直接連動。

時序進入 2024 年，行政院主計總處在 1 月 31 日公布 2023 年第 4 季經濟成長率為 5.12%，不僅較上次（2023 年 11 月）的預測值減少 0.1 個百分點，2023 年全年經濟成長率也再度下修到 1.4%，並寫下 14 年以

圖3 投資風險可分為系統與非系統2種

——系統風險vs.非系統風險

系統風險	非系統風險
◆台股大盤指數崩盤	◆好公司本身遇到麻煩
◆好公司與壞公司股價都會跌	◆好公司遇到產業的麻煩
◆崩盤才會有好價格	◆遇到麻煩才會有好價格

來的最低紀錄。

然而，台灣 GDP 成長率雖然寫下 14 年以來最低的紀錄，台股卻逆勢大漲 3,793 點，年度漲幅高達 26.8%（詳見圖 2）。再一次説明，台灣 GDP 的成長率與股市表現的關聯性，在實務經驗中，並沒有這麼直接。

除此之外，還有另一個省思，假設投資人並不投資指數期貨或類似元大台灣 50（0050）這類與指數連動性相關的金融商品，那台股大盤指數（台灣加權股價指數）的上上下下，又與投資人何干？

我認為，台股大盤指數的波動只有在 1 種情況發生時，才真正有意義——

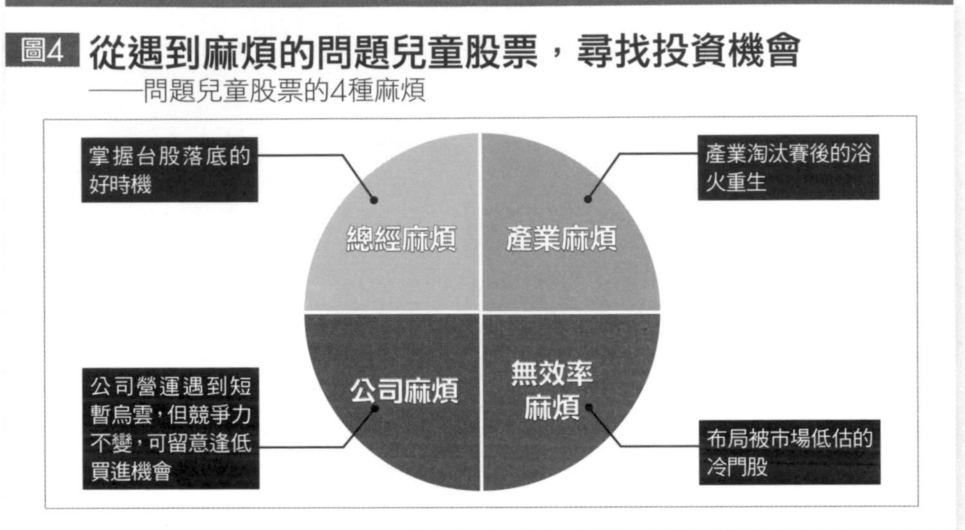

那就是當「系統風險」降臨時（詳見圖 3），投資人因為陷入恐慌氣氛，造成市場中不管「好公司」還是「壞公司」都在大跌，此時好公司所創造出來的「好價格」，便可提供聰明投資人逢低布局與危機入市的賺錢契機。

投資的風險除了出自大環境的「系統風險」，另一種則是出自公司本身的「非系統風險」，也就是當一家好公司遇到麻煩（整體產業的麻煩、個別公司的麻煩）時，也都容易讓公司股價出現「好價格」。

延續前一章所提到，「問題兒童股票」的股價會在谷底徘徊，原因就是與遇到麻煩有關，我將這些麻煩分為 4 種，分別為：總體經濟的麻煩、產業的麻煩、公司的麻煩，以及市場無效率的麻煩（詳見圖 4），而要如何從中找到投資機會？我將在接下來的文章依序分享（詳見 2-3 至 2-6）。

2類系統風險發生時 聰明危機入市

一般而言，股票投資的風險有分「系統風險」和「非系統風險」（詳見 2-2 圖 3）。系統風險指的是總體經濟遇到麻煩時造成的大環境風險。覆巢之下無完卵，當系統風險降臨，好股票或一般的股票都會面臨股價大幅下跌的壓力。「非系統風險」指的則是單一股票或單一產業的風險，基本上可以透過投資組合的規畫，達到大幅降低風險的效果。當風險來臨時，通常會造成股市的大跌，但是聰明的投資人卻可以趁機掌握「危機入市」的進場契機。

「系統風險」的來源，又可分為「經濟因素」與「非經濟因素」兩大類（詳見圖 1）：

1. 經濟因素：問題來自整體經濟本身，例如 1997 年亞洲金融風暴、2000 年美國網路泡沫、2008 年金融海嘯，2022 年美國聯邦準備系統（Fed）暴力升息，這些都屬於經濟因素所造成的系統風險。

圖1 系統風險來自經濟或非經濟因素
——系統風險成因

經濟因素	非經濟因素
◆經濟泡沫	◆天災（地震、疫情）
◆金融風暴	◆人禍（政治、恐攻）
◆Fed暴力升息	◆台海危機

資料來源：《投資家日報》

2. **非經濟因素：**問題主要來自天災人禍，例如2001年美國911恐怖攻擊、2003年嚴重急性呼吸道症候群（SARS）疫情、2011年日本311大地震、2020年新冠肺炎（COVID-19）疫情，2022年10月台海危機等，則是屬於非經濟因素所引起的系統風險。

以下詳細說明對股市造成的影響：

經濟因素》伴隨景氣衰退，衝擊股市時間較長

一般而言，經濟因素造成的系統風險往往會帶來景氣衰退（Recession），影響範圍遍及各產業，甚至會衝垮整個金融體系，不景氣的時間不僅會持

續一陣子，對台股的影響更會非常劇烈。

舉例來說，1997 年亞洲金融風暴發生時，台股從 1 萬 256 點（1997 年 8 月 1 日最高價）腰斬跌到 5,422 點（1999 年 2 月 1 日最低價），跌幅高達 47%；2000 年美國網路泡沫，台股從 1 萬 393 點（2000 年 2 月 1 日最高價）狂跌到 3,411 點（2001 年 9 月 3 日最低價），跌幅高達 67%；2008 年金融海嘯，台股從 9,859 點（2007 年 10 月 1 日最高價）重挫到 3,955 點（2008 年 11 月 3 日最低價），跌幅高達 59.8%；2022 年 Fed 的暴力升息，台股從 1 萬 8,619 點（2022 年 1 月 3 日最高價）重挫到 1 萬 2,629 點（2022 年 10 月 3 日最低價），跌幅達 32.17%（詳見圖 2）。

非經濟因素》股市恐慌殺盤後，快速迎來報復性反彈

反觀非經濟因素形成的系統風險，在經歷恐慌性殺盤後，報復性反彈也會隨之而來。

而根據近 25 年來所造成的 7 次恐慌性殺盤經驗顯示，台股大盤的下跌力道很少超過 20%，當中甚至有 3 次的跌幅不到 10%。並且往往在宣洩完恐慌情緒後，市場就會出現「怎麼跌下去，就怎麼漲回去」的報復性反彈。

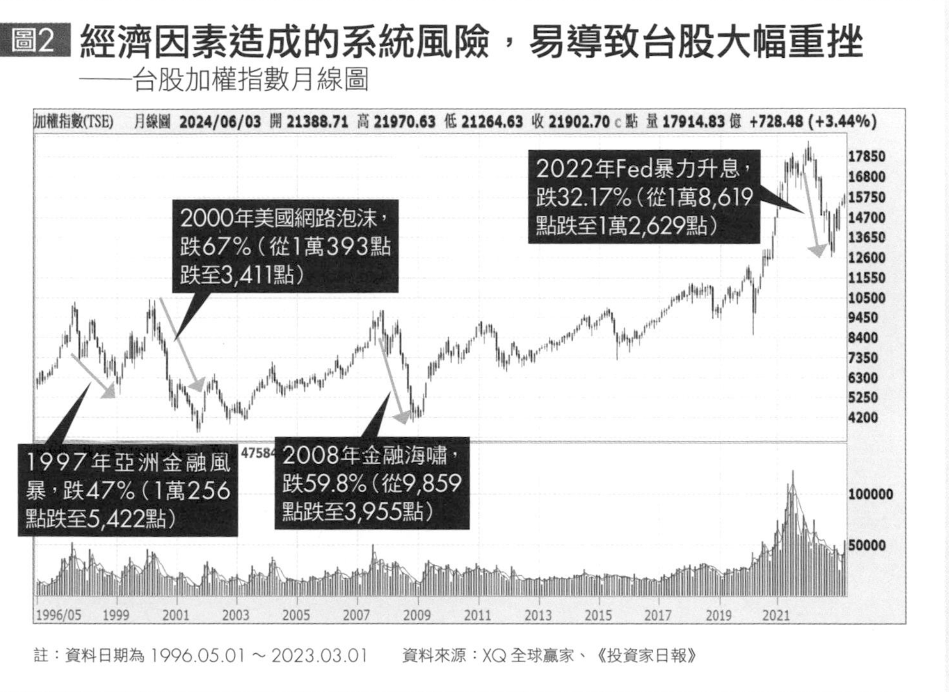

圖2 經濟因素造成的系統風險，易導致台股大幅重挫
——台股加權指數月線圖

註：資料日期為 1996.05.01 ～ 2023.03.01　　資料來源：XQ 全球贏家、《投資家日報》

不過這7次肇因於非經濟因素的系統風險，還是有一次的台股跌幅超過 2 成甚至逼近 3 成（詳見表 1），也就是 2020 年的新冠肺炎疫情，畢竟影響的層面太廣，全球的經濟發展確實受到明顯衝擊。

回顧台股自 1999 年以來，歷次非經濟因素的系統風險以及對台股的影響如下：

①**1999 年 921 大地震**：921 大地震發生之後，台股先休市了 4 天（1999 年 9 月 21 日～ 24 日）。9 月 27 日開盤後，短短 3 個交易日，從 7,972 點最低下跌到 9 月 29 日的 7,415 點，跌點 557 點，跌幅約 6.99%。

②**2001 年美國 911 恐攻**：發生 911 事件後，台股於隔天休市 1 日，隨後又遇到納莉颱風來襲。台股從 9 月 11 日的 4,176 點，最低在 9 月 26 日下跌到 3,411 點，跌點 765 點，跌幅約 18.32%。

③**2003 年 SARS 疫情**：台股從 2003 年 4 月 18 日到 4 月 28 日期間，從 4,677 點最低下跌到 4,044 點，跌點 633 點，跌幅約 13.53%。

④**2004 年 319 槍擊**：台股在 2004 年 3 月 22 日到 3 月 23 日期間，從 6,815 點最低下跌到 6,020 點，跌點 795 點，跌幅約 11.67%。

⑤**2011 年日本 311 大地震**：2011 年 3 月 11 日週五下午日本東北大地震發生後，台股於下一交易日 3 月 14 日大跌，從 8,567 點最低跌至 3 月 15 日的 8,070 點，短短 2 天跌掉 497 點，跌幅約 5.8%。

⑥**2020 年新冠疫情大爆發**：台股在農曆新年假期結束的 2020 年 1 月

表1 非經濟因素的系統風險下，台股跌幅很少超過20%

——非經濟因素系統風險與股市跌幅統計

年份	事件	大盤指數變化（跌點）	跌幅（%）	統計期間
1999年	921大地震	7,972→7,415（跌557）	6.99	1999.09.27～1999.09.29（09.21～09.24休市）
2001年	美國911恐攻	4,176→3,411（跌765）	18.32	2001.09.17～2001.09.26
2003年4月	SARS疫情	4,677→4,044（跌633）	13.53	2003.04.18～2003.04.28
2004年	319槍擊案	6,815→6,020（跌795）	11.67	2004.03.22～2004.03.23
2011年	日本311大地震	8,567→8,070（跌497）	5.80	2011.03.14～2011.03.15
2020年	新冠肺炎疫情	12,118→8,523（跌3,595）	29.67	2020.01.30～2020.03.19
2022年	台海危機	13,902→12,629（跌1,273）	9.16	2022.10.05～2022.10.25

註：大盤指數指台灣加權股價指數　資料來源：《投資家日報》

30 日到同年 3 月 19 日，從 1 萬 2,118 點最低跌到 8,523 點，跌點 3,595 點，跌幅約 29.67%。

⑦ 2022 年 10 月台海危機：台股在 2022 年 10 月 5 日到 10 月 25 日期間，指數從 1 萬 3,902 點，最低下跌到 10 月 25 日的 1 萬 2,629 點，跌點 1,273 點，跌幅約 9.16%。

大盤高檔時擔心風險降臨，可預留現金等加碼

從台股扶搖直上到 2 萬點以來，我也觀察到市場中有許多投資人都在擔心：「未來的台股會不會有崩盤的風險？」「台股 2 萬點是不是高點？」以及「中秋節過後會不會變盤」等議題？

我認為，「崩盤」的風險不一定會來，投資人實在無需杞人憂天。即使「崩盤」真的發生，根據歷史經驗顯示，如果是非經濟因素造成的崩盤，報復性的反彈也會很快來臨。就算是經濟因素造成的崩盤，導致衝擊股市的時間較長，反而能夠為聰明的投資人提供進場的好機會。畢竟，也只有市場上眾多投資人開始陷入恐懼與悲觀時，「好股票愈跌愈美麗」的投資價值也才有機會浮現。

即使如此，系統風險也不能大意與輕忽，聰明的投資人可以透過「合適」的股票與現金比重，來達到風險與報酬的最佳平衡。以目前台股持續創新高的現況來看，合適的股票與現金比重，保守型投資人可設定在 6：4，積極型投資人可設定在 8：2（詳見圖 3）。

倘若能夠至少保留 20%～40% 的現金在手，最大的好處，就是假設當台股出現恐慌性的殺盤時，投資人仍然有足夠的籌碼，可以進場逢低買進。

圖3 股市高檔時，保守型投資人可備4成現金
——系統風險升高下的現金比重配置建議

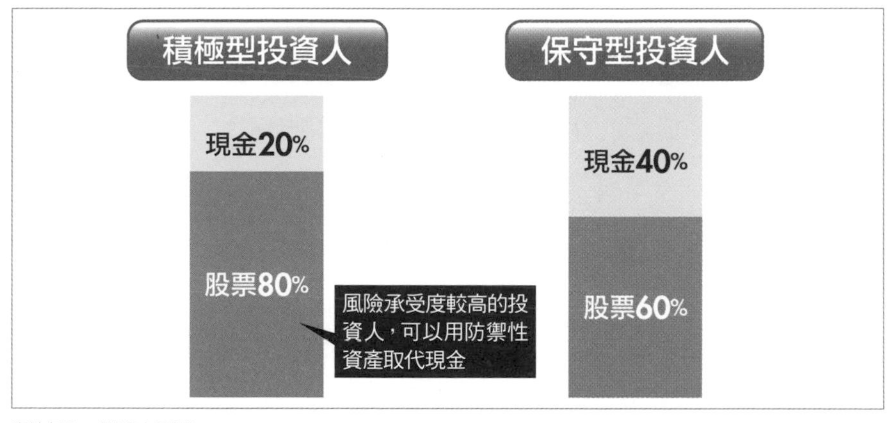

資料來源：《投資家日報》

另外再補充一點，我長期主張不管在任何時候，聰明的投資人都不應該完全空手，因為唯有保有資金、堅持留在市場，才不會錯過日後暴賺的機會，相關內容，可參閱我的另一本著作《超簡單買低賣高投資術》的1-5章節。

持股比重過高時，可採2應對策略

整體而言，雖然理想的狀況是透過「合適」的股票與現金比重，達到降低風險的目的，但實際上，一般投資人或許仍會面臨以下兩個狀況：

狀況1》目前的持股比重已超過60%或80%

應對策略：只出不進

針對這個問題，最好的解決方式就是採取「只出不進」的投資策略；換言之，就是透過只賣出股票、不買進股票的方式，逐步提高目前手上現金的比重，直到達到 20% ～ 40%。

狀況2》A、B持股比重已占總資金60%或80%，想再買C股

應對策略：換股操作，賣舊買新

同樣是目前持股比重已經達到 60% 或 80%，現階段已經不適合再投入新的現金來買 C 股，如果投資人真的想要買 C 股，唯一的做法就是「換股操作」，透過「降低」A股或B股，作為轉進C股的資金。而這樣做的好處有二：一來可保留一定的現金比重在手，二來股票組合多了一檔股票，也可達到分散風險的目的。

風險承受度較高者，可用防禦型股票取代現金

此外，對於風險承受度較高的投資人，20% 或 40% 現金的配置，也可用賣出「防禦性股票」來取代，我個人的定義如下：

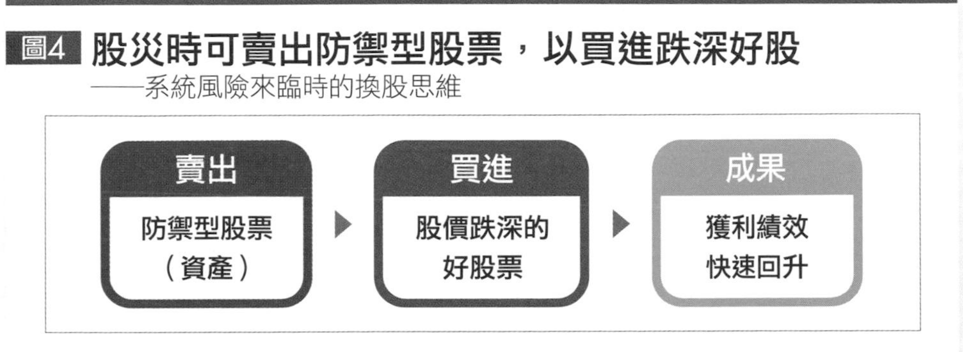

防禦型股票定義：貝他係數（Beta）近1年、3年、5年的數值在0.5以下

防禦型股票，最大的特色就是在大盤不穩定時，雖然股價也會受到波及，但由於相對抗跌，因此股價的下跌幅度也會比其他股票來得少。

當然，由於這類型的股票，股價很具「防禦性」，因此未來報復性反彈來臨時，股價的上漲幅度也會比其他股票來得少。

換言之，倘若哪一天遇到股市崩盤，投資人急需「現金」進場撿便宜，此時賣出防禦型股票，轉進股價已跌深的好股票，會帶來相對不錯的效果。雖然帳面仍需忍受虧損，畢竟防禦型股票在崩盤時股價也會跟著下跌，但卻可透過買進價格跌深的好股票，換來未來獲利快速回升的機會。當報復性反彈來臨時，先前跌深的好股票，通常股價彈升的速度會又猛又急，幅度贏過原本手中的防禦型股票（詳見圖 4）。

投資小百科 貝他（Beta）係數

貝他（Beta）係數又稱貝他值，用來衡量金融商品相對於市場波動性的風險指標──數值小於 1 為波動性小於市場；等於 1 代表與市場波動性相同，大於 1 則代表波動性高於市場。許多證券公司網站、股市網站如 Goodinfo ！台灣股市資訊網，或是證券看盤軟體，都能查詢到個股的 Beta 係數。也可以直接在 Google 搜尋頁面輸入關鍵字，例如欲查詢中華電（2412）Beta 係數，即可輸入：「中華電 Beta」，就能找到有提供該資訊的相關資訊網站。

從產業淘汰賽找投資機會 成功讓財富倍增

在一般社會的觀感裡，「落井下石」與「趁人之危」是極具爭議的道德行為，然而如果放在股票市場，「趁人之危」往往正是創造投資暴利的好時機。從產業面的角度來看，當一個產業進入翻天覆地的瘋狂競爭，該產業的公司就會紛紛陷入麻煩，成為問題兒童股票。在人人避之惟恐不及的同時，卻也暗藏著可能的獲利機會，我將這類投資命名為：「產業淘汰競賽後的浴火重生」。

「淘汰總是發生在崩盤之後」，當企業因為錯估市場需求而過度擴張，導致產能過剩、價格崩跌，錯估的代價就是必須面臨生死存亡的考驗。

黎明前的黑夜總是特別漫長，產業淘汰競賽考驗著企業成本控管的能力，也考驗企業財務結構的優劣。一般而言，「大者恒大，小廠退出」的戲碼會上演長達 2 ～ 3 年的時間，但最後能夠生存下來的企業，通常都會有一段「浴火鳳凰」的重生期，讓投資人可以找到賺取投資暴利的契機。

然而，一個產業之所以會遇到麻煩，面臨淘汰競賽，最大的關鍵就是「供需失衡」（詳見圖 1）。在供給大於需求的情況下，自然就會造成產品價格滑落，以及廠商利潤的縮減，太陽能產業就是個明顯的例子。

台灣太陽能產業曾陷殺價競爭，一代股王黯然退場

2010 年由於「高油價」與「綠色環保」兩大因素，台股中的太陽能類股，曾經享受過投資人熱烈追逐的美好時光，多檔指標股如：綠能（已於 2019 年下市並解散）、中美晶（5483）、茂迪（6244），都順利躋身「百元俱樂部」行列。然而，在市場一片看好之際，卻已埋下任何「明星產業」都會面臨的宿命——新競爭對手的瘋狂加入。

2011 年上半年，為了研究台灣太陽產業的前景與發展，我分別獨家專訪了兩家上游的矽晶圓廠商——綠能時任總經理林和龍，與中美晶時任總經理徐秀蘭（現為董事長），並且在訪談過後做出結論：台灣太陽能廠商所遇到的最大問題，就是碰到了「中國瘋子」。更不幸的是，還是非常有錢的瘋子（背後有中國政府的財政優惠，與主權基金的支持投資）。

以最上游的矽晶圓長晶爐設備為例，過去在擴充產能方面已經非常積極的台灣廠商中美晶，一次採購的數目也頂多在 20 ～ 50 台之間。

圖1 供給大於需求，導致殺價競爭
——供需失衡示意圖

然而，2011 年 2 月份，中國業者保利協鑫宣布將一次採購 500 台的長晶爐（每台售價約新台幣 1 億元），擴產後的總產能從原本的 2.1 萬噸提高到 6.5 萬噸。規模之大，不但已經是 2010 年全中國多晶矽總產能 3.5 萬噸的 1.8 倍；更嚇人的是，6.5 萬噸僅是中國一家業者的擴產目標，如果再加計其他中國業者的產能擴充，單是最上游長晶爐的採購數量就高達 1,200 台。

上述這些數字的背後，其實對於產業而言只有一個意義：太陽能產業「供過於求」的殺價競爭，一定會在接下來的 1、2 年內發生，而台灣相關的太陽能廠商將面臨史無前例的殘酷考驗。

果不其然，2010 年極度風光的太陽能產業，2011 年開始出現轉變，不僅太陽能股的跌勢哀鴻遍野，甚至曾貴為台股股王、2006 年股價最高曾漲至 1,205 元的太陽能電池廠益通（已於 2020 年下櫃並解散），最後跌到僅剩下個位數的價格，股價蒸發了 99%。此外，這波轉變也反映在企業的財報數據上，以綠能為例，2011 年初時公司還信誓旦旦地預估，全年的每股盈餘（EPS）目標可達到 15.82 元，最後卻繳出大虧 8.92 元的成績，一來一往差了 24.74 元，顯示太陽能產業殺價競爭的慘烈。

然而，看到任何一個產業面對如此慘烈的殺價競爭，甚至引發「產業淘汰競賽」時，聰明的投資人都應該「見獵心喜」，因為它提供了創造日後「投資暴利」的絕佳契機。

一般而言，產業淘汰競賽大概需要花費數年的時間，才能達到「汰弱留強」的洗牌效用，以及市場「供需平衡」的狀況。然而，只要能通過考驗並生存下來的公司，未來營運不但因「競爭降低」而成長可期，股價大漲數倍也是輕而易舉、容易見到的發展。

3方面顯示太陽能產業可望走出黎明前的黑暗

過去 10 年，太陽能產業陷入「供給」遠遠大於「需求」的困境，尤其中國政府傾國家之力扶植本土廠商，不僅掀起了腥風血雨的殺價競爭，更讓整個產業進入「微利化」的時代。

不過，隨著美國總統拜登（Joe Biden）於 2022 年 8 月 16 日推出總預算高達 4,300 億美元，約合新台幣 13 兆元的《降低通膨法案》（Inflation Reduction Act，IRA）之後，似乎也讓全球的太陽能產業看到了一些轉機，這邊可從 3 方面來討論：

1.IRA法案主要用於再生能源投資

總投資金額達 4,300 億美元的通膨削減法案，其中就有高達 3,690 億美元是用在再生能源投資，包括太陽能、風力、電池產業鏈及儲能市場，期望能在 2030 年達到相較 2005 年減碳 40% 的目標。

而綜觀美國的再生能源投資，太陽能可以說是重中之重。根據美國能源資訊管理局（EIA）的統計，2022 年美國新增的發電量，來自太陽能者不僅高達 21.5 百萬瓩（GW），占比也達到 46%；來自風力者為 7.6GW，占比為 17%；來自儲能者為 5.1GW，占比為 11%（詳見圖 2）。

根據美國管理諮詢公司麥肯錫（McKinsey & Company）《全球能源視角》所做的預估，全球再生能源發電量占總發電量的比重，可望從 2020 年的 27%，提升到 2035 年的 51%，與 2050 年的 73%。其中，太陽能發電將在未來 10 年內取代水力發電，成為最大的再生能源，其次則是風力發電。

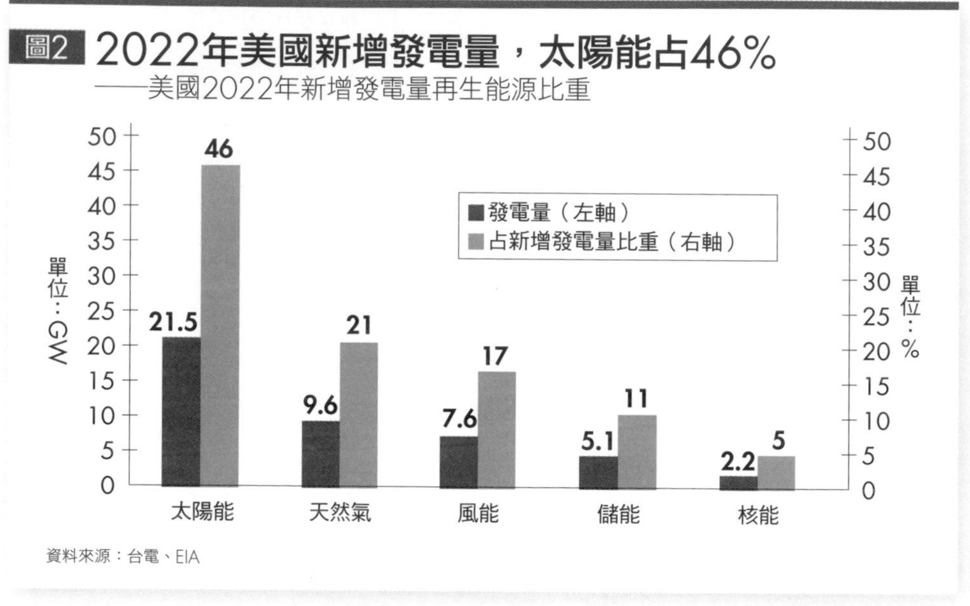

此外，根據另一家全球知名的再生能源研調機構 PV InfoLink 的報告（詳見圖 3），全球太陽能發電的總量，2025 年可達 1.43 兆度，2030 年將翻倍成長到 2.65 兆度，2035 年持續增長到 4.46 兆度，2040 年將飆升至 6.85 兆度。換言之，若以 2020 年時的 6,650 億度作為計算基礎，未來 20 年全球太陽能發電的總量，將可望出現 930% 的增長，超過 9 倍的成長力道。再者，太陽能發電占全球用電的比重，也將從 2020 年的 2.84%，提升到 2025 年時的 5.55%，2030 年時的 9.31%，2035 年的 14.17% 與 2040 年時的 19.68%。

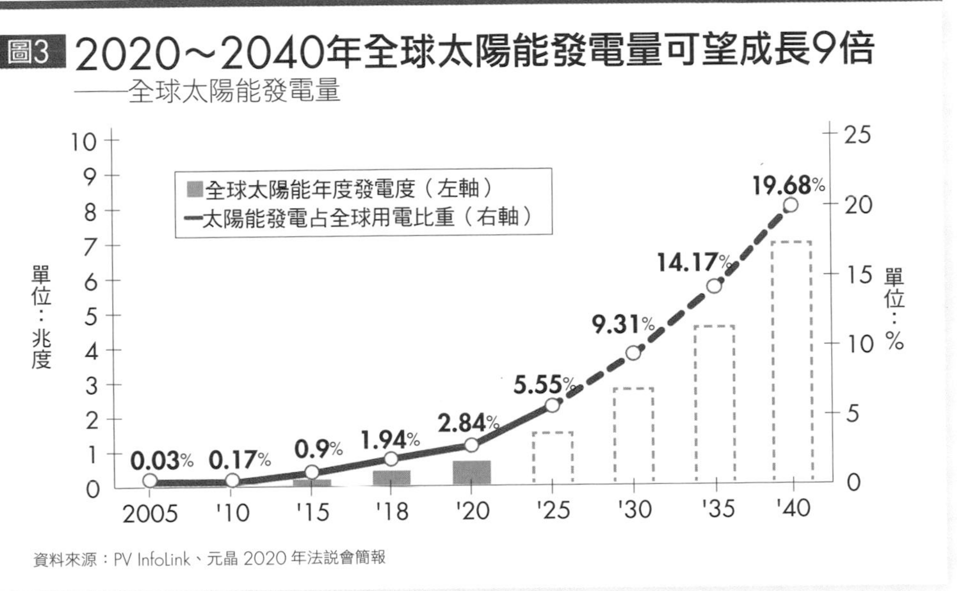

圖3 2020～2040年全球太陽能發電量可望成長9倍
——全球太陽能發電量

資料來源：PV InfoLink、元晶 2020 年法說會簡報

值得一提的是，上述專業研究機構的預估，與美國傳奇創業家、電動車大廠特斯拉（Tesla）創辦人伊隆．馬斯克（Elon Musk）多年前（2015年）對太陽能產業將會大成長的觀點雖然一致，但對於數字的預估有些差距。馬斯克認為太陽能發電占全球用電比重將從 2015 年的 1% 左右，於 2040 年時跳升到高達 30% ～ 40%。

然而放眼 2040 年，不管太陽能占全球用電比重將會達到 19.68%，或是 30% ～ 40%，對於在 2023 年時占比僅約 5% 的太陽能發電而言，在未來 10 多年的時間，不僅符合「趨勢產業」的條件，也具備產業將持續成長的條件。

我一直認為，投資股票若要賺到「財富」，而不是只圖「買菜錢」，就一定要投資未來會成長的趨勢產業，如何尋找？有一個簡單的思考邏輯，就是這個產業要符合「過去沒有」、「現在開始有」、「未來會有很多」的條件（詳見圖 4）。

2.美國政府將進行中國廠商的洗產地調查

為了防止中國廠商的低價競爭，美國政府不僅對中國的太陽能產品課徵高達 254% 的懲罰性關稅，甚至還進行「洗產地」（註 1）的調查，希望遏止中國廠商透過東南亞國家「第三地」間接出貨到美國的管道。

3.豁免東南亞太陽能電池片關稅

美國政府強力圍堵中國廠商的政策，原本讓台廠有「轉單」的期待，不過由於《降低通膨法案》的背後，還多加了扶植美國本土供應鏈的政策目

註 1：「洗產地」，在台灣法規的描述是稱為「違規轉運」，即當貨品出口目的國，對特定國家來源的貨品課徵額外關稅等稅項時，業者為了避稅，會將貨品轉移到其他未被課徵額外關稅的國家再出口，或僅在「第三地」簡易加工就再出口，並未真正將產品改至第三地生產製造，意圖規避課稅。

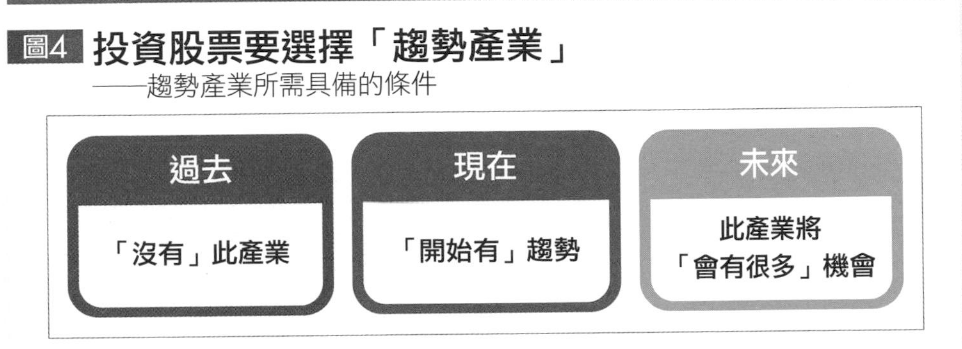

標，因此台灣太陽能廠商所期待的「轉單」題材，可說是完全落空。

雖然美國想降低對亞洲供應鏈的依賴，但 2022 年拜登還是放行了東南亞的太陽能電池片，對東南亞四國（柬埔寨、馬來西亞、泰國、越南）進口的太陽能電池片實施關稅豁免，且長達 2 年，時程到了後亦不回溯既往。而由於碩禾（3691）的太陽能導電漿（Solar Conductive Plasma）有高達 50% 以上都是出口到東南亞，因此也讓碩禾成為台灣唯一的受惠廠商。以下我們就來談談碩禾這家公司的基本業務，以及近年獲利與股價變化：

受惠太陽能成長前景，碩禾2023年迎來轉機

碩禾的核心產品太陽能導電漿，為太陽能電池的關鍵零組件。當太陽能

光轉化為電力時，過程中的導電性等離子體，可作為導電材料，並提高太陽能電池的效能。

過去總是獲利績優生的碩禾，2015 年的 EPS 繳出 39.65 元成績單，股價於 2015 年 12 月漲至 773 元之後，就開始陷入太陽能產業殺價競爭的泥淖中。

2016 年 EPS 下滑到 26.42 元，2017 年虧損 3.45 元，2018 年持續擴大虧損到 15.83 元（詳見圖 5），也讓碩禾的股價從最高價 773 元，下跌到 2020 年 3 月最低點 70.6 元（2020 年 3 月 2 日最低價），波段跌幅約 91%（773 元到 70.6 元的跌幅）的空頭走勢。

不過，碩禾在 2019 年 EPS 由虧轉盈，當年 5 月還出現月 KD 在 13 附近黃金交叉，以當月收盤價 114.5 元開始計算，2021 年 7 月最高曾漲至 247.5 元，漲幅高達 116%。然而，上述的反彈行情只是曇花一現，隨著 2021 年又虧損 5.34 元，2022 年再虧損 6.14 元，2023 年虧損更擴大到 8.82 元，碩禾的股價又開啟一路下跌的走勢。

值得留意的是，隨著碩禾的月 KD 指標在 2023 年 2 月，再度出現 14 附近的黃金交叉，暗示著這波空頭走勢將進入尾聲，也透露中長期股價表

圖5 碩禾2015年EPS高達39.65元，近年卻多為虧損

——碩禾（3691）EPS表現

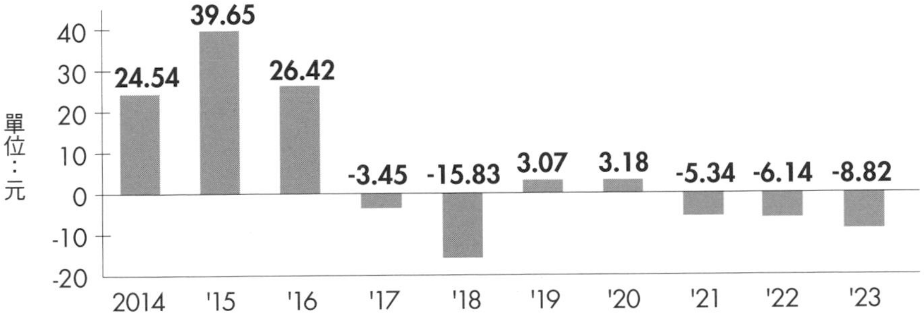

資料來源：XQ全球贏家

現有機會「由空翻多」。若以黃金交叉時的股價 108 元（2023 年 2 月 1 日收盤價）計算，波段跌幅已達到 56%，並遠低於 10 年線（約 285 元）之下，似乎具有「跌深，就是最大利多」的契機。

而後，隨著碩禾 2023 年 12 月到 2024 年的月營收重返成長，股價也跟著反映，2024 年 5 月最高漲至 182 元，與前波黃金交叉時的 108 元相比，漲幅已達 68%（詳見圖 6）。

由於太陽能電池正值改朝換代階段，新型的 TOPCon 電池因為發電效率高，可望在 2024 年之後成為主流。

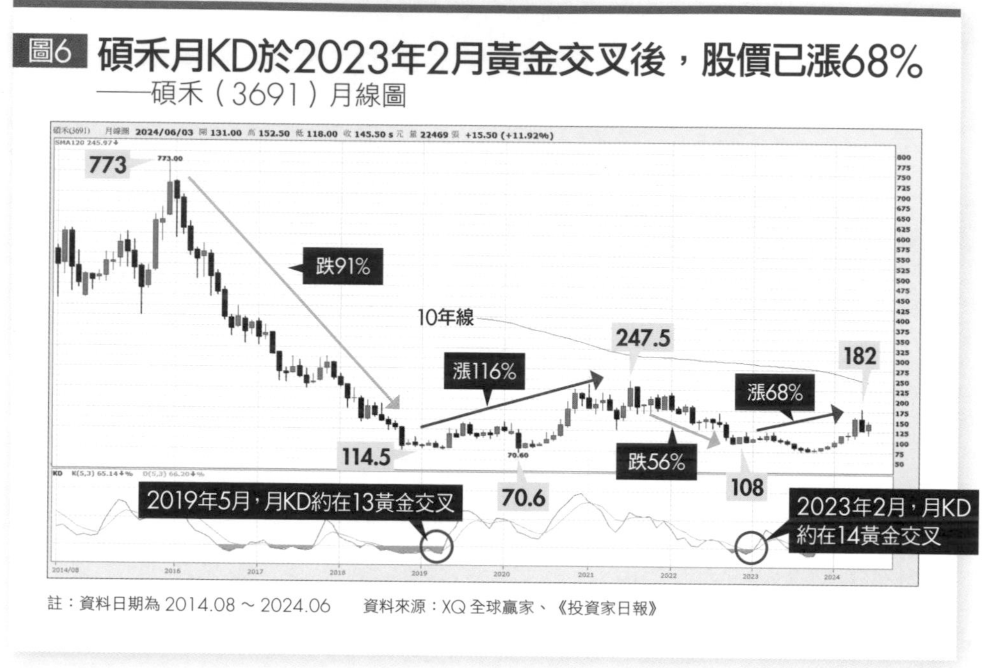

圖6 碩禾月KD於2023年2月黃金交叉後，股價已漲68%
——碩禾（3691）月線圖

註：資料日期為 2014.08 ～ 2024.06　　資料來源：XQ 全球贏家、《投資家日報》

隨著新型電池的需求放量，以及新型電池所需的太陽能導電漿是舊型的 2 倍，可望為碩禾帶來明顯的貢獻。

從產業淘汰賽成功達成2大戰績

最後也來談談，過去我也兩度從台灣的產業淘汰賽當中，成功讓財富倍增再倍增的兩大實戰經歷：

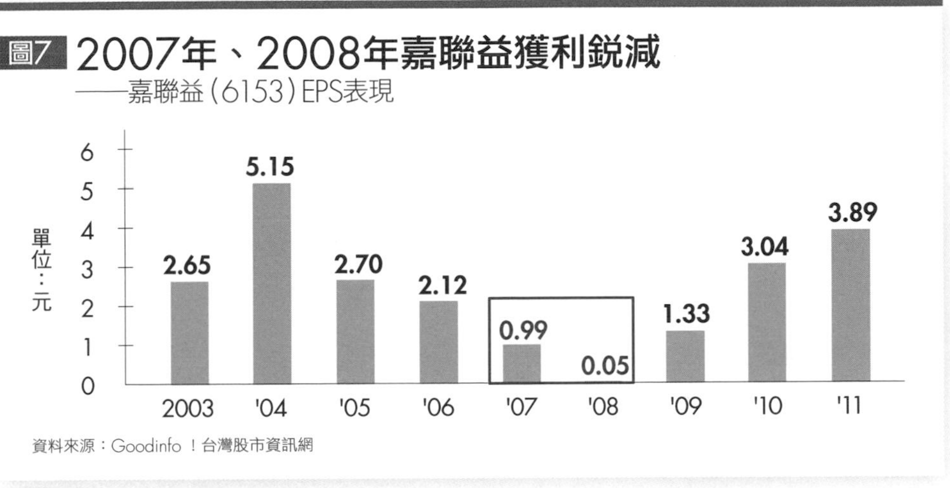

圖7 2007年、2008年嘉聯益獲利銳減
——嘉聯益(6153)EPS表現

資料來源：Goodinfo！台灣股市資訊網

實戰經歷1》2009年投資嘉聯益賺300%

2006 年由於市場看好智慧型手機的崛起，將帶動關鍵零組件軟板的需求，當時全球的印刷電路板廠商皆大舉跨入手機用軟板的擴產熱潮中，也埋下了明星產業都會面臨的宿命　　「供過於求」的產業淘汰賽。

2007 年開始的軟板產業淘汰賽，讓當時無論是業績成長或是財務結構都屬於前段班的嘉聯益（6153），同樣落入經營困境。2008 年 EPS 掉到僅剩下 0.05 元（詳見圖 7），不僅比 2004 年 EPS 高峰 5.15 元縮減了逾 99% 的獲利，股價更從 2004 年 4 月的 69 元一路下跌到 2008 年 11 月的 6.35 元，跌幅超過 90%。

然而，經過 2007 年到 2009 年的產業淘汰廝殺競爭之後，台灣的瀚宇博（5469）、統佳退出市場，港商佳通科技向法院聲請破產重整，而韓國的 Young Poong 也透過購併 Interflex 的方式整合產能。加上中國政府自 2008 年開始，不再將軟板產業列入獎勵投資項目，因此才加速了產業秩序的重整。

而台灣軟板龍頭廠嘉聯益，在這段長達 3 年的產業淘汰期，雖然營收、獲利節節衰退，但公司憑藉強健的財務結構（高現金流量與低負債），不但提供公司度過產業寒冬的本錢，更適時從競爭對手的災難中獲取最大的利潤，讓企業得以浴火重生。

2009 年後隨著產業秩序的重整，加上全球手持裝置（例如智慧型手機與平板電腦）需求強勁，浴火重生的嘉聯益，營運前景重新恢復樂觀，EPS 也從谷底的 0.05 元，跳升到隔年的 1.33 元，2011 年再跳升到 3.89 元。

獲利大幅揚升的同時，股價的表現也不遑多讓，一路從 2008 年 11 月的 6.35 元，最高漲到 2011 年 7 月的 70.7 元，3 年的時間股價大漲 10 倍（詳見圖 8）。

嘉聯益這檔股票也是我在 2009 年時的代表作之一，當時我在 8.5 元～

圖8 **2008年底起，嘉聯益股價3年大漲10倍**
——嘉聯益（6153）日線圖

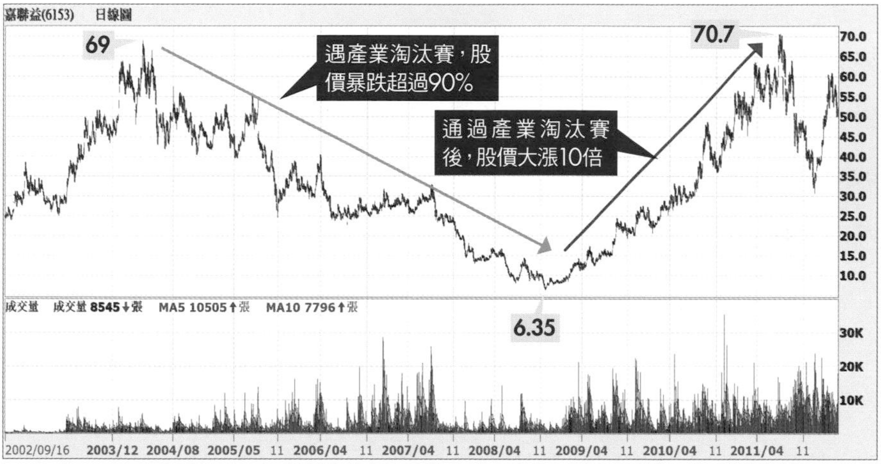

註：資料日期為 2002.09.16 ～ 2012.03.26　　資料來源：XQ 全球贏家

12 元大量逢低買進。1 年後，以大賺超過 300% 的獲利結果收場。

上述嘉聯益的例子，也驗證了「通過產業淘汰競賽而浴火重生的公司，可創造出 5 ～ 10 倍的股價飆漲走勢」，讓投資人得以擁有賺取投資暴利的機會。

我們可以歸結出一個完整的「危機入市」投資思維：產業淘汰賽雖然創

造了低股價，但產業本身仍然必須具備成長性，才是關鍵的必要條件；此外，值得投資的公司還必須兼具「財務結構健全」與「競爭優勢」這 2 項條件，才能擁有浴火重生的機會（詳見圖 9）。

實戰經歷2》2002～2004年投資力晶賺1倍

談到產業淘汰賽所潛藏的投資暴利，就不得不提及我第 1 次在股市享受到的財富倍增成功經驗。

在全球個人電腦（PC）的市場中，動態隨機存取記憶體（DRAM）一直扮演關鍵零組件的角色地位，每當英特爾（Intel）推出更快的中央處理器，或者微軟（Microsoft）推出升級版的 Windows 作業系統，都會帶動 PC 產業對於存取速度更快、記憶容量更大的 DRAM 需求。此外，現在的你可能很難想像，DRAM 在產業發展初期，是一項毛利豐厚的產品，以 1992 年為例，一片 64MB 的 DRAM 模組，售價竟可高達新台幣 5 萬元。

換言之，DRAM 產業曾經是許多半導體廠商眼中的明星產業，卻也逃不過明星產業在瘋狂擴產後導致的殺價競爭宿命。

1996 年～ 1997 年，全球合計有高達 19 座的 8 吋晶圓廠完工並加入量產的行列，但產能與供給大量開出的同時，消費者的需求並沒有跟上，

圖9 公司須財務結構健全、具競爭優勢才能生存
——危機入市的投資思維

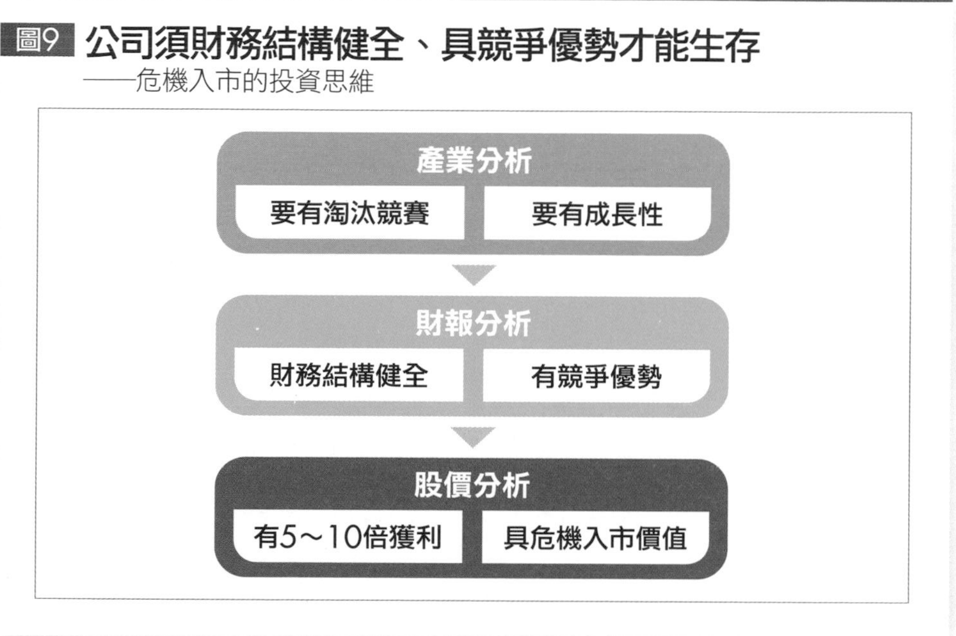

供過於求的結果，就是廠商之間的殺價競爭。

這股殺價競爭，到了2001年邁入最高峰，不僅當時全球的所有DRAM製造商都面臨虧損的窘境，連曾把英特爾逼出DRAM產業的日本東芝（TOSHIBA）也宣布「不玩了」。另一方面，台灣廠商合計虧損的金額也逼近新台幣300億元，就在一片虧損連連、看不到產業未來的大環境中，台灣DRAM龍頭廠力晶（2012年下櫃）的股價也從33.3元，跌到僅剩

下 6.9 元。

然而，還是相同的投資邏輯：有產業淘汰賽，才會有投資暴利的機會，有產業淘汰賽，浴火重生後的公司，才可創造出股價大漲 5～10 倍的走勢。

當時的力晶，是台灣所有 DRAM 廠中財務相對安全的公司，更在 2002 年 10 月成為第 1 家跨入 12 吋晶圓廠的廠商。換言之，財務結構的優勢，與身為首家 12 吋晶圓廠所具備的競爭優勢，我判斷力晶會成為全球最有競爭力的 DRAM 廠商之一，因此分別在股價 7 元與 15 元時買進力晶的股票，並且順利在 2004 年的 4 月 16 日以 36.2 元的價格全數獲利了結，是我第 1 次享受到產業淘汰競賽後，股價浴火重生的倍數獲利。

當好公司遇到麻煩時 把握天上掉下來的禮物

當公司的經營晴空萬里時，股價通常很貴；而當好公司本身遇到麻煩而成為問題兒童股票時，就是投資人能用好價格買進，以布局未來超額獲利的契機。以下用 3 種常見的狀況以及對應的實例來說明：

1. 新舊產品無法順利銜接的麻煩。
2. 失去下游客戶的麻煩。
3. 陷入財報虧損的麻煩。

狀況1》新舊產品無法順利銜接的麻煩

實例》宏達電

國內許多上市櫃公司為了讓營運的資訊更加透明化，習慣每季或每半年舉辦法說會（法人說明會），由高階經理人統一對外說明公司的營運狀況。通常有兩種人會參加法說會：媒體記者與分析師研究員，而一般投資大眾則是透過媒體新聞與分析師的研究報告，來了解公司的營運情形。

在正常的情況下（撇除只報喜不報憂的公司），法說會中公司對於未來營運的預估會具有指標意義，也是法人機構藉此調整評等（例如買進、賣出、中立）的依據。

例如 2009 年 7 月底，台灣手機品牌廠宏達電（2498）於法說會中表示，由於碰到舊產品衰退、新產品難產的麻煩，宏達電不但下調營收目標 19%，獲利目標更下降 21%。

宏達電在法說會中下調財測目標，反映在接下來的幾個交易日，外資大砍宏達電的股票，不但造成股價連番重挫（詳見圖 1），外資圈更是同步調降目標價，其中摩根大通（JPMorgan Chase & Co）將目標價從原先的 430 元大降到 250 元，一口氣砍了 4 成之多。

公司派在法說會中表示「前景不明」，或者是「營運衰退」的看法，在短線上確實會造成股價下檔的壓力；然而，如果從中長期的角度來看，只要公司的「核心競爭力（賺錢的本領）」不變，投資人其實可以用「短暫的烏雲」來解讀一時營運的起伏，此時股價的下跌，反而是逢低買進的好時機。

圖1 2009年法說會下調營運目標，宏達電股價連番重挫
——宏達電（2498）日線圖

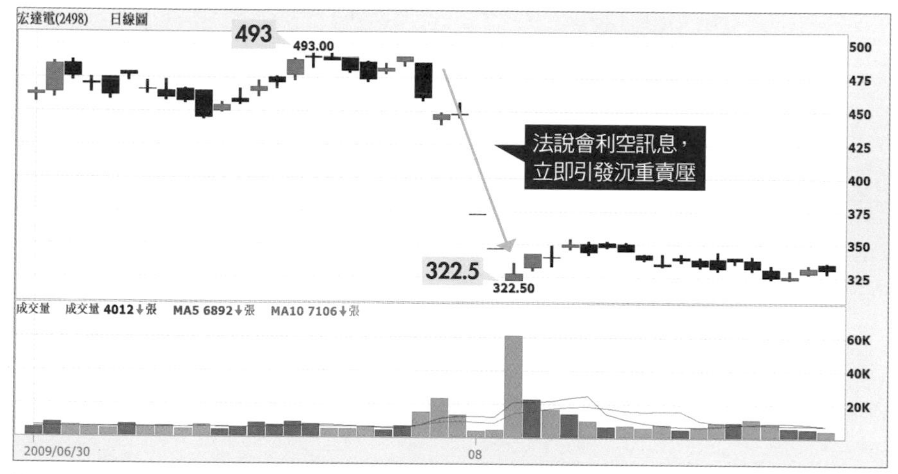

註：資料日期為 2009.06.30～2009.08.31　　資料來源：XQ 全球贏家

再以宏達電為例，當時最主要的競爭優勢就是來自於「手機介面平台的開發能力」，不管是公司成立初期以微軟（Microsoft）的作業系統走紅歐洲，或者是 2010 年以 Android 手機廣受美國電信營運商的大力支持，宏達電憑藉的就是手機介面平台的開發能力，才能大幅提高其自有品牌 HTC 的品牌價值。

因此，宏達電 2009 年的股價表現，雖然受到營運前景不如預期的影響，短線遭逢賣壓，讓股價從 2009 年 7 月下旬的近 500 元暴跌到 2009 年 8 月初的 300 元左右，之後也經歷長達 7 個月時間的調整，期間股價最低還來到 2010 年 2 月的 277.5 元。

然而，走過「麻煩」後的宏達電，從 2010 年 3 月開始，在全球 Android 手機大賣的帶動下，也開啟第 2 次榮登台股「千元股王」寶座的大漲走勢（詳見圖 2）。回顧 2009 年底宏達電遇到麻煩時所出現的 300 元以下價格，堪稱是「天上掉下來的禮物」。

根據我的經驗顯示，若要危機入市，投資正遇到「麻煩」的好公司，會產生一個「好處」與一個「壞處」。

「好處」是可以買到股價正處於底部的好公司，因為買入成本便宜，不僅能大幅降低投資的風險，未來只要公司的業績或題材獲得市場的認同，股價上漲、讓投資人在未來創造優渥的投資報酬，都只是時間早晚的問題。

但最大的「壞處」，就是投資這類股票需要耐心等待，因為公司何時能度過麻煩？經營何時能步上軌道？只有時間才能證明一切。

總結來說，可以歸結出一個選股邏輯：假若發掘到一家好公司，但它正

圖2 走過困境，宏達電2011年重登千元股王寶座
——宏達電（2498）日線圖

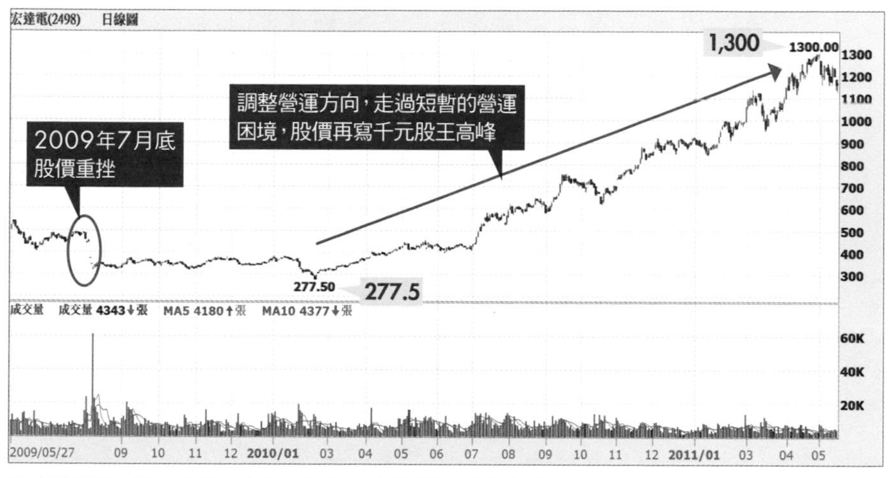

註：資料日期為 2009.05.27～2011.05.17　　資料來源：XQ 全球贏家

遇到麻煩，股價連番重挫（未來下跌風險有限），這只是一個好的開始，因為真正值得投資的標的，還必須擁有未來上漲動力來源的「故事題材（Story）」（例如全球智慧型手機熱賣）。

營運上的利空訊息，短線上或許會造成股價下跌的壓力，但只要不影響到公司的核心競爭力，加上未來有值得期待的故事題材，此時股價的下跌，反而提供聰明投資人「逢低買進」的好時機。

品牌發展失利，宏達電從股王寶座殞落

2006 年與 2011 年兩度股價攻上 1,000 元以上的宏達電，雖然一度被封為台灣之光，但後來股價卻在 7 年內，就從 1,300 元，崩跌到 2018 年 10 月的 30.05 元，下跌幅度超過 97% 的結果，確實讓人不勝唏噓（詳見圖 3）。回顧這 7 年期間，宏達電帳上現金崩落的速度，也讓我印象深刻，2012 年底現金掉到 538 億元，較 2011 年第 2 季的 1,157 億元大減 619 億元；其中，還包括 2011 年 7 月～ 9 月動用了約 160 億元現金，以平均約 800 元價格，買進 2 萬張宏達電的庫藏股，這個決策至今依然讓許多股東無法理解。

時序進入 2015 年，公司帳上現金滑落到 353 億元，2016 年再掉到 300 億元，2018 年第 4 季更只剩下 244 億元。如果把 2015 年～

註 1：宏達電 2015 年到 2018 年處分資產如下：

① 2015 年底賣桃園土地給英業達，取得 60.6 億元現金，收益 21 億元。

② 2016 年 5 月再賣桃園土地，取得 28.8 億元現金，收益 9.9 億元。

③ 2017 年 3 月賣上海子公司，取得人民幣 6.3 億元現金（約合新台幣 28.2 億元），收益約人民幣 1.47 億元（約合新台幣 6.6 億元）。

④ 2017 年 9 月 21 日宣布出售手機 ODM 部門給 Google，獲 11 億美元（約合新台幣 330 億元）的交易補償金。

註 2：從產業分析的角度來看，當一項新產品占總產品的比重一旦達到 15% 的「甜蜜點」時，後續可望出現爆發性成長。

圖3 2011～2018年，宏達電股價下跌幅度超過97%
——宏達電（2498）日線圖

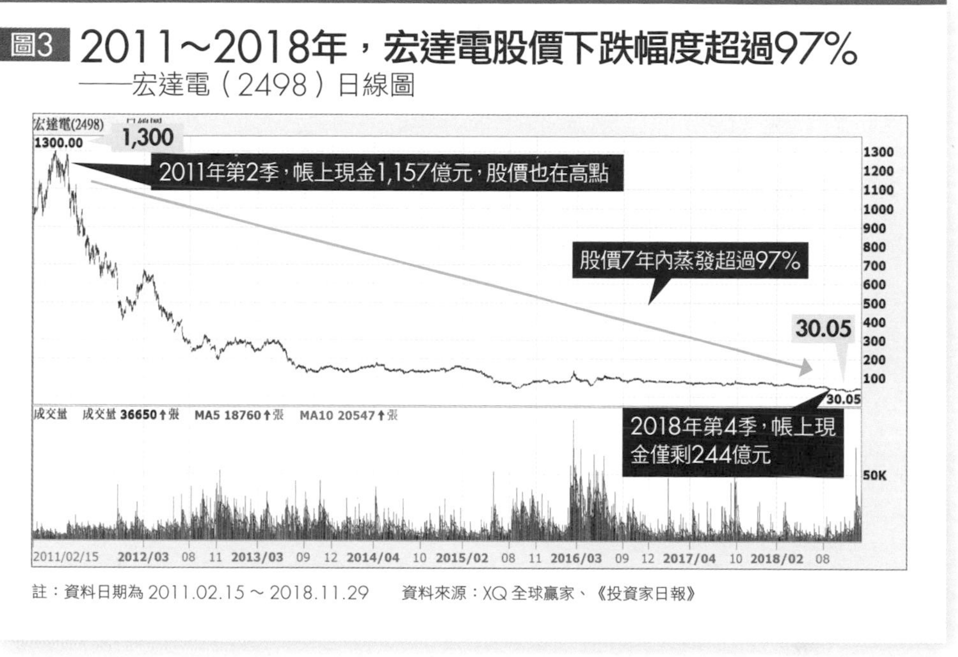

註：資料日期為 2011.02.15～2018.11.29　　資料來源：XQ 全球贏家、《投資家日報》

2018 年，宏達電處分資產所獲得的現金加進來（註 1），僅 7 年多的時間，帳上現金就燒掉了 1,360 億元（約當 16.6 個股本）。

值得一提的是，宏達電股價開始崩落的時間點，是全球智慧型手機滲透率開始上升到 15% 之後的甜蜜點（Sweet Point，註 2）；換言之，2012 年以後全球智慧型手機的快速成長，2013 年滲透率達到 20%、2016 年滲透率翻倍到 40%，2021 年更突破 50%（詳見圖 4），完全都沒有帶動宏達電後續營運的水漲船高，反而陷入更大的營運困境。進一步分析原因，或許與台灣企業想要發展「自有品牌」，但客觀條件上先天不足有關。畢竟無論是「規模經濟」，還是「全球市場的行銷能力」，都長期阻礙了台灣企業能夠發展出世界級品牌的可能。此外，再加上中國品牌業者趁勢崛起，都大幅壓縮了台灣品牌廠商的生存空間。

狀況2》失去下游客戶的麻煩

實例》邦特

上述宏達電在 2009 年發生的狀況，説明一家公司新舊產品的開發，若無法順利銜接，不但會造成公司營運上的短暫空窗期，更會造成股價下跌的風險。接下來要了解的是第 2 種麻煩——失去下游重要客戶的訂單，這是很常見的「公司遇到麻煩」的理由，我們以醫療耗材設備商邦特（4107）為例。

邦特成立於 1991 年，為國內大型的醫療耗材設備商，主力產品以洗腎治療中所需的血液迴路管為最大宗，在台灣是市占率最高的廠商。除此之外，邦特也是國內少數以自有品牌，而非代工模式，行銷於全世界的廠商，邦特以自有品牌 BIOTEQ 行銷全球，外銷比重約 67%（編按：此為 2008 年數據，2021 年～ 2023 年外銷比重已高達 8 成左右）。

圖4 2012年起，全球智慧型手機滲透率快速增長

——全球智慧型手機滲透率

單位：%
60
50
40
30
20
10
0
1994 '97 2000 '03 '06 '09 '12 '15 '18 '21
1994年第1支智慧型手機問世
2006年宏達電股價第1次攻上1,000元
2011年宏達電股價第2次攻上1,000元
2012年宏達電股價開始崩跌
甜蜜點15%

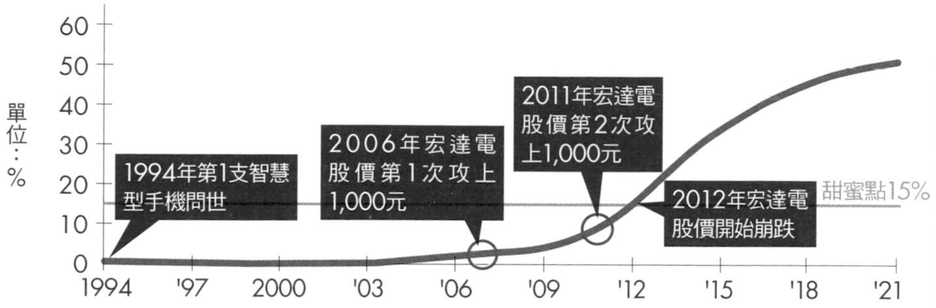

資料來源：Strategy Analytics

2007 年由於受到東南亞廠商低價搶單的競爭，時任董事長蔡宗禮為了公司長遠的發展，因此將公司的產品重心，逐漸轉往高附加價值的醫療耗材上；其中 2009 年成功開發並量產的「藥用軟袋」，不但是邦特第 1 個高毛利產品，更是激勵股價得以在 2010 年 10 月衝上 57.9 元，改寫 2007 年歷史高價的關鍵產品。

所謂的藥用軟袋，就是一般人所熟悉的點滴袋，透過填充不同藥物，提供病患補充水分或營養，或是洗腎等透析之用，由於藥用軟袋體積較傳統的塑膠或玻璃瓶小，不但運送方便，醫療廢棄物的處理成本也較少，因此獲得許多國際醫療機構的指定使用。

2009 年邦特在藥用軟袋的單一產品營收已有 1.57 億元，隔年再提高到 1.83 億元，接近總營收的 20%。此外，由於採用全自動化生產，因此在規模經濟的優勢下，產品毛利率一度高達 46%。

然而，成也軟袋、敗也軟袋，2011 年因下游大客戶轉單，邦特軟袋的營收立刻掉到僅剩 1.15 億元，不但年減高達 37%，平均毛利率也下滑到 29.17%。邦特的股價上，也一路從 57.9 元的天堂價，在 1 年多之後最低跌到 18.05 元（2011 年 12 月）的人間價格。

然而，一家好公司遇到短暫的營運麻煩，只要不影響到長期競爭力，加

圖6 隨著邦特轉虧為盈後，股價也一路上漲
——邦特（4107）日線圖

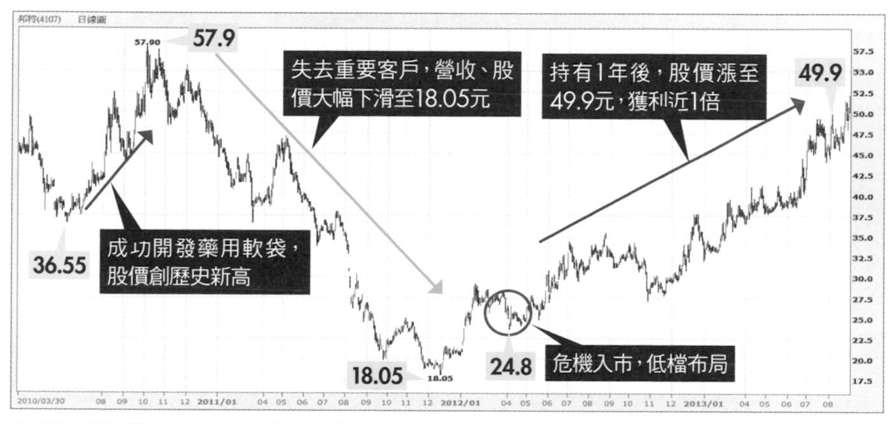

註：資料日期為 2010.03.30 ～ 2013.08.30　　資料來源：XQ 全球贏家

上未來擁有值得期待的故事題材（生技醫療市場發展良好），此時股價的下跌，反而提供「逢低買進」的好時機。因此，2012 年 3 月我提出買進的建議，並在同年 4 月的 24.8 元（還原權值價為 26.3 元）大量逢低買進。

1 年多之後，隨著邦特陸續新增非洲、中美洲與中東等地區的客戶，逐漸彌補單一大客戶轉單的損失，加上成功開發出另兩個高毛利的新產品「TPU 導管」與「血管導管」，不僅單季的毛利率從 2011 年第 2 季最低的 29.17% 一路上升到 2013 年第 1 季的 37.24%（詳見圖 5），股價更是持續走揚，持股 1 年多，獲利近 1 倍（詳見圖 6）。

邦特的例子再度說明，只要好公司的「核心競爭力」不變，短線營運麻煩所造成的股價下跌，反而是提供聰明投資人「逢低買進」的好時機。

狀況3》陷入財報虧損的麻煩

實例1》台燿

第 3 種麻煩，就是公司陷入虧損的麻煩，通常也都為投資人創造危機入市的契機。

舉例來說，核心業務在銅箔基板的台燿（6274）於 2023 年 5 月 3 日公告的第 1 季財報，每股盈餘（EPS）單季出現 0.77 元的虧損，不僅終止 2010 年以來，連續 52 季都能獲利的營運紀錄（編按：上一次出現單季虧損，可追溯到 2009 年第 4 季），更刷新 2008 年第 4 季單季虧損 0.59 元的歷史新低紀錄（詳見圖 7）。

面對台燿突如其來的財報虧損，我在 2023 年 5 月 8 日的《投資家日報》分析指出：「追蹤 2023 年第 1 季之所以會創史上最高的虧損紀錄，並不是來自『本業』，而是來自於『所得稅』，因此雖然對公司而言，還是減少了一些現金資產，但繳稅是國民與企業應盡的義務，因此也只能視為必要的成本。」

檢視 2023 年第 1 季的財報，台燿的稅前淨利為 2.89 億元，如果依照前 2 季所得稅率約在 23% 計算，應繳的所得稅約在 0.66 億元，扣除後的稅後淨利約在 2.23 億元，再除以 2.692 億股發行股數，EPS 約落在 0.82 元。然而，由於 2023 年第 1 季所得稅暴增到 4.96 億元，因此也導致稅後淨利掉到約 –2.06 億元（稅前淨利減去所得稅），單季 EPS 由盈轉虧到 –0.77 元。

根據公司表示，2023 年第 1 季之所以會有這麼多的所得稅費用，主要原因是從中國匯回 21 億元的海外盈餘，被台灣課徵了 20% 的所得稅所致（＝ 21 億元 ×0.2 ＝所得稅 4.2 億元）。

至於台燿為何選擇於此時匯回海外盈餘？主要是考量中國未來幾年都沒有資本支出與擴充產能的資金需求，因此選擇將閒置資金匯回台灣。

欣慰的是，隨著台燿後續的股價一路從公布財報虧損當日的 65.2 元，在不到 1 年的時間，於 2024 年 4 月最高漲到 201.5 元，股價漲幅達 209%（詳見圖 8），也再次印證利用公司公布財報虧損之際，「危機入市」

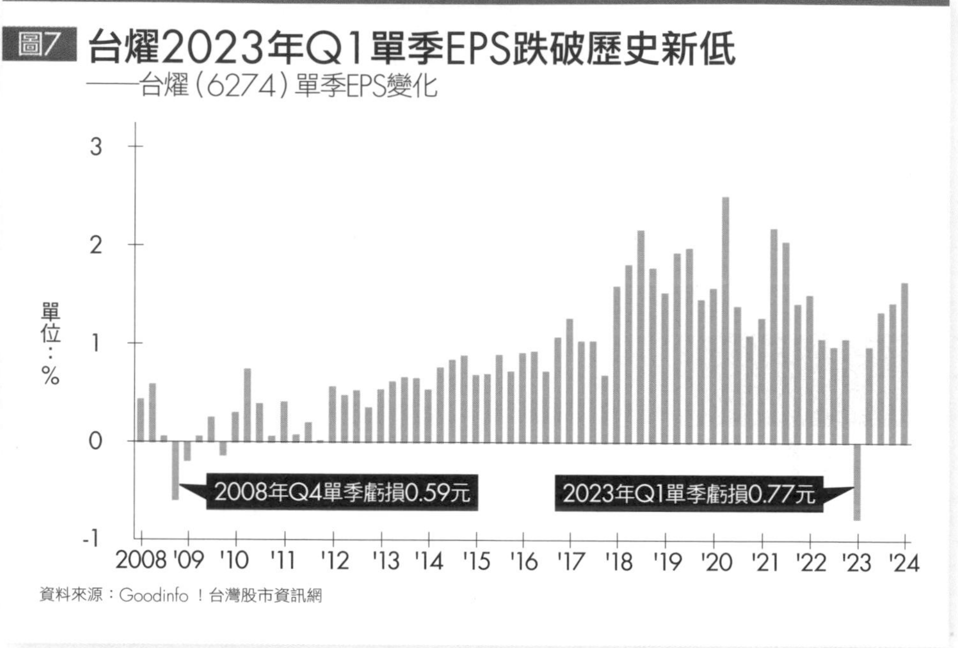

的贏家思維。

實例2》聚鼎

再看另一個陷入虧損麻煩的例子。成立於 1997 年的聚鼎（6224），是一家核心業務在「電阻」的被動元件廠商，其產品的功能，是為了當電子產品出現電流與電壓異常時，可以透過斷電、降電壓的方式，防止電子產品的零件，例如主動元件與半導體積體電路（IC）等受到損害。

圖8 台燿2023年5月公布虧損後，不到1年股價漲209%
——台燿(6274)日線圖

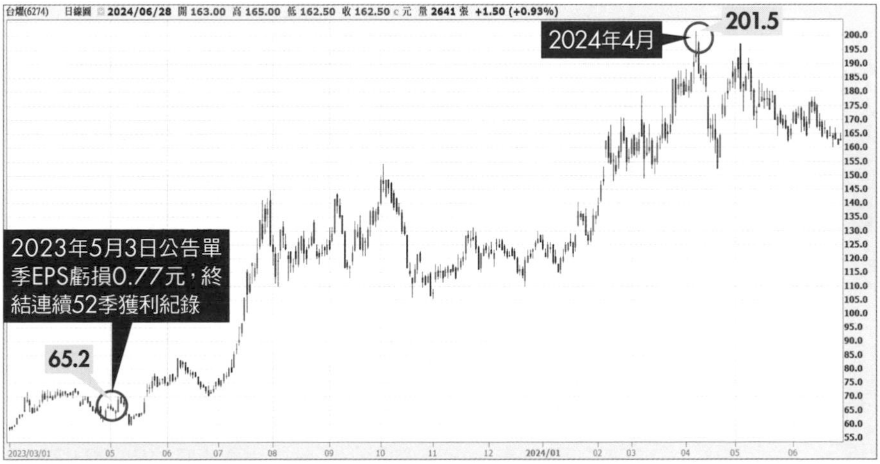

註：資料日期為 2023.03.01 ～ 2024.06.28　　資料來源：XQ 全球贏家、《投資家日報》

此外，由於高分子正溫度係數熱敏電阻（PPTC）具對電流與溫度高敏感的特性，因此不僅是聚鼎起家業務，也建立出專利的門檻，更以此命名為公司網域名稱（www.pttc.com.tw），樹立全球產業供應鏈的形象與地位。

整體而言，聚鼎的營收主要是由兩家公司所組成，一是台灣母公司 PTTC，二是美國子公司 TCLAD，前者核心業務在電阻等被動元件，原為集團營收主要來源，但在收購散熱基板事業後，被動元件占營收比重已逐漸

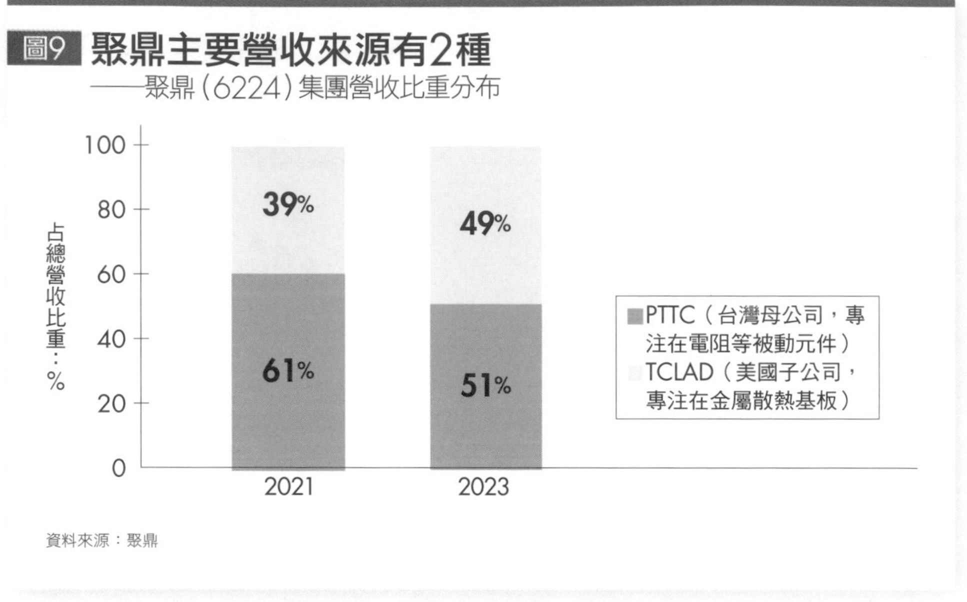

降低，2023 年時占比約為 51%；後者則是專注在金屬散熱基板，2021 年時貢獻集團營收比重約 39%，2023 年時已提高至近 49%（詳見圖 9）。

聚鼎在 2020 年 7 月，董事會決議以 2,600 萬美元（約合新台幣 7.66 億元），透過子公司聚燁科技向德商漢高（Henkel）收購其美國的散熱機板（TCLAD）部門，成立了子公司 TCLAD，並於 2021 年完成交割。

聚鼎雖然因此強化了在金屬散熱基板的競爭力，並取得跨入汽車照明、

圖10 聚鼎收購美國子公司後，2022～2023年獲利銳減
——聚鼎（6224）EPS與現金股利

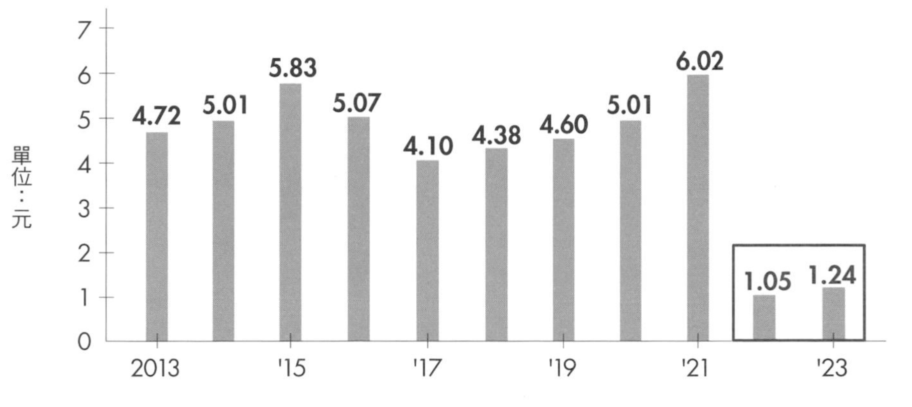

資料來源：Goodinfo！台灣股市資訊網

航太國防、工業用 LED 特殊照明等領域的入場券，但由於 TCLAD 持續虧損，因此讓過去總是獲利績優生的聚鼎，2022 年 EPS 掉到 1.05 元，2023 年 EPS 也僅有 1.24 元，遠遠不及 2021 年的 6.02 元，以及 2013 年～2020 年 EPS 都有 4 元～ 5 元的獲利成績（詳見圖 10）。

換言之，對於聚鼎的投資人而言，美國子公司 TCLAD 何時可以轉虧為盈，並且開始貢獻母公司獲利，將攸關聚鼎這家過去的績優公司，何時可以重返多頭。

圖11 2022年聚鼎股價跌到10年線之下
——聚鼎（6224）月線圖

註：資料日期為 2019.10.01 ～ 2022.12.01　資料來源：XQ 全球贏家、《投資家日報》

不過，也由於聚鼎這幾年遇到了此一麻煩事，才讓股價有了從 2021 年 7 月最高點 188 元，下跌到 2022 年 10 月最低點 49.7 元，波段跌幅高達 73%，並跌到 10 年線（約在 71.48 元）之下的機會（詳見圖 11）。

到了 2022 年第 3 季財報出爐，因為該季轉虧為盈，聚鼎股價曾迎來一波反彈，最高漲到 70.5 元，波段漲幅達 41.85%。不過後續幾季獲利盈虧不定，截至 2024 年 6 月底，聚鼎股價也大多在 50 ～ 60 元區間徘徊。

市場無效率 成就獨家的冷門股投資術

一檔股票的股價為什麼會漲？從基本面追溯其原因，是因為這家公司所提供的產品（或服務），獲得消費者的認同而熱銷，所以反映在預期或實際的營收與獲利提高，進而支持股價走揚。

換言之，股價走揚只是「結果」，並不是「原因」，因為真正的原因是產品（或服務）熱銷，導致營收提高與獲利上升（詳見圖 1）。因此投資人若將研究的重心放在股價的走勢上，並且將股價的漲跌作為最後判斷的依據，就會產生「倒果為因」的風險。

然而，上述邏輯還是建立在市場「有效率」的情況。有時候，股票市場卻會出現「無效率」的發展，也就是股價並未充分反映公司的價值，這會讓一檔股票的價格因為人性的弱點、冷門的特性，或其他因素，導致股價被嚴重低估。這種因為「市場無效率」而形成的問題兒童股票，就是所謂的冷門股，對此我也有一套獨有策略——冷門股投資術。

圖1 公司的產品或服務熱銷，才會導致最終股價走揚
——股價上漲的理由與邏輯

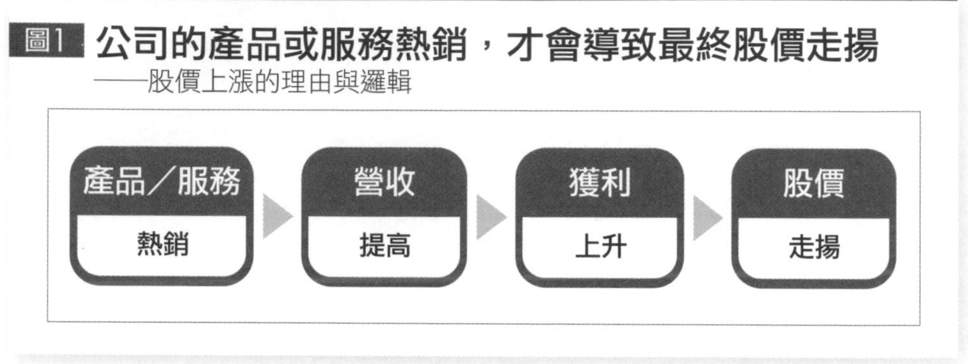

挑選冷門股標的須符合3條件

我所主張的「冷門股投資術」要符合以下 3 個買進條件（詳見圖 2）：①近 20 天平均成交量在 300 張以下；②公司財務結構健全，長期負債占股本比重 10% 以下；③公司不僅要有獲利基礎，追蹤本益比（即當前股價 ÷ 近 4 季 EPS）更要在 9 倍以下。此外，賣出條件則是追蹤本益比上升到 15 倍時。

上述 3 個冷門股投資術的買進與賣出條件，雖然是我主觀的想法與經驗，但在經過電腦歷史回測之後，其客觀數據的統計結果，可以說是直接證實了我提出的觀點。只要懂得掌握正確的方法，冷門股投資術不但安全，更存在超額利潤。其電腦歷史回測的結果如下（詳見圖 3）：

圖2 冷門股近20天平均成交量須在300張以下
——冷門股投資術3大條件

條件1	◆冷門的成交量 ◆近20天平均成交量在300張以下
條件2	◆財務結構健全 ◆長期負債占股本10%以下
條件3	◆有獲利基礎 ◆追蹤本益比在9倍以下

資料來源：《投資家日報》

①統計期間：2008 年 1 月初到 2024 年 4 月初。

②總進場次數：382 次。

③平均勝率：85.95%。

④平均報酬率：96.11%。

⑤投資組合累積報酬率：7,041%（大盤同期為 150%）。

⑥投資組合年化報酬率：29.97%（大盤同期為 5.79%）。

⑦投資組合年化標準差：18.96（大盤同期為 17.85）。

⑧投資組合的 Beta 值：0.6367。

⑨平均持有天數：779.08 天。

整體而言，冷門股投資術的選股邏輯，運用在台股的實務操作上，其「超高勝率」與「超高平均報酬率」的結果內容，確實是一項值得信賴的投資策略。

當然，平均 779 天的持有天數，對許多投資人而言，或許時間久了點。不過，換個角度想，持股只要 2 年多的時間，就可以賺到平均 96% 的報酬率，就績效上，確實了得。此外，透過持有股數的分散，還可以大幅降低「流通性」風險，因此對於擁有大部位資金的投資人而言，冷門股投資術未嘗不是一個好的贏家策略。

用正確方法投資冷門股，照樣創造優異獲利

投資每天成交量都非常低，而且市場能見度不高的冷門股，安全嗎？我的回答是：「只要懂得正確的方法，不但安全，未來更存在超額的利潤。」

談到冷門股投資術，就不得不回想起我人生第 1 次接受電視媒體的採訪，正是因為當時在冷門股的投資上展現出優異的成績，而吸引到非凡新聞台的注意。

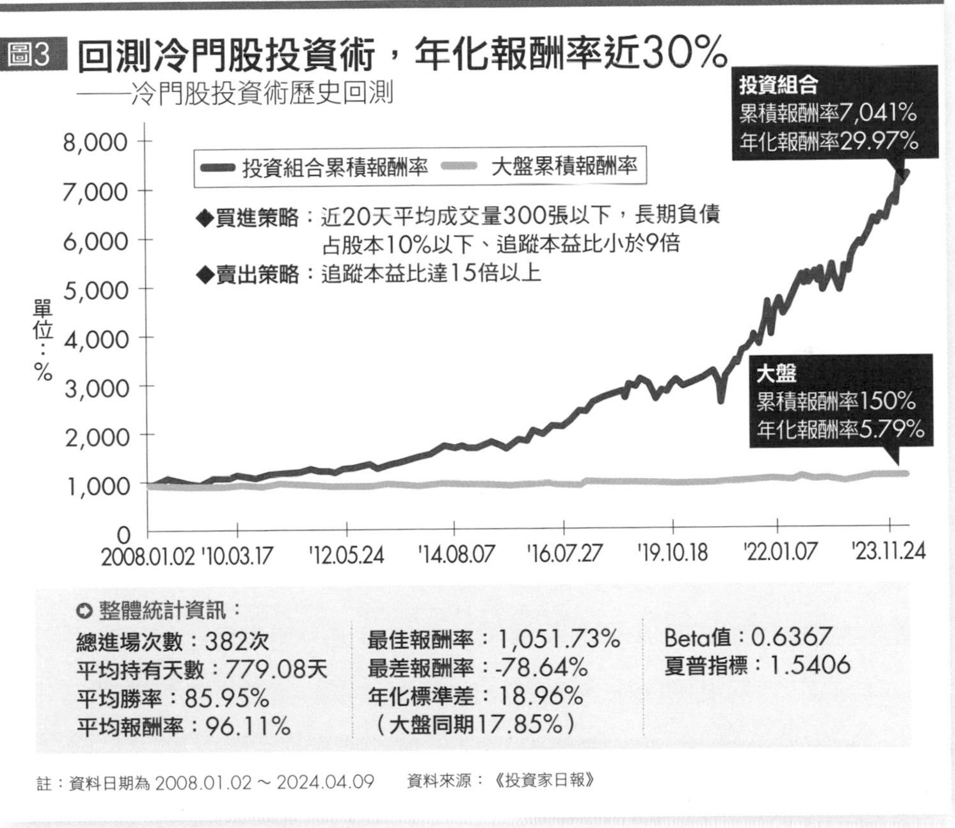

回顧 2005 年，當時台股大盤指數上下區間僅在 5,600 ～ 6,600 點之間，年度的漲幅不僅只有 6.66%，絕大多數時間的單日成交量金額也僅在 600 億元左右，可以說是一個非常「冷清」的投資年度，這也正符合了行情不好而導致股價被低估的條件。

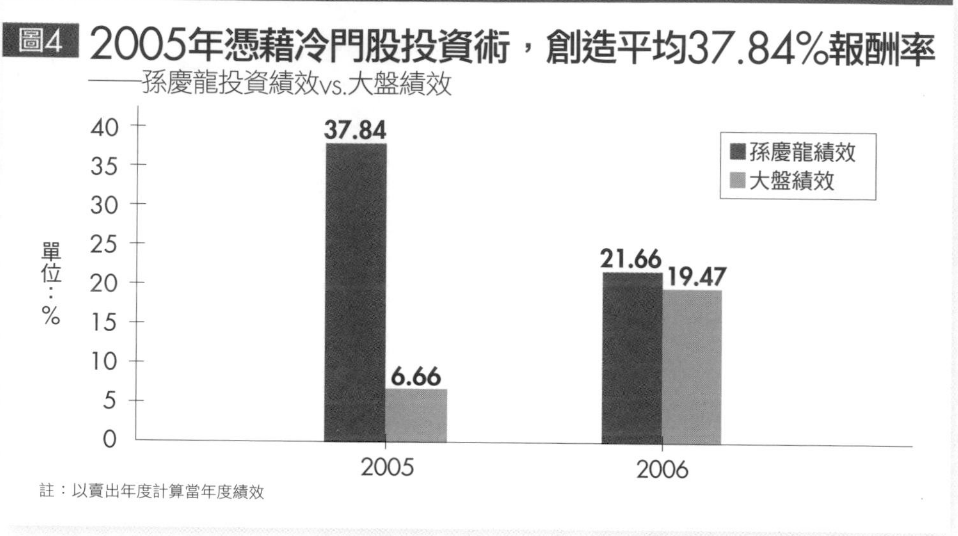

當年我憑藉獨特的「冷門股投資術」，創造出平均每筆 37.84% 的報酬率（詳見圖 4）。即使到了隔一年，台股大盤指數出現 19.47% 的漲幅，我的投資策略仍然創造平均每筆 21.66% 的報酬率。

表 1 是我在 2004 年到 2006 年期間，所推薦個股的績效紀錄。不難發現，許多股票都是非常冷門的標的，以 27.7 元買進、40.6 元賣出，報酬率達到 46.57% 的幃翔（6185）為例，當時這檔股票每天的成交量雖僅約 100 張，卻完全不減損其投資價值。而透過「谷底無量」慢慢吃貨的操作策略，1 年後當股價來到高點，成交量放大到 2,000 ～ 3,000 張之際，

表1 2004～2006年投資冷門股，報酬率最高逾48%

——2004～2006年孫慶龍推薦個股績效追蹤表

股票	代號	買進日期	買進價（元）	賣出日期	賣出價*（元）	報酬率（%）
五　鼎	1733	2004.12.14	21.60	2005.07.12	30.30	40.28
幃　翔	6185	2004.12.23	27.70	2005.12.29	40.60	46.57
威強電	3022	2005.03.09	31.50	2005.07.15	44.20	40.32
耕　興	6146	2005.03.09	39.10	2005.07.12	58.00	48.34
中探針	6217	2005.03.31	10.90	2005.07.14	13.30	22.02
亞　通	6179	2005.03.31	18.20	2006.02.03	19.87	9.18
優　盛	4121	2005.04.14	26.50	2006.05.18	34.95	31.89
德　律	3030	2005.06.15	25.15	2005.07.22	34.50	37.18
必　翔	1729	2005.07.12	63.10	2006.03.23	70.27	11.36
普　安	2495	2005.07.12	66.90	2006.05.22	70.36	5.17
聚　鼎	6224	2005.07.12	23.80	2006.01.04	30.85	29.62
通　泰	5487	2005.08.15	12.20	2006.04.20	18.15	48.77
復　盛	1520	2005.10.31	34.65	2005.12.19	45.10	30.16
松　翰	5471	2005.10.31	36.10	2006.04.06	50.00	38.50
普　安	2495	2005.10.31	52.50	2006.05.22	55.30	5.33

註：1.* 還權還息賣出價；2. 威強電原名威達電，於 2013 年更名；亞通原名世仰，於 2014 年更名

順利落袋為安。

相同的操作邏輯，也反映在以 39.1 元買進、58 元賣出，4 個月報酬率

便達到 48.34% 的耕興（6146）。當時決定買進耕興時，每天的成交量大約也僅在 300 多張左右；但當市場開始注意這家公司，股價約 1 個月急漲超過 50% 之際，不僅成交量放大到 2,000 張，更提供逢高出脫持股，獲利了結的機會（詳見圖 5）。

上述冷門的標的，還包括賺 22% 的中探針（6217）、賺 31% 的優盛（4121）、賺 37% 的德律（3030）、賺 40% 的威強電（3022，原名「威達電」）與五鼎（1733）。

另外，相信眼尖的投資朋友，會發現 2004 年～ 2006 年期間，我所做出的每一筆投資建議，最後全都是以獲利收場，沒有一檔股票賠錢的「完美」紀錄，現在回想起來，可以大致歸納出兩個原因：1. 當時的投資運正好；2. 冷門股投資術非常適合運用在台股冷清的時候。

健全的財務條件為區分是否為地雷股的關鍵

然而看似風光的背後，其實有一套嚴格的選股標準，其中，**健全的財務條件是我非常重視的一環**，因為這是區別是否會成為「地雷股」的關鍵。投資到市場能見度不高的冷門股，財報的審查標準就不能像是投資一般權值股，例如台積電（2330）、鴻海（2317）這樣寬鬆，而必須用最嚴格

圖5 逢低買進耕興，4個月後股價急漲獲利了結
——耕興（6146）日線圖

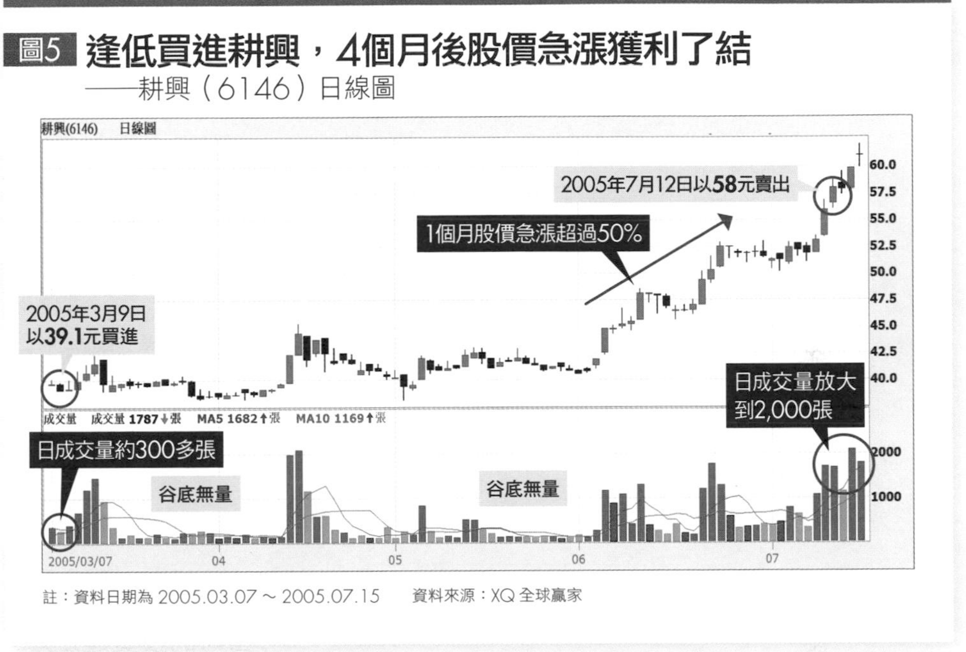

註：資料日期為 2005.03.07 ~ 2005.07.15　資料來源：XQ 全球贏家

的標準，篩選出優質的冷門股企業。

所謂的最嚴格標準，就是「零（低）負債」與「獲利穩定」。

成功實例1》唐鋒

以唐鋒（4609）為例，這檔曾在 2010 年上演連續 29 根漲停板，並於同年 8 月下旬飆漲到 299 元的股票，其實早在 2009 年 9 月 18 日就率先被我發掘。當時這檔冷到極點的公司，之所以能夠被我納入買進名單，關鍵就在於「零負債」與「獲利穩定」。

仔細翻閱 2009 年第 2 季的財報，唐鋒不僅「零負債」，帳上的現金更高達 4.43 億元（直逼 4.79 億元的股本，詳見 1-2 圖 3）。除此之外，中國的轉投資收益也讓唐鋒可以持續維持在年度每股盈餘（EPS）2 元～ 3 元的獲利水準。因此，從冷門股投資術的設定標準來看，當時市價僅在 18 元～20 元的唐鋒，確實有它的投資價值。

成功實例2》羅昇

另一檔則是在 2010 年 3 月發掘的冷門股羅昇（8374），同樣也符合上述「零（低）負債」與「獲利穩定」的財務標準。

翻開 2010 年第 1 季財報，羅昇長期負債為 4,200 萬元，這樣的負債壓力，對於帳上現金就有 5.65 億元的羅昇而言，幾乎是微不足道。

除此之外，從 2001 年以來，年度 EPS 平均在 3.5 元的成績也凸顯出獲利的穩定性（詳見圖 6）。姑且不論後來受中國缺工潮影響的基本面前景，單是以當時股價僅在 30 元出頭來評斷，羅昇的股票即使被市場冷眼相待，仍不減損投資的價值（羅昇投資實例詳見本書 1-4）。

圖6 2001～2010年羅昇獲利表現穩定
——羅昇(8374)EPS走勢圖

資料來源：Goodinfo！台灣股市資訊網

成功實例3》勤誠

台股伺服器機殼廠商勤誠（8210），在2010年底不到2個月內（11月初到12月中旬），有一段從29.3元漲到53.5元，大漲超過82%的過程（詳見圖7）。

一般投資人或許會驚喜於勤誠股價強強滾的表現，但令我感興趣的，卻是基本面與股價的弔詭發展。檢視當時勤誠的合併月營收，2010年10月～12月並沒有特別突出，年增率也僅約1%～5%，似乎沒有能支持股價有如此強勁的理由。

勤誠當時的月營收數字並不令人驚豔，然而若追蹤單季的 EPS，2009 年第 4 季～ 2010 年第 3 季的 EPS 分別為 0.94 元、1.01 元、0.97 元、1.05 元，累計這 4 季的 EPS 為 3.97 元。若以當時公布第 3 季季報之後的 2010 年 11 月 1 日收盤價 31.95 元計算，本益比僅為 8 倍，對於一家本業正在持續走揚的公司而言，股價顯然嚴重被低估。

而股價嚴重被低估的原因，不僅反映市場的無效率，更是冷門股所致。尤其在股價大漲 82% 前的一週，也就是 2010 年 10 月 19 日，勤誠當天成交量甚至只有 96 張。不僅冷到不行，更讓市場完全忽略這是一檔股價被低估的好股票。即使後來勤誠的股價在不到 2 個月大漲到 53.5 元，漲幅超過 80%，本益比也僅提升到 13.47 倍，達到堪稱合理的水準而已。

冷門股被市場調高本益比時，將支持股價走揚

談到 EPS、本益比與股價的關係，一般而言，影響股價高低的原因，不外乎「本益比」與「EPS」的變化，當市場的投資人願意承受較高的風險（通常容易出現在熱門股票，或台股行情樂觀的情況下），便會接受一家公司的 EPS 在沒有出現任何的變化，甚或轉壞時，仍以上調本益比的方式，合

圖7 2010年底勤誠股價大漲82%
——勤誠（8210）日線圖

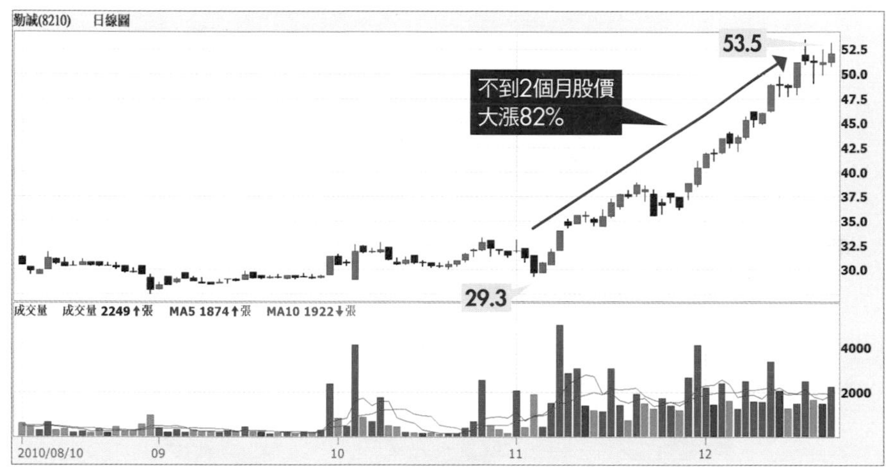

註：資料日期為 2010.08.10～2010.12.22　　資料來源：XQ 全球贏家

理化股價的上漲。

另一方面，當台股行情不好時，或股票較冷門時，投資人由於不願意承受較高的風險，因此即使一家公司的 EPS 獲利沒有改變，但市場下調本益比的結果，仍會直接造成股價的下跌或遭到低估（詳見圖 8）。

然而，一旦冷門股因題材、獲利或其他因素開始引起市場注意，成交量

圖8 本益比被壓低時，股價容易被低估
——EPS、本益比與股價之間的關係

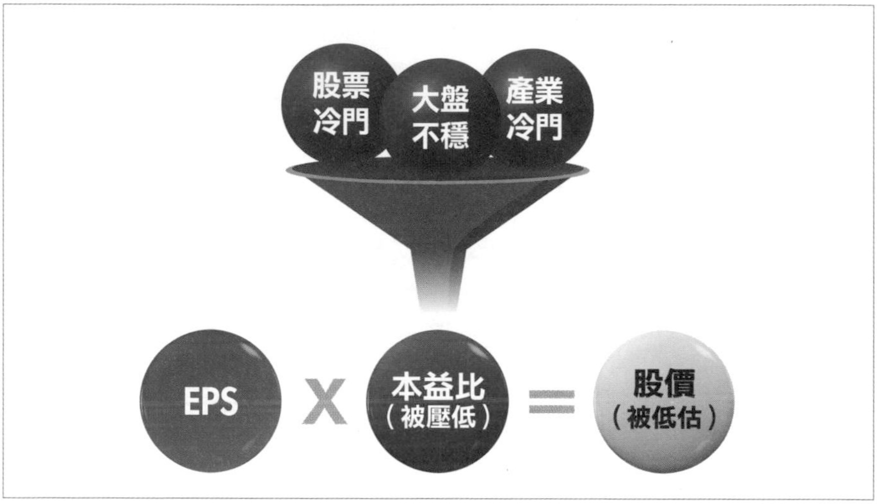

放大的同時，不僅會適時反映合理的本益比，支持股價持續走揚，懂得掌握冷門股投資要領的人，若能適時在股價被低估時買進，就能輕易掌握投資獲利的空間。

總結而論，我所謂的「冷門股投資術」，並非指成交量低的股票就可以亂投資，而是投資標的必須通過「財務健全」、「營運成長」等嚴格的評估過程，也才能符合本書所宣揚的「好公司」與「好價格」的投資原則。

投資問題兒童股票
做好配置可兼顧風險與報酬

前面 4 個章節分別從 1. 總經遇到麻煩；2. 產業遇到麻煩；3. 公司遇到麻煩；4. 市場無效率，討論了問題兒童股票形成的原因，相信讀者們也能了解到，投資問題兒童股票的祕訣，就是透過逢低布局的策略創造日後的優渥報酬。但問題兒童股票什麼時候可以度過麻煩？什麼時候可以晉升成明星股票？卻是一個極度考驗耐性的過程。

將資金分散在多檔股票，可提高持股耐性

身邊有許多朋友常常會問我：「現在有什麼股票可以買？」與其將注意力集中在某一檔股票上，不如去思考規畫，如何建立一個「合適」的投資組合？透過將資金分配到多檔問題兒童股票上，不但可創造出「源源不絕賺好股」的結果，更可以大幅提高持股的耐性。

以台股為例，目前上市櫃公司合計超過 1,800 多家（截至 2024 年 5

月），即使掌握到問題兒童股票的投資要領，但如果只買進 1、2 家，單從數學機率來看，每天要出現上漲的機會確實不高。

換言之，即使投資人買到具有低股價優勢的問題兒童股票，在大多數的時候，還必須忍受前文（詳見 1-4）所談到四季投資法中「春耕」的苦悶階段。而一般投資人如果無法克服「不耐久候」，最後可能還是會掉入「太早賣掉」的遺憾。

為了克服人性的弱點，透過「一籃子好股票（問題兒童股票）」的投資方式，不僅可大幅提高手中持股晉升為明星股票的機率，更可提升投資人持股的耐性。因為只要投資組合中，有一檔問題兒童股票變成明星股票，股價持續上揚所帶來的獲利與報酬，就可有效分散注意力，讓投資人從容面對投資問題兒童股票時所必須面對的「苦悶」。

持股檔數愈多，可消除愈多「非系統風險」

究竟一籃子股票當中，要有幾檔問題兒童股票？我們可以從「如何消除非系統風險」找到參考答案。

如前面的篇章中提及的，股票的風險來自於系統風險與非系統風險兩方

圖1 非系統風險為可分散的風險

——2類股票風險

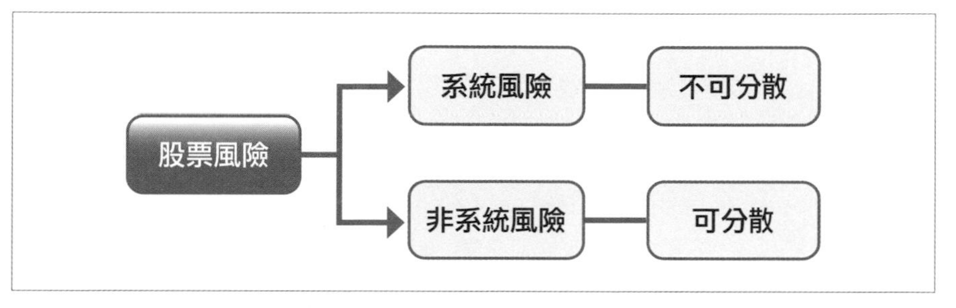

面（詳見圖 1），前者屬於總經大盤的風險，是一種無法被分散的風險，而後者屬於單一公司的風險，因此可以透過投資組合的規畫，達到有效分散風險的目的。

簡單來講，假如一個投資人持有 100 檔股票，雖然無法分散系統風險（例如發生重大的天災與人禍時，100 檔股票都會一起跌），但卻可以有效分散單一公司的非系統風險。反觀，如果這位投資人只買 1 檔股票，壓「孤支」的結果，雖然可能因為買到飆股而大幅貢獻獲利，但卻同時承受著系統與非系統 2 項風險的威脅。

持有的股票家數愈多，投資人承受的「非系統風險」就愈低，但另一方面，過於分散的投資組合，能夠戰勝大盤的機會也相對較少。因此「風險」與「報酬」之間，若要取得最佳的平衡，就必須回歸到投資組合的配置上。

美國哥倫比亞商學院教授，同時也是戈坦資本投資（Gotham Capital）創辦人，曾在 20 年創造平均 40% 報酬率的喬伊・葛林布雷（Joel Greenblatt），在其著作《你也可以成為股市天才》一書中指出，只買 1 檔股票，無法分散任何的非系統風險，但若持有 2 檔股票，就可消除掉 46% 的非系統風險；若提高到 4 檔股票，有 72% 的非系統風險可被消除；提高到 8 檔，將減少 81% 的非系統風險。如果投資人一次買進 500 檔的股票，99% 的非系統風險都可被有效消除；換言之，此時投資人只會面臨到系統風險（詳見表 1）。

持股4～8檔，可分散風險且適當貢獻獲利

雖然透過提升「持股家數」可以消除愈多的「非系統風險」，但由於每位投資人的資金規模都不一樣，風險的承受度也不盡相同，因此「應該持有多少檔問題兒童股票」並沒有一個標準答案。

基本上，我建議持有家數可落在 4 ～ 8 檔，一方面已經分散了大部分（72% ～ 81%）的非系統風險；另一方面，當問題兒童股票變成明星股票

表1 持股檔數愈多，可消除的非系統風險愈高
——持股檔數與非系統風險的關係

持股檔數（檔）	可消除的非系統風險（%）
1	0
2	46
4	72
8	81
16	93
32	96
500	99

資料來源：《你也可以成為股市天才》

時，又不會因為持股比重太低，而對投資組合的績效沒有太大的幫助。

假設一開始將資金平均在 4 檔問題兒童股票上，其中有 1 檔變成獲利 100% 的明星股票時，就可貢獻投資組合 25% 的整體報酬。即使平均分配到 8 檔問題兒童股票上，只要有 1 檔當年度可以獲利 100%，依然可以為投資組合貢獻約 13% 的績效。

然而，如果將資金分配到 16 檔、32 檔，甚至 500 檔股票上，即使買到了大賺 1 倍的股票，對投資組合的整體貢獻也是微乎其微，僅能分別帶來 6%、3% 與 0.2% 的獲利提升。

表2 分散持有4檔股票，單一報酬100%時可貢獻25%獲利
——問題兒童股票持有檔數的獲利情境分析

持有檔數（檔）	持股比重（%）	單一股票報酬（%）	投資組合報酬（%）
4	25.0	100	25.0
5	20.0	100	20.0
6	17.0	100	17.0
7	14.0	100	14.0
8	13.0	100	13.0
16	6.0	100	6.0
32	3.0	100	3.0
500	0.2	100	0.2

資料來源：《投資家日報》

若資金規模小，持股5檔是更好選擇

從非系統風險的角度來看，4 檔～ 8 檔的持股已經消除了 72% ～ 81% 的風險，但就投資組合的報酬率，仍有 13% ～ 25% 的差別。

因此，對於非法人資金規模的投資者而言，如果要進一步提高投資報酬，集中持股在 5 檔會是更好的選擇，因為只要有一檔問題兒童股票變成明星股票，該年度的投資組合報酬率就有 20%（詳見表 2）。另一方面，就實務而言，持有 5 檔股票跟持有 8 檔股票，風險的承受度已經相差不多了。

關於這一點，喬伊．葛林布雷也提出類似的觀察。他指出，若大盤的預期年化報酬率為 10%，持有 5 檔股票，1 年後約有 2/3 的機率，投資報酬率會落在 -11% ～ 31% 之間；而持有 8 檔股票的投資組合，一年之後有 2/3 的機率落在 -10% ～ 30% 的報酬率。換言之，即使投資組合中少了 3 檔股票，但 5 檔股票與 8 檔股票所降低的非系統風險，其實差不了多少。

總結而論，掌握到問題兒童股票的投資要領只是成功的第 1 步，如何配置一個符合自己風險承受度的投資組合，才是得以創造源源不絕賺好股的重要關鍵。整體而言，投資初期將資金平均分配到 5 檔問題兒童股票，會是在「報酬」與「風險」之間的最佳平衡點。

挑具成長潛力的金牛股 進可攻退可守

金牛股票的特色有二：一方面，公司營運進入成熟期，未來成長趨緩；另一方面，由於公司穩定獲利，得以長期配發不錯的現金股利，因此具有「高現金殖利率」的優勢，可扮演完美投資組合中的一步活棋，提供進可攻、退可守的操作彈性。

然而，就股票投資而言，一家公司有無未來成長性，其重要程度優於營運的穩定性（詳見圖 1）；換言之，一家營運表現穩定的公司，若無法搭配未來「大成長」的條件，仍然稱不上是好的投資。

而在尋找「大成長」條件的過程，我的投資思維有二：要不就看重鹹魚翻生、走過麻煩的轉機題材，要不就建立在既有穩定基礎上再成長的條件。

換言之，前者是「問題兒童股票」蛻變成「明星股票」的轉變，而後者則是「金牛股票」重返「明星股票」的過程。

圖1 **投資股票，公司的成長性優於穩定性**
——公司成長性vs.穩定性

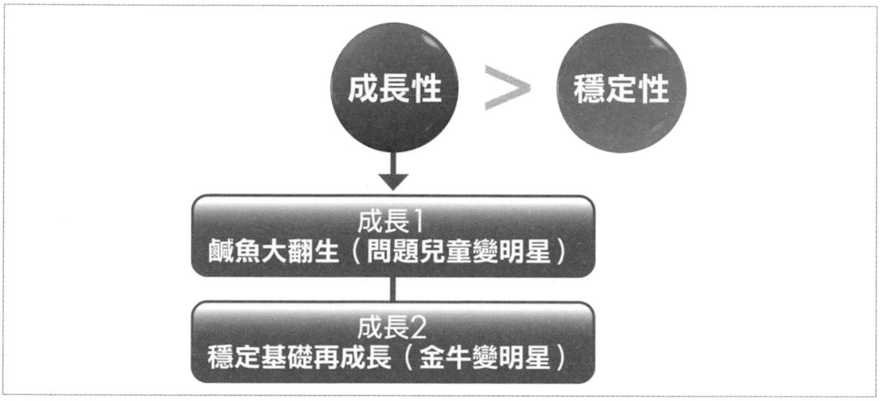

成長性 > 穩定性

成長1
鹹魚大翻生（問題兒童變明星）

成長2
穩定基礎再成長（金牛變明星）

金牛股能否變明星股，取決於未來成長性

如何掌握「問題兒童股票」蛻變成「明星股票」的投資要領？可參考前面幾章的內容。整體而言，問題兒童股票最大的特色是：因遇到「麻煩」而造成股價在谷底徘徊，因此只要未來能順利走過麻煩，低股價的優勢不但創造聰明投資人逢低布局的契機，更奠定了日後安心賺大錢的基礎。

另一方面，則是「金牛股票」重返「明星股票」的過程。金牛股票的特色是可帶給投資人穩定的現金股利，但如果要進化成得以大幅拉高投資績效的明星股票，取決於未來有無「大成長」的條件。

與問題兒童股票不同的地方，在於金牛股票通常具有營運穩定的特性，不容易出現「產業麻煩」或「公司麻煩」纏身的狀況。投資這類型股票時，不易看到因麻煩而造成的低股價，所以更需要著眼於公司未來的成長，是否出現突破「金牛」的徵兆。

實際範例》巴菲特投資洗腎服務商DaVita

我們用美國投資大師巴菲特（Warren Buffett）在 2011 年～ 2012 年的一個投資實例，更能明確說明這其中的差異性。

2012 年年底，巴菲特執掌的控股公司波克夏．海瑟威（Berkshire Hathaway）以平均每股 107.82 美元的價格，加碼買進全美最大腎臟透析（洗腎）服務商德維特（DaVita）約 695 萬股的股份，這是繼 2011 年年底以 71 美元買進約 270 萬股之後，巴菲特再次加碼 DaVita，並且將持股比重一舉提高到 10.8%（詳見圖 2）。這則投資訊息，有 2 個值得投資人思考的地方：

1. 股價已經大漲超過 60 倍，巴菲特才開始買進：回顧 DaVita 的股價走

圖2 巴菲特在DaVita大漲後才兩度買進股票

——DaVita（美股代號DVA）股價走勢與股票分割紀錄

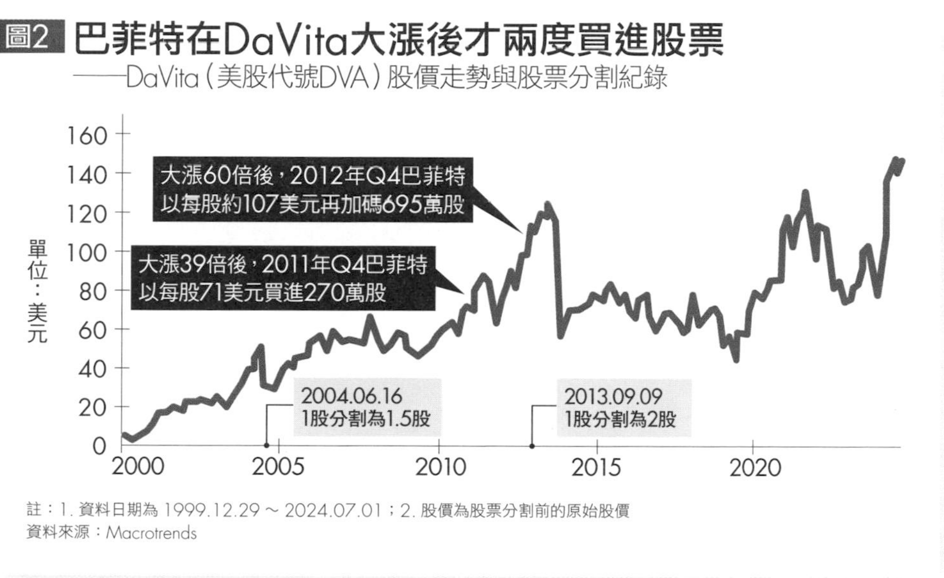

註：1. 資料日期為 1999.12.29～2024.07.01；2. 股價為股票分割前的原始股價
資料來源：Macrotrends

勢，從 2000 年最低的 1.79 美元起漲，至 2012 年不但已經走了 12 年的大多頭行情，若以巴菲特 2 次買進的成本 71 美元與 107.82 美元計算，是在股價大漲 39 倍與 60 倍之後，巴菲特才開始買進。

2. 巴菲特的投資思維，葫蘆裡賣的是什麼藥：DaVita 股價已經大漲了 39 倍與 60 倍之後，巴菲特才開始大量買進，這樣的投資思維，絕對不是一般投資人可以做得到，即使是專業的法人也很難有這樣的勇氣與決心。巴菲特到底在想什麼？背後的投資思維又是如何？有 2 個關鍵：

關鍵1》投資成長型股票的思維模式

巴菲特曾說過：「寧願用合理的價格買進具有成長性的公司，也不要以便宜的價格買進看不到成長性的公司。」

在累積龐大財富的過程中，巴菲特深受兩位老師的啟蒙，分別是班傑明．葛拉漢（Benjamin Graham）及菲利普．費雪（Philip A. Fisher）。葛拉漢主張「價值型投資」的選股邏輯，而費雪則強調將注意力放在「成長型」股票的身上，才能創造出驚人的報酬。

價值型投資法，在平時不容易創造優異的績效，唯有在「好公司遇到麻煩」時的危機入市，才有機會創造出較大的利潤空間。然而，成長股的投資法，只要在確認基本面成長無誤下，好幾倍的獲利都是可合理預期的。

重新回到巴菲特投資 DaVita 的決策上。若以當時過去 12 個月 DaVita 的每股盈餘（EPS）獲利 5.51 美元計算，巴菲特 107.82 美元的加碼價格，買進的本益比約在 19.56 倍左右。而 19.56 倍的本益比，顯然已經不是價值型投資的水準；換言之，巴菲特腦袋想的，是看重 DaVita 這家公司的「成長性」，甚至是看到了全球洗腎產業未來的成長潛力。

2012 年全球患有慢性腎衰竭的病患約有 200 萬人。隨著現代人飲食習慣不佳，高血壓與糖尿病的人口逐年增加，慢性腎衰竭的病患數也以每年超過 10% 的速度在成長。整體而言，血液透析產業的全球市場規模，2009 年時大約在 633 億美元。根據當時市場的預估，2013 年可持續提升到 836 億美元，不僅完全不受全球不景氣的影響，英國《經濟學人》甚至還以：「飛快成長的洗腎市場」，來形容整個產業的成長趨勢。

關鍵2》DaVita多項購併與擴張計畫

一般而言，治療腎臟衰竭的病患有 3 種方式：血液透析、腎臟移植與腹膜透析。其中，腹膜透析的優點是可在家操作，時間較彈性也不用擔心感染病毒的風險。但因長期使用有損壞人體腹膜的風險，加上腎臟移植來源不足，因此超過 90% 的病患仍會選擇血液透析的治療方式。

血液透析的治療過程中，會使用到的儀器材料包括：血液透析機、人工腎臟、血液迴路管、導管、穿刺針、藥粉、透析液、動靜脈血管通路、血液幫浦、生理食鹽水及保護罩等。就產業供應鏈來說，最有利潤的業務包含 2 個部分：

1. 最上游的血液透析機：這是絕對寡占的市場，德國費森尤斯（Fresenius Medical Care，FMC）擁有超過 50% 以上的市占率，瑞典的 Gambro 排名第 2。

2. 下游的洗腎中心：以美國為例，最大的 2 家連鎖集團 FMC 與 DaVita，在全美各擁有超過 1,000 家的洗腎中心。美國政府每年編列 240 億美元的支出，提供每位病人平均每年 7 萬美元的洗腎治療。

而巴菲特所加碼的 DaVita，正是位處於產業鏈中最有利可圖的下游洗腎中心。在 2003 年～ 2012 年期間的 10 年，DaVita 的每股營收與獲利分別以 18.6% 與 17.8% 的年增率成長。當時巴菲特甚至樂觀預估，公司獲利的年增率至少可維持在 12.3% 的水準，而成長的主要動力來源，是 DaVita 在東南亞、歐洲與中東地區的多項購併與擴張計畫。

從上述巴菲特投資 DaVita 的例子來分析，一方面並未看到「危機入市」的投資思維，另一方面支持巴菲特如此堅定買進的理由，則是這幾年 DaVita 在東南亞、歐洲與中東地區的多項購併與擴張計畫。

換言之，產業的成長性與公司積極購併與擴張計畫，才是巴菲特投資評量的重點。而相同的邏輯，也是「金牛股票」能否出現大成長的觀察指標。

巴菲特投資DaVita的追蹤與後記

時序進入 2024 年，隨著 DaVita 的股價於 2024 年 4 月 12 日持續上漲到 130.42 美元，由於巴菲特在買進之後，曾遇到 2013 年公司進行 1

股拆 2 股的股票分割；也就是說，若以巴菲特第 1 筆買進的成本 35.5 元（編按：分割前的成本價為 71 美元，1：2 拆股後股數變 2 倍，股價則減半），投資報酬率達到 267%。即使以 2012 年巴菲特加碼的價格為 53.91 美元計算（編按：分割前的成本價為 107.82 美元），投資報酬率也有 141% 的水準。

值得留意的是，2011 年以來，巴菲特持續買進 DaVita，截至 2024 年 3 月底，所持有股權占 DaVita 總股數比重已高達 41%，為最大股東。

觀察擴廠計畫，提前掌握金牛股成長潛力

觀察金牛股票是否能夠大成長，除了觀察「產業的長線成長」之外，還可以透過觀察公司是否進行大擴廠準備來窺知一二。

一般而言，當一家公司的產能已經百分百滿載，而市場需求又呈現大成長的趨勢時，公司的經營者可以選擇 2 種方式擴充公司的營運規模：「持續擴充自有產能」、「購併同業產能」：

方式1》持續擴充自有產能

好處是可以完全掌握生產製造的流程，維持一定的作業品質，但最大的

壞處是可能因此喪失「到手的訂單」。因為一個新廠的擴建，從土地的尋覓、機器設備的安裝、人員招募與訓練，往往需要費時 1 ～ 2 年，緩不濟急的過程，將可能導致原本到手的訂單因不耐久候而自然流失。

再者，1 ～ 2 年後的市場狀況更是一大變數，屆時市場是否能繼續維持當前供不應求的局面，也都是未知數，因此自有擴廠充滿不確定的風險與變數。

方式2》購併同業產能

這是一個不錯且有效率的方式，鴻海（2317）與聯發科（2454）就是採用購併策略，分別快速崛起成全球最大的電子代工廠、國內積體電路（IC）設計的龍頭廠商。

然而，「購併同業」必須得克服 3 大難題，才有助於企業營運的真正成長：

①企業文化差異容易產生內部人員管理的摩擦：以鴻海集團旗下的群創（3481）為例。2009 年 11 月 14 日，群創宣布以 1：2.05 的換股比例，購併國內面板大廠奇美電。雖然合併後的群創，一躍成為國內第 1 大、全球第 3 大的面板廠，但是這一樁合併案，不僅讓原來的奇美電流失了將近 2 成員工，最後甚至引發奇美與鴻海之間的緊張關係。進一步追蹤原因，

相信與人員管理的摩擦脫不了關係，畢竟奇美集團創辦人許文龍所倡導的幸福文化，與鴻海創辦人郭台銘的鐵血風格，在管理策略上確實有巨大的差異。

②不同生產流程將提高產品整併的困難度：國內手機晶片大廠聯發科於2011年3月16日宣布，將以3.15股雷凌（3534）換發1股聯發科股票的換股比例，合併網通大廠雷凌。當時不管是公司高層或外資法人一片樂觀預期，很快就可看到兩家合併的綜效，並且創造出「雷凌贏、聯發科贏、產業贏」的3贏局面，但最後的結果是，整合是需要時間的，而且也沒有想像中容易。

③花太多錢進行購併：從歷史經驗顯示，被合併的公司要能夠創造出「高溢價」的空間，通常與合併者的聲勢如日中天有關。而事業的成功，也容易讓合併者不在乎花多少錢來購併，因而犯下花太多錢購併企業的錯誤。

2010年9月，郭台銘在接受《彭博商業周刊》專訪時表示，「過去花了太多錢購併某家企業」。而郭董所指的「某家企業」，我揣測應是2006年鴻海斥資282.2億元所收購的光學廠普立爾（2394）。比照當時鴻海的股價始終維持在200元以上的高檔，事業如日中天的氣勢，也難怪會犯下如此的錯誤。

總結而論，一家公司的經營者在追求營運規模的成長時，不管是透過「擴產」或「購併」的手段，雖然都會面臨到不同的挑戰與難題，但挑戰的背後，其實都是未來營運的正面成長。

實際範例》2022年起環球晶大規模擴充自有產能

是要用「擴產」還是「購併」的方式來帶動公司的成長？ 2020 年～ 2023 年期間，台股也出現了一起經典案例。

為了因應未來數年全球半導體強勁的成長需求，全球市占率 15.2%、排名第 3 的環球晶（6488），2020 年曾宣布將砸下 37.5 億歐元，約合新台幣 1,316 億元，不惜以高於當時市價 71% 的價格，要購併全球市占率 11.5%、排名第 4 的德國世創（Siltronic）。而合併後的環球晶，全球市占率預估將可超越排名第 2 的日本勝高，並直逼排名第 1 的日本信越。

不過，後來由於德國政府刻意阻擋，此購併案不僅告吹，也讓環球晶董事長、同時也是中美晶（5483）董事長的徐秀蘭啟動 Plan B——原規畫用於收購案的資金將轉為資本支出，預計 2022 年～ 2024 年將投入 36 億美元，約合新台幣 1,000 億元用於擴大產能；其中，20 億美元用於興建新廠、16 億美元用於擴充既有的產能，新增產能預計於 2023 年下半年之後，開始逐季貢獻營收。

回顧環球晶 2016 年資本支出占股本比率僅不到 40%，隔年起開始擴大資本支出規模，2017 年～ 2021 年這 5 年當中，就有 4 年的資本支出占股本比率超過 100%。

而 2022 年～ 2024 年合計高達新台幣 1,000 億元的資本支出，對於股本 43.72 億元的環球晶而言，可說是非常龐大的擴充計畫。2022 年及 2023 年已投入的資本支出金額分別約 124 億元、368 億元，分別占股本高達 284%、843%，不僅遠遠高於過去的平均水準，更符合了我所主張的大擴廠定義（資本支出占股本的比率超過 80%）。

平心而論，看到環球晶購併德國世創失敗，雖然還需多支付一筆 5,000 萬歐元、約合新台幣 15.6 億元的交易終止費，但就長線的營運來說，未必是壞事。

畢竟，環球晶合併德國世創，我看到的是「企業文化差異（德國與台灣企業）」與「花太多錢購併（編按：高出市場 71% 價格購併）」的兩大難題。換言之，購併案破局未必是壞事，雖然目前才開始擴大自有產能，時效性有待商榷，但至少會走得比較踏實。

有現在的大擴產，營收才能有未來的大成長

重新再回到，產業的成長性與公司積極的「購併」與「擴張」計畫，是「金牛股票」能否出現大成長的觀察指標。

一般而言，除了購併之外，追蹤公司資本支出的動向也很重要，尤其對於那些原本保守營運的公司，突如其然地大舉擴充產能，通常都暗藏了未來營運大成長的意義。

在股票市場中可以舉出非常多的例子，說明一檔股票能夠出現「驚驚漲」的上揚格局，公司「基本面大好」一定扮演相當重要的關鍵角色。而基本面大好最直接的證據其實就是「每月營收大成長」。然而對於從事生產製造的廠商而言，「營收大成長」絕對不會憑空而來，必須建立在 2 個基礎上：1. 下游客戶需求旺盛；2. 本身產能足以支應，兩者缺一皆不可。

一般而言，一家公司的訂單狀況，由於牽涉到客戶的商業機密，因此大部分的公司會選擇語帶保留，盡量避免對外公布太詳細的資訊，因此對於投資人而言，除非有內線的訊息，否則也頂多只能從「大膽假設，小心求證」的方式去推論。所以在尋找具有「大成長」潛力的股票時，我習慣從公司的「擴充產能」動作，去發現市場還未注意到的蛛絲馬跡。

圖3 從2021、2022年資本支出上升，可看出成長企圖

——京鼎(3413)資本支出

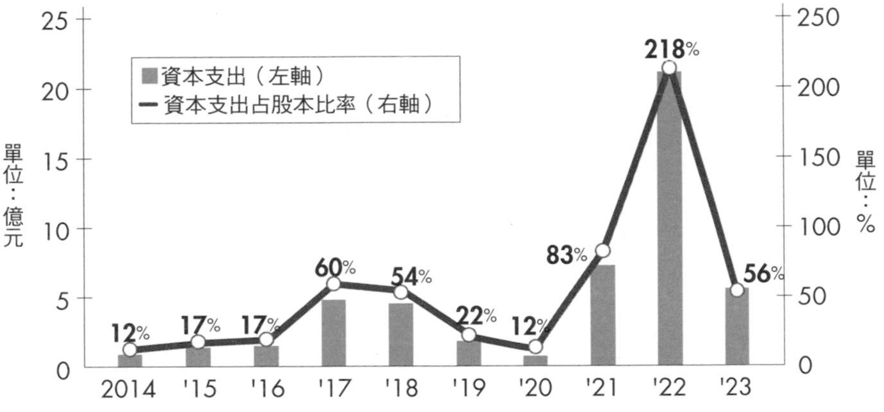

資料來源：《投資家日報》

這是一個簡單的思考邏輯，對於公司的經營者來講，除非「未來的訂單」已經有把握掌握在手上，否則不會貿然大手筆投入資本支出進行產能的擴充。其中，如果這家公司過去的經營風格又一直都是以「穩健成長」著稱，此時「大擴產」的意義就更非比尋常了。

舉例來說，半導體設備股京鼎（3413），近幾年似乎對於「未來的訂單」很有把握。畢竟，相較於 2014 年～ 2016 年資本支出占股本比率只有 12% 與 17%，2017 年～ 2020 年也分別只有 60%、54%、22% 與

圖4 京鼎前2大股東為鴻海集團和台灣應用材料公司

——京鼎（3413）前10大股東

股東名稱	持有張數	持股比例	年張數增減	11月張數增減
台灣應用材料	8117	8.34	新上榜	0
鴻揚創業投資	6953	7.15	0	0
渣打國際商業銀行營業部受託保管列支敦士登銀行投資專戶	3913	4.02	-2542	0
匯豐託管東方匯理瑞士公司	3803	3.91	2486	0
富邦人壽保險	2691	2.77	635	0
寶鑫國際投資	2679	2.75	0	0
鴻元國際投資	2627	2.70	0	0
鴻棋國際投資股份有限公司	2298	2.36	新上榜	0
新制勞工勞退基金	2274	2.34	新上榜	0

註：資料日期為 2023.04.01　　資料來源：飆股基因 App

12%，近年的京鼎，確實展現了 CEO 想要帶領公司「大成長」的企圖。

追蹤報表可以發現，京鼎在 2021 年投入新台幣 7.25 億元進行資本支出，占股本比率達 83%；2022 年資本支出一舉拉升到 21.14 億元，占股本比率攀升到 218%，連續 2 年符合了「資本支出占股本比率超過 80%」的大擴產定義（詳見圖 3）。

圖5 2024年7月初，京鼎股價不到1年上漲97%
——京鼎（3413）月線圖

註：資料日期為 2014.01.02 ～ 2024.07.01　　資料來源：XQ 全球贏家

值得留意的是，京鼎對於「未來的訂單」似乎很有把握的底氣，或許跟有 2 個富爸爸在背後撐腰有很大的關聯。根據前 10 大股東資料顯示，鴻海集團持股合計達 14.96%，包括鴻揚 7.15%、寶鑫 2.75%、鴻元 2.7% 與鴻棋的 2.36%；第 2 大股東，則是全球最大半導體及顯示器設備公司台灣應用材料股份有限公司，持股比重為 8.34%（詳見圖 4）。2022 年 4 月台灣應用材料是以每股 210.22 元入股京鼎，扣除 2022 年配息 8.69

元與 2023 年配息 13.79 元後，平均成本約落在 187.7 元。

2022 年京鼎的竹南新廠落成，並於 2023 年第 4 季起陸續貢獻產能，再加上半導體市場展望轉趨樂觀，京鼎的股價表現也開啟大漲走勢。若從 2023 年 8 月最低點 171.5 元計算，截至 2024 年 7 月 2 日的最高價 339 元，不到 1 年，股價已大漲 97%，完美詮釋了「金牛股票晉升明星股票」的走勢（詳見圖 5）。

總結而論，先有「大擴產」的準備，才能有「營收大成長」的條件，也才能進一步支持股價一路走揚的趨勢。

從資本支出、營運現金流量評估股價未來成長性

歐洲投資大師安德烈・科斯托蘭尼（André Kostolany），在其著作《一個投機者的告白》中提出「遛狗理論」，說明基本面與股價的關係，就好比主人與小狗關係，短線上股價會起伏劇烈震盪，但長期而言，一定會與基本面呈現正相關的關係。

以財報的過去式推論股價的未來式，有其邏輯陷阱

然而科斯托蘭尼上述的看法，在實務經驗中卻有一個陷阱必須注意，因為在正常的情況下，股價是反映公司 3 ～ 6 個月後的未來，而每月或每季所公布的財務報表，卻是反映過去 1 ～ 6 個月的營運表現（詳見圖 1），因此在投資決策的使用上，若以財報的「過去式」推論股價的「未來式」，將會是一個非常危險的思維模式。

對於許多投資人而言，一檔股票的利多或利空訊息，常常是建立在公司

圖1 股價反映的是公司未來3～6個月的營運表現
——公司營運與股價關係

過去式》財報	現在式》股價	未來式》未來營運
◆過去1～6個月的營運表現 ◆驗證大於推論	◆反映未來3～6個月營運表現	◆與股價呈正相關

公布的營運訊息上。例如，公司營收、獲利創新高，可以解讀為利多訊息，甚至以為這將是股價上漲的保證；或者，公司發布了營收獲利不好的財報數據，就認為是一個利空的訊息，甚至以為這將是股價下跌的徵兆（詳見圖 2）。

上述的投資思維，其實是一種非常危險的思考方式，用過去的財報數據，作為未來股價預測的基準，邏輯上根本就不通。

市場中，許多批評「基本分析無用」或「財報分析無用」的支持者，其實就是陷入上述「不合邏輯」的投資思維。當然，最後的投資結果，就是所謂的「財報太落後」與「基本面無用」的情況。

圖2 公司營運訊息，不一定是股價多空保證
——常見投資人推論財報與股價關係的邏輯

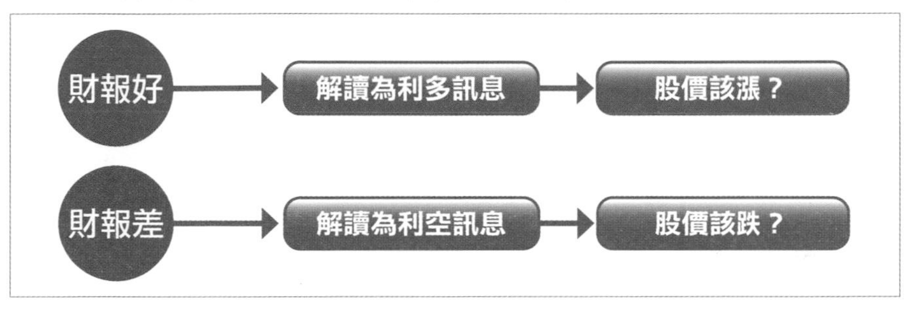

財報分析需搭配產業基本面，才能掌握未來營運

一般投資人對於財報分析該有的認知是，財報分析的根本邏輯，充其量只能說是驗證過去分析的假設。而真正的財報分析，必須是搭配產業基本面分析所預測的未來營運趨勢。簡單來講，當公司還未公布月營收與季獲利時，就已經可以提早掌握，並且作為股票價格的評價依據。

走筆至此，相信有些投資人會有一個疑問——既然財報數字都還未公布，要如何提早掌握公司營運成長的訊息呢？難道要靠「內線消息」嗎？

就我的經驗顯示，在股市待得愈久，就愈相信市場並不存在所謂的內線消息。因為內線消息經常真假難辨，即使是真的消息，一般投資人（甚至專業的分析師）得到消息時，往往也是「第 n 手」的資訊，早已成為內部人抬轎或出貨的工具。

若要提早掌握公司營運成長，可以從「資本支出」找到答案。

然而實務的經驗中，資本支出卻是兩面刃，可以是「天堂」，也可能是「地獄」。整體而言，一家公司大幅擴充產能，雖表現了對未來成長的企圖心，但如果選錯了產業，非但不會是件好事，甚至會是噩夢與災難降臨的開始。

擴大資本支出卻走向衰敗案例》綠能、友達

既然內線消息不可靠，投資人要如何提早掌握公司未來營運的訊息？要回答這個問題，太陽能產業與面板產業就是非常明顯的例子，前者的代表公司綠能（已下市），在 2009 年～ 2011 年期間投入的資本支出確實很嚇人，因為股本僅有 16 億元～ 27 億元間的綠能，擴充產能的投資分別高達 23.7 億元、57.8 億元與 60.8 億元，與股本規模相較，比率竟達到 147%、257% 與 223% 的超高水準（詳見表 1）。

相較於太陽能產業的代表企業綠能如此瘋狂地擴產，面板產業的代表企

表1 2009～2011年綠能曾積極擴產
——綠能（已下市）、友達（2409）資本支出與占股本比率

年度	太陽能股代表》綠能（已下市）			面板股代表》友達（2409）		
	資本支出（億元）	股本（億元）	資本支出占股本比率（%）	資本支出（億元）	股本（億元）	資本支出占股本比率（%）
2009	23.7	16.11	**147.11**	518	882	58.73
2010	57.8	22.43	**257.69**	625	882	70.86
2011	60.8	27.19	**223.61**	309	882	35.03
2012	5.8	32.19	18.02	189	882	21.43

資料來源：《投資家日報》

業友達（2409）顯然就溫和多了。不過值得注意的是，2009 年與 2010 年這 2 年期間，友達的擴產投資積極許多，分別投入 518 億元與 625 億元，相較於股本 882 億元而言，比率也高達 58.73% 與 70.86%。

上述這 2 家企業瘋狂擴充產能，或者擴大到同產業中的其他公司，最後的結果，大家都知道了，就是掉入「台股四大慘業」之列——綠能的股價從 2008 年時最高的 288 元，跌到 2012 年最低的 13.5 元（編按：綠能於 2019 年股價僅剩不到 0.5 元，淨值呈現負數，當年 5 月黯然下市）；友達的股價也從 2008 年 5 月最高的 63.5 元，跌到 2012 年 8 月最低的 8.19 元。短短 3 年，前者股價蒸發掉 95.31%，相當於投資 100 元賠到只剩 4.69 元；後者股價消失了 87.1%，投資 100 元賠到只剩 12.9 元（詳

圖3 2008～2012年，友達股價大跌87.1%

——友達（2409）週線圖

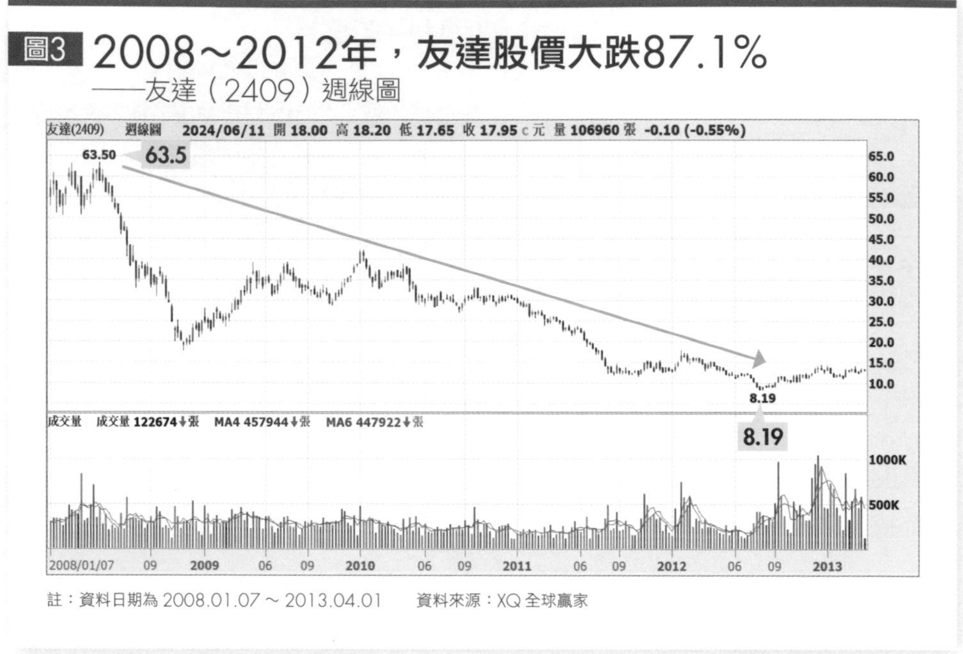

註：資料日期為 2008.01.07 ～ 2013.04.01　　資料來源：XQ 全球贏家

見圖 3）。看到公司高階經理人展現非常大的企圖，最後卻招致幾乎毀滅性的衝擊，實在令人不勝唏噓。

擴大資本支出走向大成長案例》台積電、大立光

然而，如果選對了產業，一家公司大幅擴充產能的意義，就會出現截然不同的結果，甚至連像台積電（2330）如此大規模的企業，都能展現出大

表2 2010年起，台積電積極擴大產能
——台積電（2330）資本支出與占股本比率

年度	資本支出（億元）	股本（億元）	資本支出占股本比率（%）
2009	877	2,590	33.86
2010	1,869	2,591	**72.13**
2011	2,139	2,591	**82.55**
2012	2,461	2,592	**94.95**

註：幣值皆為新台幣　　資料來源：公開資訊觀測站、《投資家日報》

象也能跳舞的氣勢。

2010年～2012年期間，台積電在資本支出的投資，確實展現出使盡吃奶力氣也要瘋狂擴產的決心，分別投入1,869億元、2,139億元與2,461億元用於擴充先進製程的產能。以台積電股本約2,592億元來看，這3年投資的比率，分別達到股本的72.13%、82.55%與94.95%（詳見表2）。

台積電如此用力地投入產能擴充，不但帶動公司的營收出現20%～30%的成長動能，更讓過去股價長期壓縮在60元到80元的區間，有了再向上突破的力量（詳見圖4，編按：截至2024年7月11日，台積電股價最高漲至1,080元）。

圖4 台積電擴充產能，帶動股價突破盤整區間
——台積電（2330）週線圖

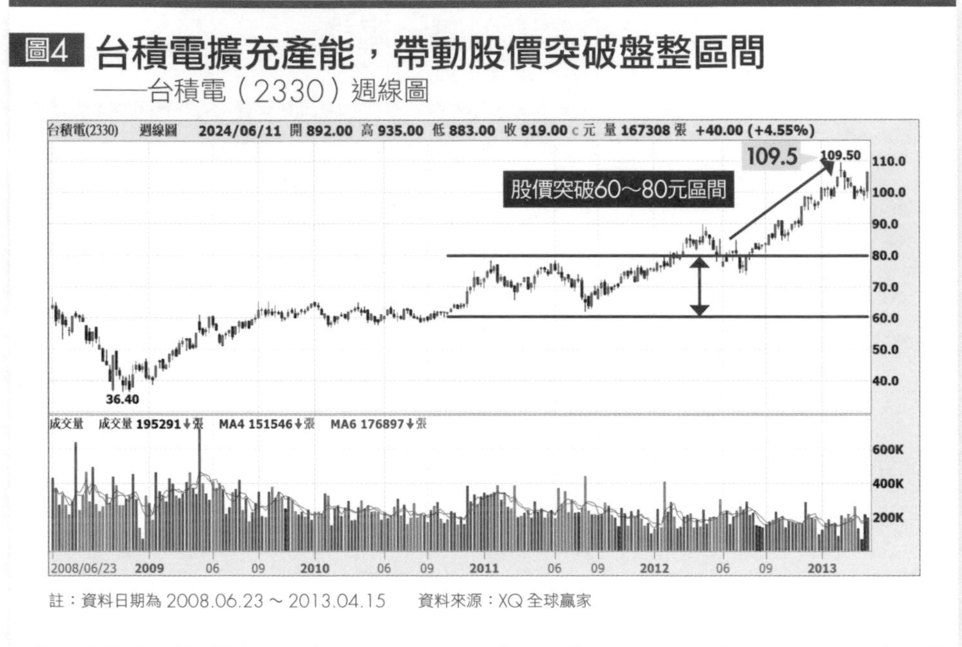

註：資料日期為 2008.06.23～2013.04.15　　資料來源：XQ 全球贏家

此外，2013 年 5 月二度登上台股千元股王的光學鏡頭廠大立光（3008），2010 年～ 2012 年這 3 年期間，在資本支出的投資確實也展現強烈的企圖心，除了 2010 年投入 10.86 億元，在 2011 年和 2012 年則分別投入 24.15 億元與 26.77 億元進行產能擴充，都超過大立光 13.41 億元的股本（詳見表 3）。

大立光如此積極擴充產能，一方面是為了拉大與競爭對手的差距，另一

表3 2011、2012年，大立光的資本支出皆超過股本
——大立光（3008）資本支出占股本比率

年度	資本支出（億元）	股本（億元）	資本支出占股本比率（%）
2009	8.66	13.41	64.58
2010	10.86	13.41	80.98
2011	24.15	13.41	**180.09**
2012	26.77	13.41	**199.63**

資料來源：公開資訊觀測站、《投資家日報》

方面則是看中當時在全球智慧型手機滲透率提高下，對高階手機鏡頭的強烈需求。反映在公司的單月營收，2012 年 10 月開始便以年增率 70% 的速度成長，也激勵股價一路走高，二度榮登台股千元股王寶座（詳見圖 5，編按：2017 年 8 月下旬，大立光股價最高漲至 6,075 元）。

透過上述綠能、友達，或者是台積電、大立光的例子，我想要點出的重點，就是關於一家公司大幅擴充產能之後對股價後續的影響。如果會產生負面影響，投資上就要避開，但如果能產生正面影響，那就可提供股票賺錢投資的機會了。

換句話說，一家公司大幅擴充產能，雖然展現出 CEO 對未來成長的企圖心，但如果處在錯的產業，非但無法成長，甚至還是掉入地獄的開始，因

圖5 2013年大立光股價二度榮登千元寶座
——大立光（3008）日線圖

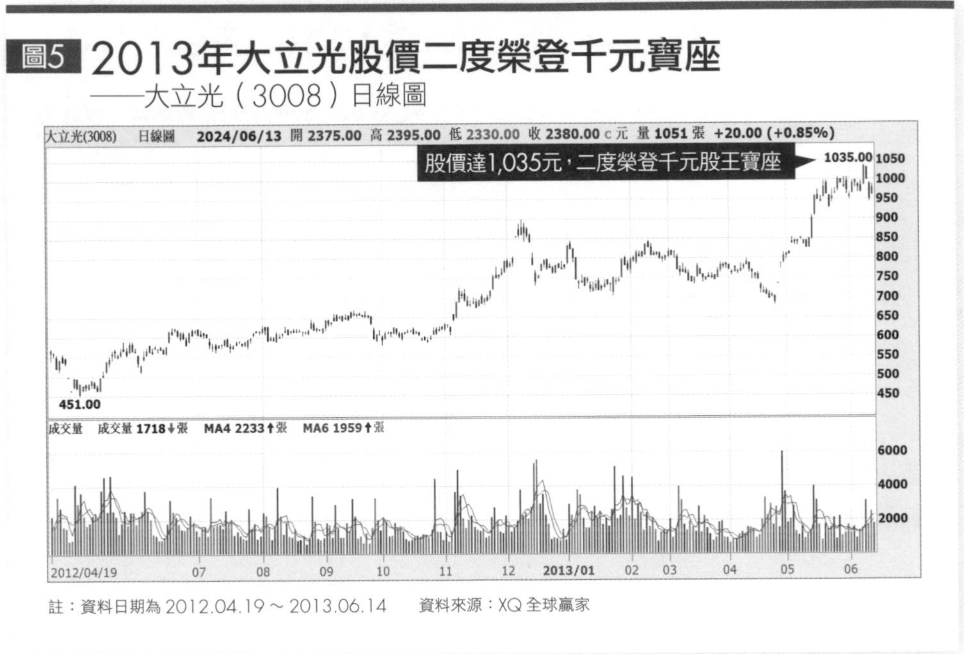

註：資料日期為 2012.04.19 ~ 2013.06.14　　資料來源：XQ 全球贏家

為伴隨而來的將是殺到見骨的同業競爭；反之，如果是在對的產業，未來營運不僅有如上天堂、呈現三級跳成長，股價的上漲更將是隨之而來的結果（詳見圖 6）。

資本支出應小於營運現金流量

然而，投資人又該如何判斷一家展現對未來成長企圖心的公司，其背後

圖6 若投資於對的產業，大幅擴充產能可帶動股價上升
——大幅擴充產能後的2種結果

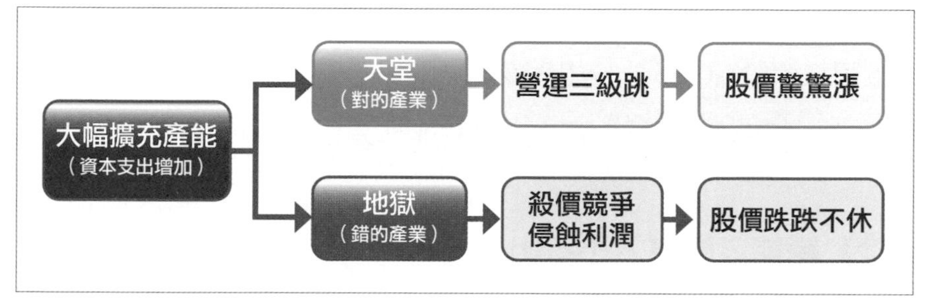

所屬的產業到底是對的？還是錯的？

這是一個相當複雜的問題，因為如果深入探究，將會牽涉到許多產業分析的架構，而這類型的分析，通常又會涉及專業的產業知識，其複雜的程度並不是一般投資人可以容易學習的。

我試圖只從 2 個財報數字（營運現金流量與資本支出），來回答上述的問題。這其實是一個簡單的概念與邏輯，就是如果一家企業連賺來的錢，都不夠支付投資未來的錢，那就代表這企業所屬的絕對不是一個對的產業。

再白話一點講，就是一家企業如果每年只能賺 100 元，但每年卻要投資超過 100 元的錢來維持下年度賺 100 元的獲利，這絕對就不是一個好的生意。

以下同樣都以 2005 年～ 2012 年為比較區間，來看看綠能、友達、台積電和大立光這 4 家公司，資本支出與營運現金流之間的關係：

範例1》綠能，嚴重入不敷出

以太陽能股的綠能為例，2005 年～ 2012 年期間，來自營運的現金流量合計為 8.39 億元，但資本支出卻高達 176.99 億元，可以說是完全陷入「入不敷出」的狀況（詳見表 4）。

即使 2007 年～ 2010 年曾分別獲利 1.18 億元、13.58 億元、7.25 億元與 20.36 億元，但一比較當年度的資本支出，仍分別高於當年企業獲利的 19.07 倍、2.01 倍、2.49 倍與 1.79 倍。

範例2》友達，營運現金流量勉強支撐資本支出

再以友達為例，2005 年～ 2012 年期間，雖然來自營運的現金流量合計 6,033 億元，仍較資本支出合計的 5,768 億元略高，但 8 年內卻有高達 5 個年度的資本支出都高於現金流量。2011 年資本支出占來自營運現金流量的比率，甚至還來到 392% 之多（詳見表 5）。

表4 2005～2012年綠能資本支出為營運現金流入21倍
——綠能（3519）營運現金流量與資本支出比率

年度	營運現金流量（億元）	資本支出（億元）	資本支出占營運現金流量比率（%）
2005	-2.38	4.90	-205.88
2006	-3.03	6.69	-220.79
2007	1.18	22.50	1,906.78
2008	13.58	27.24	200.59
2009	7.25	18.08	249.38
2010	20.36	36.49	179.22
2011	-16.17	56.35	-348.48
2012	-12.40	4.74	-38.23
合計	**8.39**	**176.99**	**2,109.54**

資料來源：公開資訊觀測站、《投資家日報》

範例3》台積電，營運現金流量可支撐資本支出

一般而言，面對如此高的再投資比率，公司派的說法，不外乎「要維持公司在產業上的領先地位」與「增加大者恒大的差距」等說詞。但真正的大者恒大或者維持產業領先地位，都還是不該超出合理的範圍，那就是：投資未來的錢，不能超過公司能夠賺進來的錢。

以 2010 年～ 2012 年已經算是使盡吃奶力氣，也要拚命擴充先進製程的台積電為例，即使大手筆，且不斷創歷史新高的資本支出，其投入的資

表5 2011年友達資本支出占營運現金流量比率逾390%

——友達（2409）營運現金流量與資本支出比率

年度	營運現金流量（億元）	資本支出（億元）	資本支出占營運現金流量比率（%）
2005	480	806	167.92
2006	685	872	127.30
2007	1,569	651	41.49
2008	1,320	983	74.47
2009	570	610	107.02
2010	907	846	93.27
2011	145	569	392.41
2012	357	431	120.73
合計	**6,033**	**5,768**	**95.61**

資料來源：公開資訊觀測站、《投資家日報》

金規模仍低於來自營運的現金流量，比率仍控制在 81% 到 85% 之間。

如果時間區間再拉長一點，2005 年～ 2012 年期間，台積電創造的營運現金流量合計高達 1.69 兆元，仍較資本支出的 1.03 兆元，高出 6,600 億元之多（詳見表 6），若以平均股本 2,500 億元計算，每股淨賺的現金流量也有 26.4 元水準。

換言之，台積電所屬的產業就是一個對的產業，而公司派「擴大投資，

表6 2005～2012年，台積電營運現金流量皆高於資本支出
——台積電（2330）營運現金流量與資本支出比率

年度	營運現金流量（億元）	資本支出（億元）	資本支出占營運現金流量比率（%）
2005	1,570	798	50.83
2006	2,049	787	38.41
2007	1,837	840	45.73
2008	2,214	592	26.74
2009	1,599	877	54.85
2010	2,294	1,869	81.47
2011	2,475	2,139	86.42
2012	2,890	2,461	85.16
合計	**16,928**	**10,363**	**61.22**

資料來源：公開資訊觀測站、《投資家日報》

拉大與競爭對手距離」的説詞，才有較令人信服的理由。

範例4》大立光，營運現金流量遠高於資本支出

此外，大立光同樣具有令人信服的成長條件，2005 年～ 2012 年期間，大立光創造的營運現金流量合計高達 330 億元，而投資未來成長的資本支出僅有 117 億元，兩者比率僅有 35.47% 的水準（詳見表 7）。

如此亮眼的數據成績，充分展現大立光所屬的產業，確實是一個令投資

表7 2005～2012年，大立光資本支出占營運現金流量低

——大立光（3008）營運現金流量與資本支出比率

年度	營運現金流量（億元）	資本支出（億元）	資本支出占營運現金流量比率（%）
2005	12.91	10.48	81.18
2006	40.31	15.02	37.26
2007	36.19	7.20	19.89
2008	44.44	13.90	31.28
2009	29.45	8.66	29.41
2010	43.02	10.86	25.24
2011	66.34	24.15	36.40
2012	57.42	26.77	46.62
合計	**330.08**	**117.04**	**35.47**

資料來源：公開資訊觀測站、《投資家日報》

人安心的好產業。

總結而論，投資人在判斷一家展現對未來成長企圖的公司，其所屬的產業到底是對的？還是錯的？可從「營運現金流量」與「資本支出」這兩個財報數據來交叉判斷。簡單來講，如果一家企業連賺來的錢，都不夠支付投資未來的錢，就表示這企業所屬的產業絕對不會是一個對的產業，也不會是投資人值得長期眷戀的產業。

第3篇

看懂財報眉角 篩出優質標的

用3財務特點挖掘隱形冠軍 成就台股冠軍

具有產業前景的好公司從哪找？「隱形冠軍」（Hidden Champions）提供了思考的方向。這是由德國管理學大師赫曼．西蒙（Hermann Simon）所提出的概念，他認為，隱形冠軍是支撐德國出口競爭力的重要力量，而檢視的標準有 3：

1. 某一利基市場的領先者。
2. 市場知名度低，但卻是供應鏈中的關鍵角色。
3. 年營業額在 50 億歐元以內。

換言之，隱形冠軍大多屬於中小型企業，雖然它們所生產的產品或提供的服務，鮮為人知到可以用「隱形」來形容，但它們卻是不折不扣的「冠軍」，默默隱藏在供應鏈中最有價值的一端（詳見表 1）。

上述的 3 項標準，很難在一般投資人所熟悉的熱門產業或是熱門企業中

表1 隱形冠軍多為耕耘利基市場的中小企業
——熱門產業與隱形冠軍的差別

項目	熱門產業企業	隱形冠軍企業
產業競爭程度	競爭對手多、出頭不易，容易產生殺價競爭	競爭者少，可遠離紅海市場的殺價競爭
市場類型	可能只注意少數大型市場	搶攻多數小型市場
營收成長性	起起伏伏	穩定成長

資料來源：《投資家日報》

出現，因為現實裡的產業競爭激烈，不但會大幅增加企業的營運壓力，例如出現殺價競爭、營收起起伏伏，更會扼殺投資人持有這類型股票的長期價值。

值得一提的是，除了隱形冠軍之外，赫曼．西蒙 2014 年再度提出影響全世界產業發展的概念：工業 4.0。他認為透過物聯網、大數據技術，不僅可創造人類第 4 次工業革命，更可重新定義製造業。

回到「隱形冠軍」的議題，我在 2013 年時曾針對台股所有的上市櫃公司進行檢視，並篩選出以下 9 家代表企業，分別為穩懋（3105）、上銀（2049）、五鼎（1733）、友輝（4933）、晶技（3042）、巨大（9921）、建大（2106）、致茂（2360）、訊連（5203）等。

圖1 穩懋股價於2013～2017年出現飆升行情

——穩懋（3105）週線圖

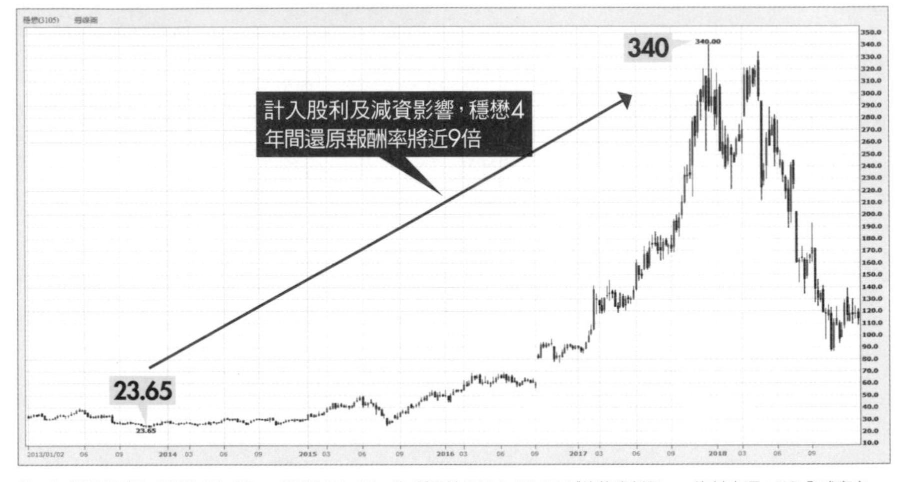

註：1. 資料日期為 2013.01.02 ～ 2019.01.02；2. 穩懋於 2016.09.23 減資換發新股　資料來源：XQ 全球贏家

檢視 2013 年～ 2018 年期間，雖然上述這 9 家企業，有些股價表現並不如預期，但仍然有穩懋、上銀、致茂等公司，成為台股那幾年的飆股之一。

其中，核心業務在自動化測試系統的致茂，股價從 2013 年的 47.5 元，上漲到 2018 年的 188 元；核心業務在工具機的上銀，股價從 2013 年的 104 元，上漲到 2018 年的 530 元。此外，全球第 1 大砷化鎵晶圓代工服務公司的穩懋，股價更是一路從 23.65 元飆升至 2017 年底的最高價

圖2 營運成長，代表公司未來具備成長性
——隱形冠軍的3項財務特點

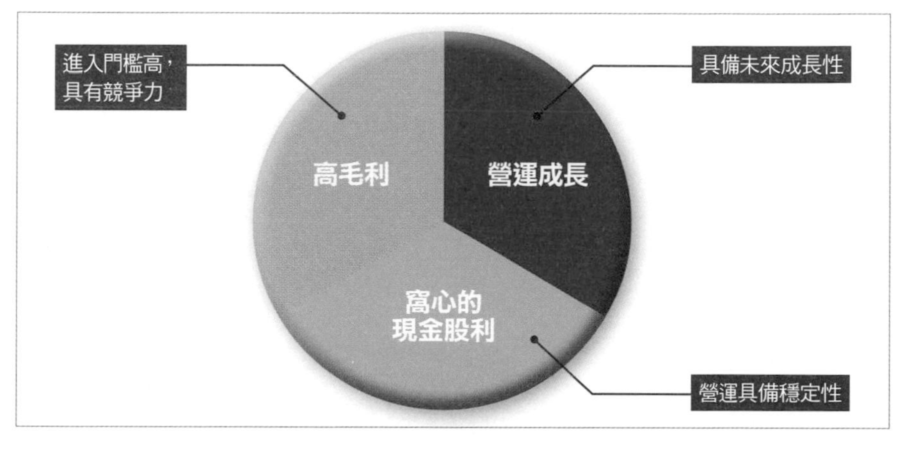

340 元（詳見圖 1）。雖然還得考量 2016 年減資 30% 的影響，但整體的績效報酬，依然非常驚人，完全體現「挖掘隱形冠軍，成就台股冠軍」的投資目標。除此之外，隱形冠軍企業反映在客觀的財報數據上，還必須要有 3 大特點（詳見圖 2）：

1. **高毛利。**
2. **營運成長。**
3. **窩心的現金股利。**

產品的毛利率高，衍生的意義就是這家公司具有阻擋競爭對手的能力，不管是在技術研發或是市場通路，因為建立起進入門檻，所以可享有高毛利率。

此外，營運成長與窩心的現金股利，則展現讓投資人「進可攻，退可守」的價值。但如果要進一步比較這兩者的重要性，「具有未來成長性」的重要程度仍高於「營運穩定性」，畢竟在投資市場中，對於「成長」會給予較多的關注與掌聲。

而令人感到窩心的現金股利，還必須有 3 個條件互相搭配、環環相扣（詳見圖 3）：

① **獲利穩定：**公司的產品具有競爭力，得以維持長期穩定的獲利。

② **股利配發：**在不影響公司營運持續成長的前提下，例如要投資未來成長的資本支出，董事會願意給予「阿莎力」的股利發放率。

③ **股權結構：**公司董事會能夠執行「阿莎力」的股利政策。從人性的角度出發，這與「公司 CEO 與小股東是站在同一艘船上」的股權結構，有很大的關聯。

圖3 獲利穩定，公司才得以持續配發股利

——現金股利令人感到窩心的3條件

實際案例》碳纖維網球拍供應商拓凱

全球最大 OEM 網球拍供應商拓凱（4536），在我看來就是台股的隱形冠軍之一。拓凱成立於 1980 年，2011 年在台股興櫃市場掛牌，2013 年正式成為上市公司，目前是世界最大的碳纖維網球拍供應商，根據公司 2023 年的年報，其在高階網球拍的市占率約為 25%。

拓凱的產品獲得高達 65% 網球選手的青睞使用；其中包括贏過 22 座大

滿貫冠軍的世界球王納達爾（Rafael Nadal）、贏過 5 座大滿貫冠軍得主斯威雅蒂（Iga Swiatek），以及贏過 20 項男子職業網球協會（ATP）單打冠軍的梅德韋傑夫（Daniil Medvedev）。

拓凱碳纖維材料技術具備競爭力

雖然拓凱是以生產網球拍聞名於世，但我認為拓凱在碳纖材料的技術，才是真正的核心競爭力。畢竟碳纖材料具備比鋁輕、強度比鋼大、比不鏽鋼耐腐蝕、不受熱脹冷縮變形影響，以及像銅一樣的導電特性，因此自然成為許多高附加價值產品的首選材料。

除了 1980 年起家的網球拍之外，拓凱也將產品線延伸到其他領域：1991 年開始跨入自行車、安全帽；1995 年透過合併美國西雅圖 CSC 航太生產基地，開始跨足航太產業；2001 年則開始跨入碳纖維飛機內裝及醫療相關產品等用途（詳見圖 4）。而截至 2023 年，來自自行車的產品貢獻，約占拓凱營收的 53%，其次是安全帽的 20%、球拍的 14%、航太醫療的 6%。

自行車產品成營收主要來源，全球市占率續提升

拓凱近幾年在自行車領域的經營，發展至今，不僅已成為目前貢獻公司營收最大的產品，全球市占率也是節節高升。根據法說會資料顯示，拓凱

圖4 2001年起，拓凱產品線跨入醫療領域
——拓凱（4536）碳纖維材料的產品應用

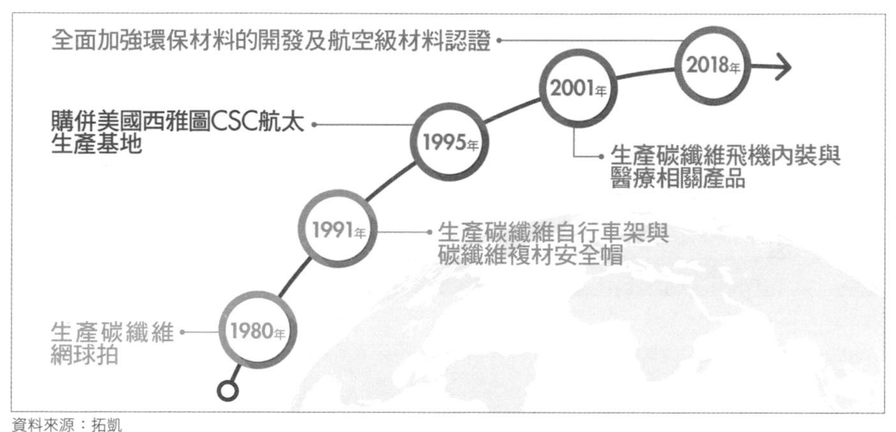

資料來源：拓凱

車架的市占率，從 2020 年的 10%，上升到 2021 年的 11%、2022 年的 14% 與 2023 年的 17%（詳見表 2），2024 年預估上看 25%，年產能則是達到 25 萬台車架。輪圈的市占率，也從 2020 年的 8%，上升到 2021 年的 12%、2022 年的 16% 與 2023 年的 17%。

此外，貢獻營收第 2 大的安全帽產品，拓凱在平均單價 500 美元以上的高端安全帽，全球市占率更高達 68%，中端價格的安全帽，市占率也有 20% 的水準（詳見表 3）。

表2 拓凱於自行車相關產品市占率節節上升

——拓凱自行車產品全球市占率

項目	2020	2021	2022	2023
車架	10%	11%	14%	17%
輪圈	8%	12%	16%	17%

資料來源：拓凱

表3 拓凱高端摩托車帽產品全球市占率達68%

——拓凱摩托車帽產品全球市占率

項目	高端	中端	低端
市占率（%）	68	20	<1

資料來源：拓凱 2022 年 Q1 法說會簡報

至於在醫療產品的領域，拓凱目前也成功打入全球前 4 大醫療成像設備品牌奇異（GE）、西門子（Siemens）、飛利浦（Philips）與東芝（Toshiba）的供應鏈，並提供全球高達 90% 市占率的碳纖維床板。

除此之外，電腦斷層掃描（CT）的全球市占率約落在 75%，核磁共振（MRI）全球市占率約占 10%，正子斷層掃描（PET）全球市占率在 10% 以下。

拓凱獲利穩健成長，且穩定配發股利

拓凱的產品競爭力，也體現在毛利率的表現上——2019 年～ 2023 年

毛利率都在 30% 以上。而完整的產品應用，一方面讓拓凱可以長期穩定獲利，每股盈餘（EPS）表現逐年走揚，一路從 2014 年～ 2017 年平均約 6.6 元，上升到 2018 年～ 2021 年平均約 8.8 元，再上升到 2022 年、2023 年的 24.89 元與 15.58 元（詳見圖 5）。

股利配發的部分，公司自從 2011 年以來，已連續 13 年配發現金股利——2019 年到 2023 年的現金股利，分別為 6 元、5 元、6 元、11 元與 8.5 元。

在股權結構方面，拓凱董事長沈文振也是公司的最大單一股東，2024

圖6 拓凱董事長為公司最大單一股東

——拓凱（4536）前十大股東持股明細

股東名稱	持有張數	持股比例	年張數增減	3月張數增減
沈文振	9654	10.63	0	0
朱東鎮	3470	3.82	-14	0
張桂林	2919	3.21	0	0
甘美華	2651	2.92	0	0
沈貝倪	1922	2.12	0	0
張富盛	1738	1.91	-459	0
沈貝珊	1648	1.81	10	0
沈貝珍	1626	1.79	0	0
林宜苓	1500	1.65	0	0
張混湖	1443	1.59	新上榜	0

註：1. 資料日期為 2024.03；2. 持股比率單位為 % 資料來源：飆股基因 App

年 3 月時的持股比率高達 10.63%，總經理沈貝倪的個人持股比率則為 2.12%，符合「公司CEO與小股東」是站在同一艘船上的股權結構條件（詳見圖 6）。

5大「卸妝」技巧 看清財報素顏的模樣

有陣子，國內的綜藝節目很流行一個主題：女藝人在卸妝前與卸妝後素顏的差別。這種節目主題之所以能夠得到廣大觀眾的回響，並且衝高收視率，最大的關鍵就是化妝前後的反差。

一家公司可以透過處分投資利益，達到美化財報數字的效果，而這裡所指的「美化」，講的其實就是「美化本業表現不理想」的狀況。投資人如果不明就裡便輕易相信公司所公布的財報數字，就好比天真地相信電視螢光幕前的女藝人，個個都是天生麗質，卸妝前後不會差異太大一樣。

一個理性的投資人，應該要懂得幫上市櫃公司「卸妝」的技巧，才不至於被財報的表面假象所迷惑。一般而言，財務報表中最容易被公司高階經理人上下其手與操弄的會計科目，就屬「長期投資」、「存貨」與「應收帳款」（詳見圖 1），不但會衍生出操弄損益、生產過剩與關係人交易等手段招數，更是投資人必須小心提防的地方。

為財務報表「卸妝」，有 5 個核心技巧：1. 釐清公司轉投資目的及效益；2. 當心企業購併決策使無形資產暴增；3. 區別本業收益與業外收益的差別；4. 存貨與應收帳款有無異常增加；5. 留意會計主管頻繁變動。分別詳細說明如下：

技巧1》釐清公司轉投資目的及效益

童話故事中，每個人都喜歡青蛙可以變成王子的快樂結局，但在真實的世界，並非所有的青蛙都能變成王子，也不是每位上市櫃公司的老闆，都擁有童話故事裡公主的魔力之吻。

對於許多上市櫃公司的老闆而言，當公司的營運逐漸走上成熟階段時，為了要尋求下一階段的成長，往往會透過「轉投資」的方式，進行本業或非本業的擴張。

一般而言，上市櫃公司進行轉投資，主要有 5 種目的：①本業上下游的整合；②尋求本業以外的轉型生機；③為了拓展海外事業；④為了操作股價；⑤為了開發業務公關（詳見圖 2）。因此在評估公司的營運價值時，必須先釐清這些轉投資公司設立的目的，是否符合公司「務實本業」的精神。此外，「轉投資效益」也常是投資人檢視公司經營層能力高低的參考依據。

圖1 長期投資、存貨、應收帳款易被動手腳
——3項最容易被操弄的會計科目

科目1》長期投資	手段：操弄損益、現金流入經常性大於流出
科目2》存貨	手段：生產過剩、跌價損失
科目3》應收帳款	手段：關係人交易、呆帳損失

案例1》製鞋大廠寶成過度轉投資，燒掉10年獲利

以寶成（9904）為例，雖然是全球最大的製鞋公司，在製鞋本業也展現無人出其右的競爭力，但在轉投資的收益卻是一場噩夢。自1999年以來，寶成單是轉投資電子業，就燒掉了高達400億元～500億元的資金，相當於本業10年的獲利總和。直到2010年6月，集團總裁蔡其瑞一句：「不要在電子方面分心太多」，才正式畫下句點，重新聚焦於製鞋本業。

雖然寶成已經為這場電子業的噩夢畫下句點，但回憶起當初在追蹤這家

公司時，寶成是何等意氣風發地認為，自己具有讓所有青蛙都變成王子的能力，轉投資家數不僅一度高達 21 家，類型更是琳瑯滿目，橫跨營造業、金融業、電子業、生技業等產業。從 1999 年～ 2001 年連續 3 年的年報中，可以輕易看出當時寶成的雄心壯志，認為自己在本業上的成功，可以輕易複製到其他領域上。

① 1999 年報：海外轉投資之鞋廠及上游鞋材產業，其經營狀況已漸趨穩定，業務及獲利狀況均有成長。公司為了增加獲利來源，藉由製鞋本業上、下游垂直整合及國際化之經驗，擬轉投資電子高科技產業。

② 2000 年報：本公司除了致力於製鞋本業及鞋材上、下游相關產業發展外，並逐漸將投資事業跨往電子相關產業，希望能藉由製鞋本業管理經驗，及上、下游垂直整合及國際化之經驗，為公司獲取更大利益。

③ 2001 年報：將寶成轉型為全球運籌管理總部，除繼續協助集團鞋業發展外，也將投資觸角延伸至電子科技、生物科技領域，產業結構加速調整，迎向高新科技產業，維繫企業成長發展。

從寶成的例子，可以看到傳統產業想要跨足到電子產業，中間存在巨大的鴻溝，要跨越絕非易事。即使是電子廠商，想要轉投資到非本業、甚至

圖2 上市櫃公司轉投資主要是基於5目的

——上市櫃公司轉投資目的

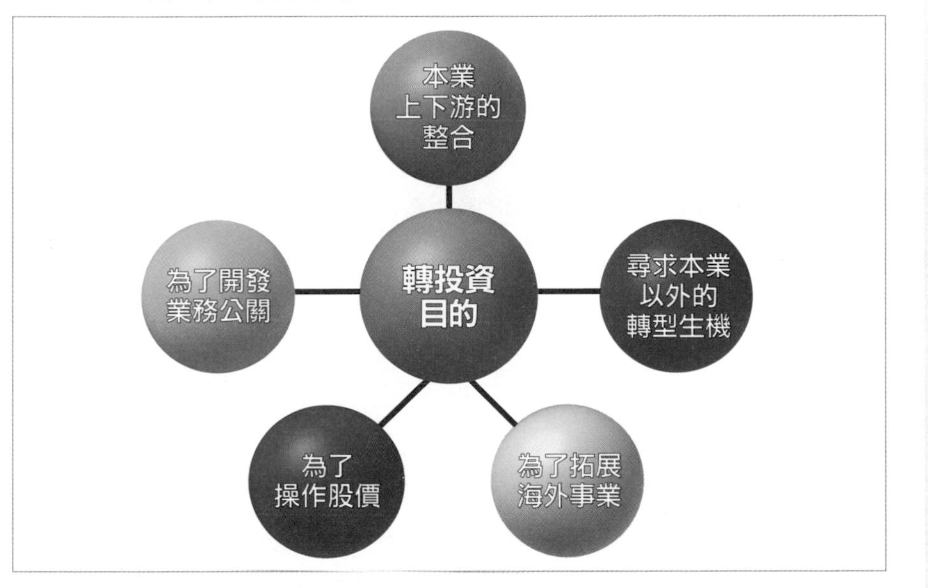

本業延伸的電子領域，一樣都可能面臨滑鐵盧的慘劇。

值得一提的是，同樣是運動鞋的代工廠豐泰（9910），則一直專注本業。股價從 1999 年的 50 元，上漲到 2015 年的 212 元。反觀想要將製鞋成功經驗複製到電子產業的寶成，股價卻從 1999 年的 118 元，下跌到 2015 年的 53.6 元（詳見圖 3），從這 2 家公司這段期間的發展來看，相信可以讓讀者感受到「專注本業」的力量。

案例2》筆電代工大廠仁寶，跨足其他領域傷痕累累

再以台灣電子五哥仁寶（2324）為例，雖然擁有全球第 2 大筆電代工廠的光環，但是當仁寶想要跨足 3G 電信事業、甚至轉投資上游光電面板產業時，最終也是傷痕累累。原始投資金額 118 億元的統寶光電，自 1992 年量產液晶顯示器面板以來，年年虧損，至 2009 年時，帳面價值只剩下 49 億元。另外，仁寶投資 105 億元的 3G 威寶電信（2014 年已被台灣之星收購），也在年年燒錢的經營下，掉到只剩下 46 億元的帳面價值。

仁寶的這兩大轉投資：威寶與統寶，非但沒有成為金雞母，最後都淪為侵蝕獲利的包袱。若非 2009 年鴻海集團合併統寶光電，相信到目前為止，統寶仍會是拖累仁寶獲利的包袱。

仁寶轉投資失利絕非單一個案，因為即使是獲利績優生如台積電（2330），想跨足非晶圓代工本業的領域時，同樣面臨轉投資失利的困境。

案例3》台積電曾轉投資太陽能股茂迪，慘賠收場

2009 年台積電以較市價便宜 16.9% 的每股 82.7 元價格，取得台灣太陽能電池廠茂迪（6244）的 20% 股權。這筆總計新台幣 62 億元的轉投資，

圖3 1999～2015年寶成與豐泰股價走勢大相逕庭

——寶成（9904）月線圖

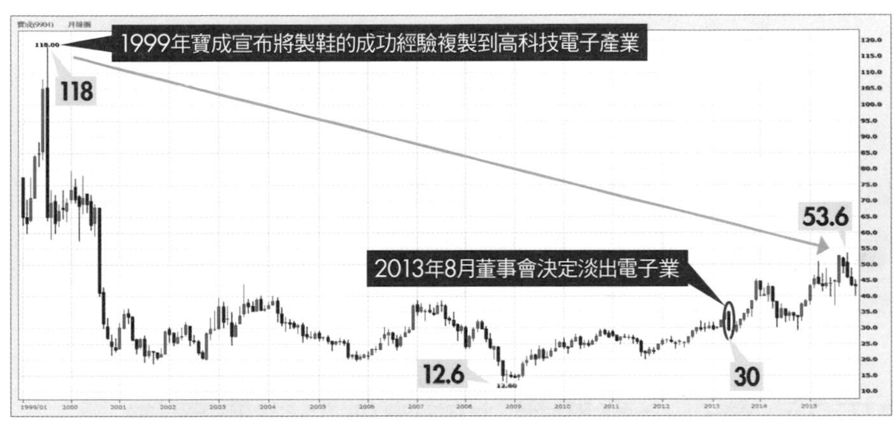

豐泰（9910）月線圖

註：資料日期為 1999.01 ～ 2015.12　　資料來源：XQ 全球贏家

在當時被市場視為台積電跨入太陽能產業的代表作。但不到 3 年的光景，代表作卻成為傷心作，因為茂迪 2012 年的股價不僅最低來到 21.35 元，以認購價計算，蒸發 7 成以上的市值，台積電時任董事長張忠謀甚至表示：「未來會選擇時機出脫股票」，間接承認了這筆轉投資的失利。

對於任何一家透過「轉投資」來達到成長目的企業，投資人都應該以更理性的態度來檢視，並且不要存在不切實際的幻想，因為「Happy Ending」的結局，通常只出現在童話故事裡。

技巧2》當心企業購併決策使無形資產暴增

2013 年 11 月 7 日台股的最大一則新聞，就是筆電大廠宏碁（2353）公布當年第 3 季季報，虧損金額竟高達 131.1 億元，折合每股盈餘（EPS）為 -4.82 元，此消息一出，不僅讓宏碁的股價跌停破底，時任董事長王振堂更請辭負責。歸咎這一次的鉅額虧損，就本質上，與 2011 年第 2 季提列 1.5 億美元（約合新台幣 45 億元，EPS -1.61 元）歐洲庫存與應收帳款的損失，幾乎是如出一轍，都是起因於管理不善、判斷錯誤所致。

根據經驗顯示，企業若沉醉於成功的喜悅時（通常手上現金很多），為了追求再成長或某個市占率目標，如全球 No.1，常常會不惜以過高的價格

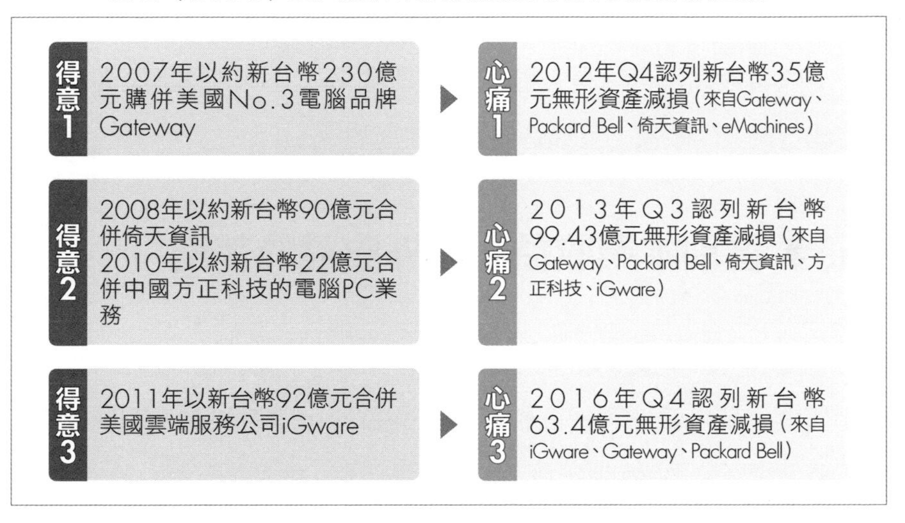

購併其他企業，而付出代價。就財報的處理原則上，會以「無形資產」認列，無形資產美其名為「商譽」，但也極有可能變成壓垮企業的最後一根稻草。

以宏碁為例，2013 年第 3 季虧損的最大來源，是因為認列了 99.43 億元無形資產的減損。會有這筆「無形資產」，則是起源於這幾年宏碁幾筆重大的購併案（詳見圖 4）：分別斥資約新台幣 230 億元購併美國電腦大廠 Gateway、約新台幣 92 億元購併美國雲端服務公司 iGware、約新台幣 90 億元買下中文軟體商倚天資訊，約新台幣 22 億元收購中國方正科技的電腦 PC 業務。這些購併所花費的總投資金額，超過了新台幣 400 億元。

然而，隨著近幾年全球科技產業的劇烈變化，上述的投資案非但沒有對宏碁造成營業上的收益，反而造成獲利的拖油瓶。

技巧3》區別本業收益與業外收益的差別

雖然實務中，上市櫃公司的轉投資常常「落漆」，但一個好的公司經營者，依然仍能透過轉投資達到提高整體收益的目的。即便如此，理性的投資人還是要懂得釐清公司獲利中，哪些是「本業收益」？哪些又是「業外收益」？如此，才能看清楚公司營運的真實面貌。

一定要記得，「本業收益」的重要性遠大於「業外收益」，因為本業收益通常具有持續性，並且可長期追蹤。反觀業外收益往往僅是曇花一現、有了今天沒有明天的短暫過程。其中，業外收益最常見的狀況，就是公司透過「處分轉投資」或「處分土地資產」手法，達到美化帳面數字的目的。

手法1》處分轉投資，左手換右手的財務操作

透過美化財務報表的帳面數字，模糊公司的營運狀況，甚至激勵股價短

圖5 2011年Q3羅昇股價1個月大漲60%

——羅昇（8374）日線圖

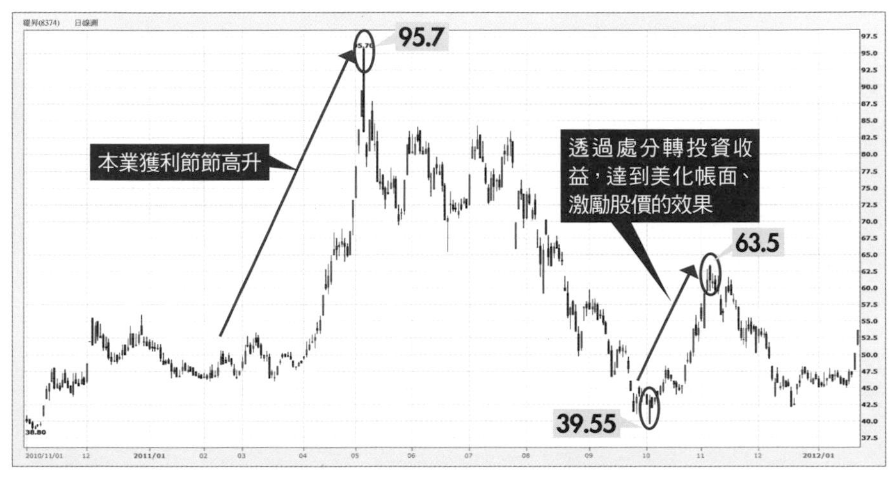

註：資料日期為 2010.11.01 ～ 2012.01.31　　資料來源：XQ 全球贏家

線走勢，是一般上市櫃公司常見用來影響資本市場的一種慣用手法。因此，理性的投資人在解讀財報數字時，如果僅以簡單的 EPS 作為最後評價的標準，是非常危險的思維模式。

2011 年 Q3，自動化設備股羅昇（8374）的股價，演出 1 個月大漲 60% 的驚驚漲走勢，一路從 39.5 元急升到 63.5 元（詳見圖 5），而股價急升的背後，正是當時市場對於羅昇第 3 季 EPS 的 3.82 元，以及前 3

圖6 2011年Q3羅昇靠股權的切割與交換美化財報
——羅昇（8374）與台達電（2308）子公司股權切割與交換示意圖

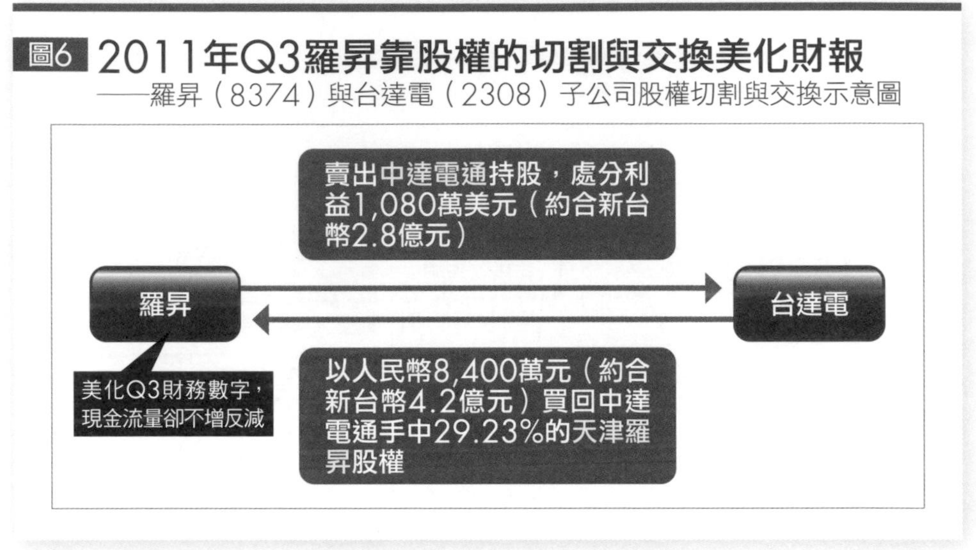

季累積 EPS 的 6.29 元驚豔不已。

然而，若進一步追蹤羅昇 2011 年 Q3 獲利暴衝的原因，主要是將中達電通大約 3.81% 的持股賣回給台達電（2308），因此認列了 1,080 萬美元（約合新台幣 2.8 億元）的處分利益，但同一時間，卻又斥資人民幣 8,400 萬元（約合新台幣 4.2 億元）從中達電通手中，買回 29.23% 天津羅昇的持股（詳見圖 6）。

這是一個非常典型「左手換右手」的財務操作，表面上羅昇第 3 季認列

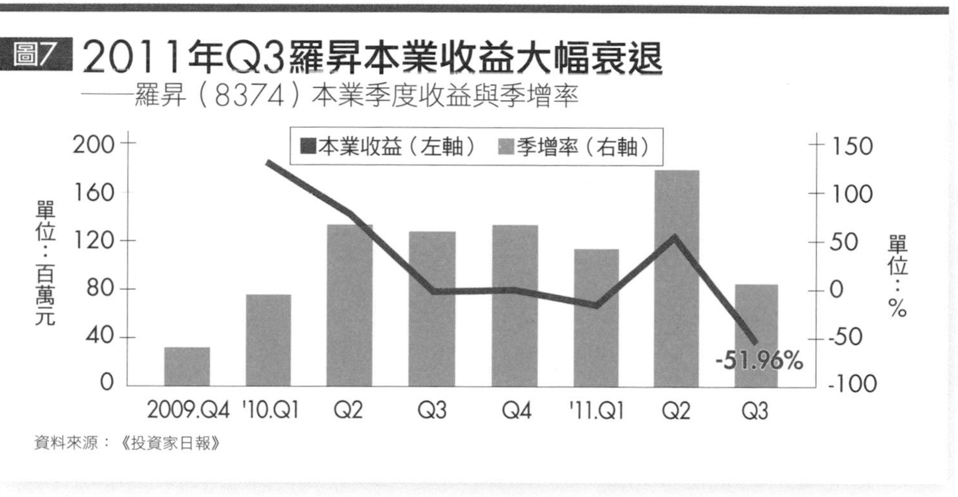

圖7 2011年Q3羅昇本業收益大幅衰退

——羅昇（8374）本業季度收益與季增率

資料來源：《投資家日報》

了 2.8 億元的處分利益，但對財務及營運一點幫助都沒有，因為根本沒有任何的現金流入，單純只是羅昇與台達電進行子公司股權的切割與交換。

另一方面，若進一步拆解公司的獲利結構，扣除業外收益影響後的木業收益，也明顯發現轉變的過程。2009 年 Q4 到 2011 年 Q2 的 7 個季度，羅昇本業收益出現大幅上揚的走勢，是支持羅昇股價一路從 30 元上漲到 95.7 元的最大動力來源。

但就當 2011 年 Q2 達到獲利最高峰時，Q3 卻出現了峰迴路轉的大衰退（詳見圖 7），單季本業收益 8,600 萬元不僅較上季衰退了 51.96%，與前一年同期 1.29 億元相比，更衰退了 33.33%。此時，如果再進一步搭配「存貨」與「應收帳款」的起伏，就不難解釋為何羅昇的 EPS 會從 2011 年的 6.63 元，掉到隔一年竟出現 -0.17 元 EPS 的成績。

手法2》處分土地資產

除了透過處分「轉投資」達到美化財報的效果之外，另一個常見的手法，就是處分「土地資產」。我將此戲稱為：土財主的意外春天。

回顧過去 20 年的台股發展，金融股與資產股的全盛時期在 1997 年新台幣貶破 30 元之後，便開始走入「失落的 10 年」，取而代之的是國內電子業「黃金 10 年」的崛起。然而，隨著「世界工廠」中國的薪資結構大幅成長，以及新台幣大幅升值（美元貶值）的雙重壓力下，台灣電子業走向「微利化時代」幾乎成了無法避免的趨勢。

相反的，國內資產價值的回升，讓沉寂多年的資產股有了重返榮耀的能量。除此之外，政府推動與國際接軌的會計制度（IFRS）政策，依照規定，上市櫃公司皆必須於 2013 年前全部採用 IFRS 會計準則，讓擁有「土地資產」的企業，都可以經由資產的重估，大幅提升公司的淨值，尤其對於那些擁有「低成本土地資產」的公司而言，將產生「資產價值」大幅提升的效用。

IFRS 的實施，由於僅是財務報表編列準則的改變，說穿了，就只是財報帳面上的「數字遊戲」而已，完全不影響一家公司原有的經營型態；換句話說，公司產品競爭力的高低，並不會因為 IFRS 的實施就產生任何的改變。

然而，長久以來，台灣投資人在檢視一家公司的投資價值時，常常只偏重「損益表」中的獲利數字（例如營收、毛利率、EPS 等等），而忽略「資產負債表」中的資產價值（例如長期投資、土地資產等）。因此 IFRS 的實施，就某一層面來講，對於市場評價上市櫃公司的觀點，將會產生不一樣的改變；換言之，IFRS 的實施雖然無法改變公司原來的營運型態，但由於更強調「資產價值」的會計處理原則，因此有利於許多被市場低估的公司，還其該有的公道價值。

除此之外，雖然 IFRS 的實施只是提升帳面價值反映在資產負債表上，但如果公司做了「處分土地」的決定，不僅會顯示在損益表的獲利數字，有時龐大的處分利益，更會直接吸引市場的目光，激勵股價的激情表現。

以雋揚（1439）為例（原股票簡稱為中和，後因轉型為土地開發商，於 2022 年 9 月更名生效），由於早期建廠的需求，因此在新北市中和區有一塊處分利益可高達 20 億元的土地資產，若以股本 9.2 億元計算，潛在的 EPS 貢獻高達 21.73 元。

2009 年市場對於公司開始有「處分土地資產」的想像題材，2010 年又有處分利益後 EPS 暴衝到 21.68 元的獲利題材，2011 年接續每股現金股利高達 10 元的高殖利率題材，都讓公司的股價連續 3 年最高分別來到 57.7 元、64.6 元與 56.2 元的波段高點，漲幅都超過 100% 以上。

連續 3 年上演土財主的意外春天，終究只是「意外」，最後還是回歸到本業的營運。乏善可陳的本業收益，也讓售揚股價又重回 10 多元的價格區間（詳見圖 8）。

總結而論，投資人幫財報卸妝的第 2 個技巧，就是必須懂得「本業收益」的重要性遠大於「業外收益」，因為前者具有持續性且可以長期追蹤，而後者往往僅是曇花一現，有了今天沒有明天的短暫過程。

技巧4》存貨與應收帳款有無異常增加

有次與朋友到台北市公館汀州路一家有名的麻辣火鍋餐廳，每次到這裡用餐，除了要大排長龍外，用餐時間也被店家限縮只有 90 分鐘。若以晚餐時間 18:00 ～ 23:00 計算，每位顧客用餐時間限制在 90 分鐘內，一個晚上就能周轉 3.33 次的客戶（翻桌率為 3.33 倍）。從周轉率來看，這家餐廳的生意確實好到爆，若進一步計算營收，假設 100 個座位與每人單價 600

圖8 雋揚處分完土地資產後，股價回歸基本面

——雋揚（1439）週線圖

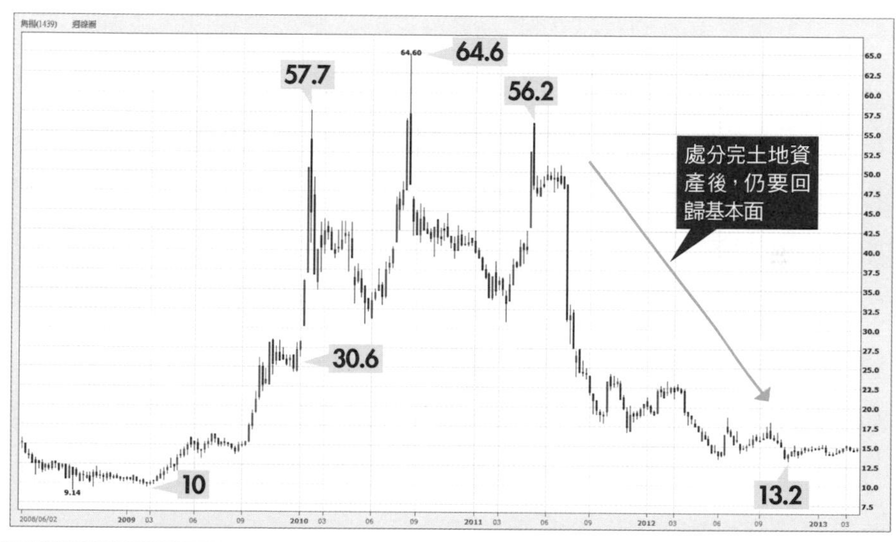

雋揚（1439）EPS變化

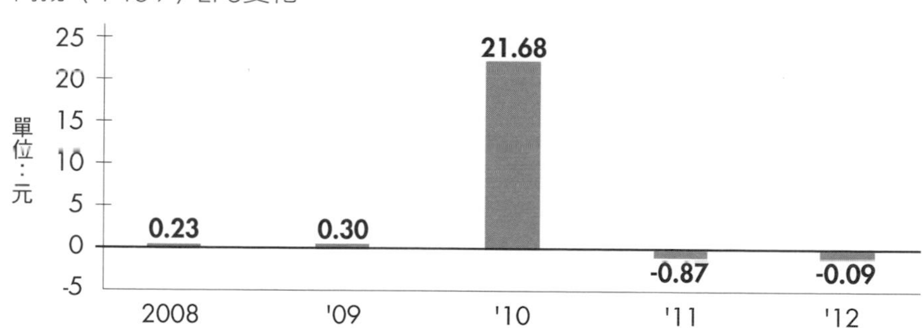

註：上圖資料日期為 2008.06.02 ~ 2013.03.25，下圖資料日期為 2005 年~ 2013 年
資料來源：XQ 全球贏家、《投資家日報》

元，餐廳 1 個晚上就能帶進 20 萬元的生意（＝ 100×600×3.33）。

衡量一家餐廳生意的好壞，除了用直覺的人潮判斷之外，「翻桌率」則是一個有用的數字管理指標。因為在餐廳座位固定的條件下，如果翻桌率能拉得愈高，客人周轉的次數愈多，一個晚上能做的生意也就會愈多；反之，如果翻桌率不高，甚至從長期的走勢來看，還出現每下愈況的發展，餐廳的老闆應該就要開始警覺生意轉差的變化。

存貨與應收帳款周轉率提高，代表公司營運好轉

周轉率的概念，其實也運用在財務報表的分析中；其中，「存貨周轉率」與「應收帳款周轉率」更可以視為公司未來營運的先行指標。周轉率提高，代表公司營運好轉，獲利與股價自然會水漲船高；反之，周轉率下降，代表公司營運轉差，獲利與股價下跌的壓力就會大增（詳見圖 9）。

周轉率下降的4種原因

一般而言，周轉率下降的原因有 4 種：

① 產業環境成熟飽和。

② 產品單價長期下滑。

③ 製造成本長期上漲。

圖9 周轉率提高，代表公司營運好轉
——周轉率提高與降低的解讀

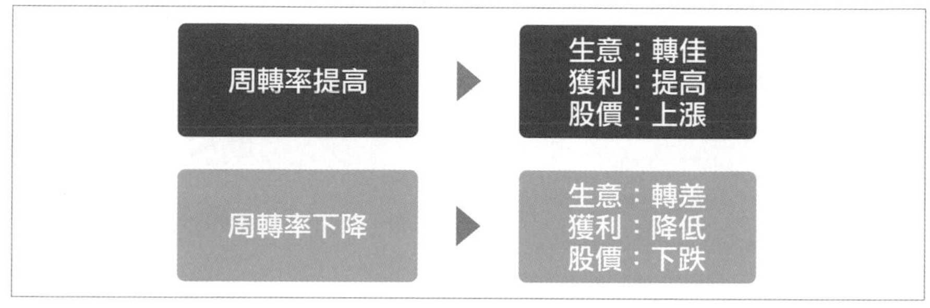

④ 經營者管理欠佳。

不管原因為何，當周轉率持續往惡化的趨勢發展時，將會引發「獲利衰退」與「積壓資金」的經營困境。此時，如果公司無法透過「增資」與「舉債」提高現金存量，公司營運凋零與股價急速崩跌將會隨之而來。

為了更方便一般投資人的理解，存貨與應收帳款周轉率的表示，還能以天數的概念呈現（365÷ 周轉率＝周轉天數）。

應收帳款變化、營收增減，需同時觀察

此外，觀察一家公司應收帳款的變化，必須同時搭配營收數字的增減，

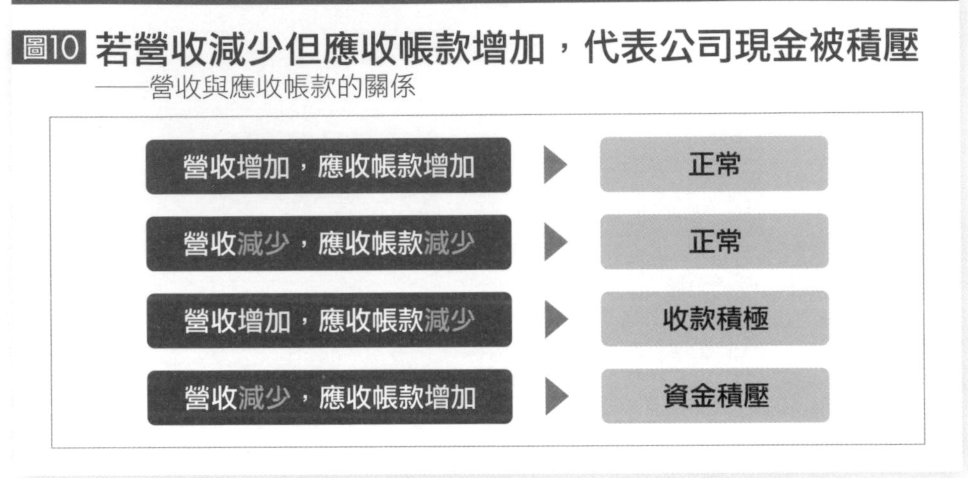

圖10 若營收減少但應收帳款增加，代表公司現金被積壓
——營收與應收帳款的關係

才能做成有意義的分析。在正常情況下，營收增加，應收帳款也要同步增加；反之，若營收減少，公司帳上的應收帳款也該出現同步減少的發展。

換言之，一家公司如果出現營收減少，但應收帳款卻反向增加，便可合理推估公司有「現金被積壓」的情形（詳見圖 10）。而現金又是企業營運活水的重要來源，若活水被中斷，企業便會陷入困境，股價也會往較不利的方向發展。

案例1》宏碁

以NB大廠宏碁為例，2010年Q4到2011年Q1便出現上述營收減少，

表1 營收下降、應收帳款上升，後續恐發生呆帳問題
——宏碁（2353）營收與應收帳款變化

	2010.Q4	2011.Q1
營業收入（億元）	1,491	1,277
應收帳款（億元）	1,024	1,094

但應收帳款卻增加的異常狀況（詳見表 1）。

當時宏碁的營收從 1,491 億元衰退到 1,277 億元，但應收帳款卻從 1,024 億元提高到 1,094 億元。換言之，單季營收減少 214 億元（＝ 1,491 － 1,277），應收帳款非但未同步下降，反而逆勢上升 70 億元（＝ 1,094 － 1,024）。而這樣財務數據的呈現，身為理性的投資人便要開始提高警覺，因為公司很有可能在不久之後，便會傳出呆帳收不回來的利空消息。

回顧 2011 年 3 月底～ 4 月底之間，宏碁所分別公布 2010 年 Q4 與 2011 年 Q1 的財報數據，股價大致維持在 50 元上下。另外，當時由於宏碁在同年 4 月 1 日出現 16.8 萬張的歷史天量，因此被許多市場投資人視為底部的徵兆，殊不知營收與應收帳款的異常變化，已經埋下股價再破底的危機（詳見圖 11）。

2 個月之後，2011 年 6 月 1 日，宏碁公布重大利空訊息，因歐洲通路庫存與應收帳款管理不善，Q2 認列 1.5 億美元（約合新台幣 43 億元），EPS 損失約 1.61 元。這項重大利空的衝擊，也讓原本被市場認為 50元「鐵板價格」的宏碁，股價持續出現重挫與破底的走勢。

換言之，觀察一家公司應收帳款的變化，必須得同時搭配營收數字的增減，才能做成有意義的分析內容。

案例2》國巨

還有一個經典案例——被動元件廠國巨（2327），2018 年股價飆高到 1,310 元的價位時，市場許多分析論點還在看好當時國巨 5 月的 EPS 繳出 9.95 元，6 月的營收繳出 227% 年增率，股價還有持續上漲條件之際，我在當年 7 月 7 日於非凡電視台的節目中獨排眾議，指出國巨的敗象已現。

當時我的論點就是觀察國巨的存貨周轉率，一路從 2017 年 Q3 的 5.23 次，下降到 Q4 的 4.74 次，再下降到 2018 年 Q1 的 3.93 次。生意轉差的跡象，其實已經反映在財報的表現上。

另外，在國巨這個案例上，我還多考量了競爭對手日商——村田營業利益率的變化。畢竟，在被動元件這個產業中，村田是全球的龍頭廠商，

圖11 2011年宏碁帳款異常，股價持續破底
——宏碁（2353）日線圖

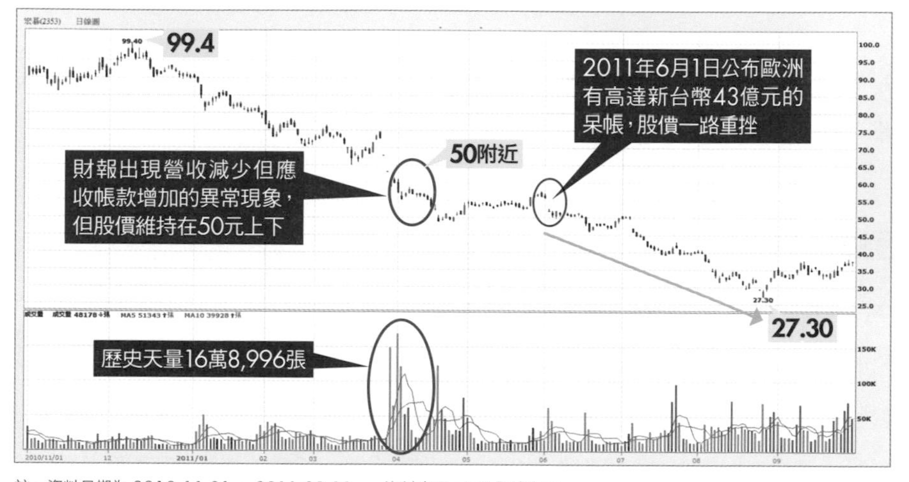

註：資料日期為 2010.11.01 ～ 2011.09.30　　資料來源：XQ 全球贏家

不僅技術能力較強，原本的營業利益率也可達 17.72%，優於國巨的 14.68%。

在原先的規畫中，村田決定減少在「3C 電子產品」的領域，將公司資源放在「車用」領域，希望能藉此拉高營業利益率。不過人算不如天算，此一決定，不僅讓主要市場在 3C 電子產品的國巨，後來擴大了市場占有率，營運節節高升，2018 年 Q1 的營業利益率甚至攀高到 42%，遠遠超越村田當時的 11.8%。而面對此一產業的變化，身為技術領先的龍頭廠商村田，勢必會重新回歸 3C 領域，與國巨搶市。

5 個月後，隨著國巨的股價走跌到 292 元（詳見圖 12），暴跌 77% 的背後，也再度印證了透過財報分析可以趨吉避凶的好處。

案例3》大江

2019 年 6 月 30 日，我在與《Smart 智富》月刊合作舉辦的課程中，課後與同學交換了生技股大江（8436）的營運資訊，當時我也利用了上述的財報分析觀點，當場解析對這家公司的看法，並且做出「須留意後續風險」的結論。當時大江的收盤價是 427 元，而後於 2022 年最低跌至 148 元，波段跌幅高達 65%（詳見圖 13）。

回顧當時我認為須留意大江（8436）後續營運風險的理由，主要是觀察到大江的財報，出現營收減少，應收帳款卻增加的不尋常現象（詳見表 2）。2019 年 Q1 大江營收為 25.84 億元，較 2018 年 Q4 的 27.93 億元，下滑 2.09 億元，減幅約 7.48%，但應收帳款卻從 2018 年 Q4 的 5.83 億元，走揚至 10.01 億元，上升 4.18 億元，增幅約 71.69%。

此外，還有 2 項財務指標，也可用來衡量公司的營運與財務的狀況（詳

圖12 2018年11月國巨最低暴跌至292元
——國巨（2327）日線圖

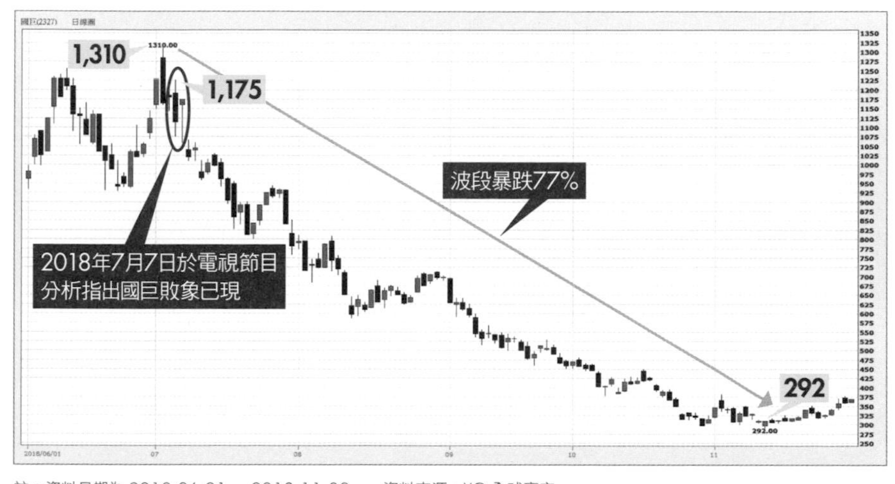

註：資料日期為 2018.06.01 ～ 2018.11.30　　資料來源：XQ 全球贏家

見表 3）：

① **存貨周轉率（次／年）**：存貨周轉率可以簡單理解為公司 1 年把存貨賣光的次數。大江的存貨周轉率，不僅在 2019 年 Q1 掉到只剩 4.63 次，追蹤前幾季更呈現走跌態勢，一路從 2017 年 Q3 的 7.76 次，降至 2018 年 Q3 的 6.13 次、2018 年 Q4 的 5.27 次，似乎透露產品銷貨趨緩的變化。

圖13 2019年大江財報異常，股價大跌65%

——大江（8436）日線圖

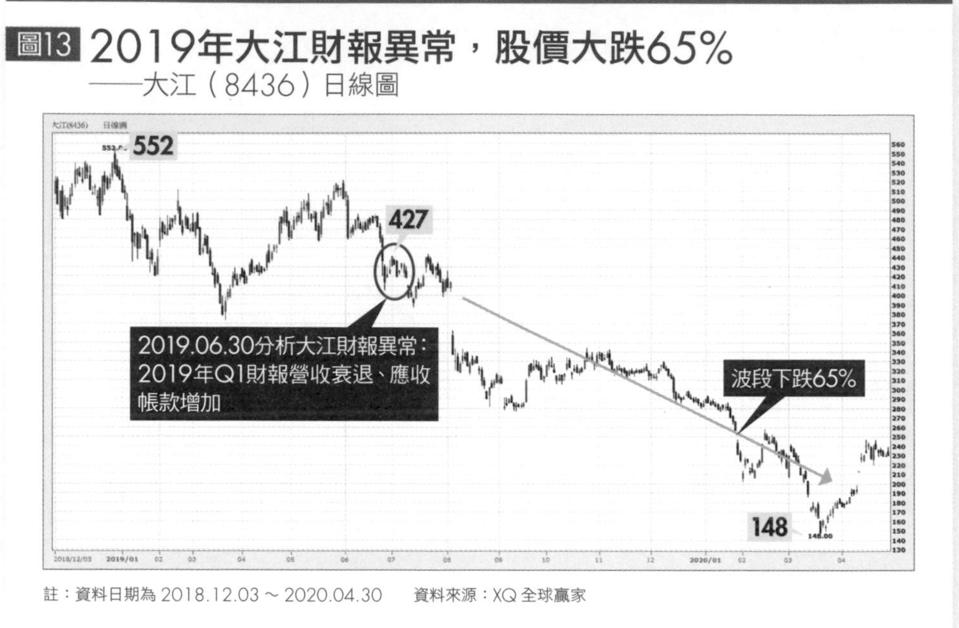

註：資料日期為 2018.12.03 ～ 2020.04.30　　資料來源：XQ 全球贏家

② 應付款項付現日數（日）：應付款項付現日數升高，代表支付給供應商貨款的時間愈拖愈久。大江的應付款項付現日數，從 2017 年 Q3 的 97 天，一路上升到 2018 年 Q2 的 168 天，2019 年 Q1 更攀升至 204 天，也似乎暗示公司資金調度有愈來愈吃緊的狀況。

要特別提醒，財報上應收帳款的大幅增加，只要公司的經營者並沒有出現背信以及掏空資產的惡劣行為，通常投資風險應屬有限。然而，存貨的

表2 2019年Q1大江營收下降但應收帳款上升

——大江（8436）營業收入與應收帳款變化

	2018.Q3	2018.Q4	2019.Q1
營業收入（億元）	24.10	27.93	25.84
應收帳款（億元）	3.38	5.83	10.01

資料來源：Goodinfo！台灣股市資訊網、《投資家日報》

表3 大江經營面財務指標出現惡化跡象

——大江（8436）存貨周轉率與應付款項付現日數

	2017年Q3	2017年Q4	2018年Q1	2018年Q2	2018年Q3	2018年Q4	2019年Q1
存貨周轉率（次／年）	7.76	6.76	5.63	5.86	6.13	5.27	4.63
	逐漸下降，透露產品銷貨趨緩						
應付款項付現日數（日）	97.22	107.70	138.00	168.80	193.20	210.40	204.30
	逐漸上升，暗示公司資金調度愈來愈吃緊						

資料來源：Goodinfo！台灣股市資訊網、《投資家日報》

大幅增加，由於存貨在未銷貨之前都未與營收掛勾，因此投資的風險便會大增。

當然，在景氣熱絡與股市多頭的時候，一家公司存貨的大幅上升，可以提供未來營運大幅成長的動力來源。然而，如果遭逢景氣衰退或股市空頭時，存貨大幅上升所代表的危險訊號，可就不得不小心提防了。

技巧5》留意會計主管頻繁變動

一般而言，在財報公布期間，公司更換「會計主管」，不免會讓投資人有「此地無銀三百兩」的疑慮，因為這群人通常都是最接近公司財務與內部管控的機要人員，由於職務的關係，這群人也最能直接了解公司是否已經出現問題。

除此之外，能夠擔任上市櫃公司的財務或會計主管，可以說是財務與會計從業人員在職業生涯上的最高理想與目標，因此，除非因個人「生涯規畫」另有考量者，否則職位少有異動。

既然上市櫃公司的財務與會計主管少有異動，因此，當出現「頻繁異動」時，通常就有可能透露出不尋常的營運訊息。

以台灣有史以來最大的上市公司投資騙局「博達案」為例。

當時博達的董事長葉素菲頂著「砷化鎵張忠謀」的光環，不但號稱擁有獨步全球的砷化鎵生產技術，榮獲國家磐石獎的肯定，加上宣稱手上的訂單滿到 3 年都做不完，吸引投資人追捧，推動博達的股價在 2000 年時一度飆漲至 368 元，搶下台股股王的寶座。然而，不到 4 年的光景就風雲變色，這場由葉素菲所設下的「超完美財報騙局」，唯一提供給外部投資人的破綻，就是從 1999 年年底上市以來，僅 5 年就更換了 5 位財務長。

另一家同樣曾經榮登台股股王的訊碟，在 2004 年爆發董事長呂學仁的掏空案之前，同樣也在 2000 年到 2004 年更換了 4 位財務主管。

更換會計師的3種情境與解讀

會計師是最能掌握公司內部營運訊息的一群人，倘若會計師因個人因素（例如身體健康、生涯規畫、家庭因素等等），而需不同會計師接任，只要還是在同一個會計事務所，基本上對於外部投資人而言，就不會產生太多的疑惑。因為新任與繼任的會計師，都是在同一家會計事務所上班的人，可以合理推估，至少資訊會互通有無，不至於會有太多的隱瞞，畢竟大家都是坐在同一艘船上。

然而，若是更換新的會計事務所，其解讀就會有所不同，畢竟人性會傾向於「自掃門前雪」、「個人造業個人擔」。換人接手，就是別人的事與責任了，好壞都要各自承擔了。

整體而言，一家上市櫃公司做出「更換會計師」的決定，對於外部投資人而言，會有 3 種情境與解讀，分別為：

① 更換會計師，但還在同一個會計事務所。

解讀：還在可接受的範圍，畢竟大家還同坐在一艘船上。

② 更換會計事務所。

解讀：勉強可接受，公司可能考量成本、溝通順暢度，或者是其他因素，決定再找其他人試一試。

③ 頻繁更換會計事務所

解讀：案情可能不單純，需多加留意。畢竟更換會計事務所是何等的大事！會計師多半能掌握公司的核心機密。正常來說，公司核心的機密是愈少人知道愈好，因此每換一次會計事務所，隱形的成本就會大增。

總結而論，理性的投資人，對於上市櫃公司公告更換會計或財務主管，都不能輕忽大意，必須採取進一步的查證工作。

掌握淡旺季營收變化 提前卡位股票獲利時機

每個月的 10 日前，台灣的上市櫃公司都會公布前 1 個月的營收數據，而這份「營運成績單」，也是專業法人機構或是投資人用來追蹤公司投資價值的參考依據。此外，留意季節性的營收變化，常常也能創造出賺錢的契機。

許多公司的產品銷售具有明顯的淡旺季，因此營收也會出現高低峰的差別。電子業的「五窮、六絕、七上吊」（根據長期經驗，台灣電子業通常在這段期間營收較為低迷），就是明顯的例子之一。

淡旺季的營收變化，透露公司營運重大轉機

觀察公司產業營收的季節性變化，常常可以作為投資決策時的參考，尤其是出現一些不尋常的狀況，例如「淡季不淡」或「旺季不旺」時，便可作為投資人判斷公司營運是否提早出現重大轉變的依據。

整體而言，每月營收所代表的營運意義，可分為 6 個等級（詳見表 1）。

「旺季旺」與「淡季淡」是正常狀況。而如果一家公司的營收出現「淡季不淡」，甚至「淡季贏過旺季」，背後通常都有令市場投資人極為興奮的題材。較不理想的狀況就是「旺季不旺」和「旺季低於淡季」，對於股價極為不利。

上述的觀察邏輯，其實與已故的台塑集團創辦人王永慶終身奉行的「冬天賣冰」哲學，有異曲同工之妙；意思是，如果在冬天環境不利的氣候下，冰店都能賣得了冰，那麼到了夏天氣溫回升時，冰店的業績必定出現爆發性的成長，因為這家冰店在冬天時，已經透過各種行銷策略或成本控制的手段，達到戰勝市場的營運目標。

若是淡季表現勝過旺季，預告股價大漲

案例》遊戲股網龍

冬天賣冰的逆向思維，同樣也適用在股票的操作策略上。其中最明顯的，就是一家公司的營運如果呈現「淡季不淡」，則蘊藏了「賺大錢」的契機。尤其對於那些產業淡旺季原本就非常分明的公司而言，淡季不淡，甚至淡季勝過旺季的營運表現，通常預告著股價將大漲的前兆。

表1 若是淡旺季表現不尋常，股價後續往往會有變化
——月營收表現6等級

對股市影響	等級	淡旺季月營收表現	說明
大多	1	淡季勝過旺季	常有樂觀題材。若為產業淡旺季分明的公司，預告股價大漲
	2	淡季不淡	
正常	3	淡季淡	正常情況
	4	旺季旺	
大空	5	旺季不旺	對股價極為不利
	6	旺季低於淡季	

遊戲股網龍（3083）就是非常好的例子。2008年年底，在遊戲產業傳統的營運淡季中（10月～12月），網龍卻繳出了比旺季（7月～9月）更好的營收表現，這似乎預告了隔年股價直奔台股股王寶座的精彩故事。

長久以來，線上遊戲產業就是一個非常典型的「寒暑假概念股」——每年的營運高峰都在1～2月（寒假）與7～8月（暑假）。然而，2008年年底卻出現了淡季不淡的狀況，立即引起我的高度興趣，並且第一線前往獨家專訪網龍董事長王俊博。他表示：「全球經濟的不景氣，反而造就了『宅經濟』。而網龍在技術領先的優勢下，自然成為最大的受惠者。」

2008年宅經濟的趨勢，完全反映在當年度網龍每月營收的數字轉變上，

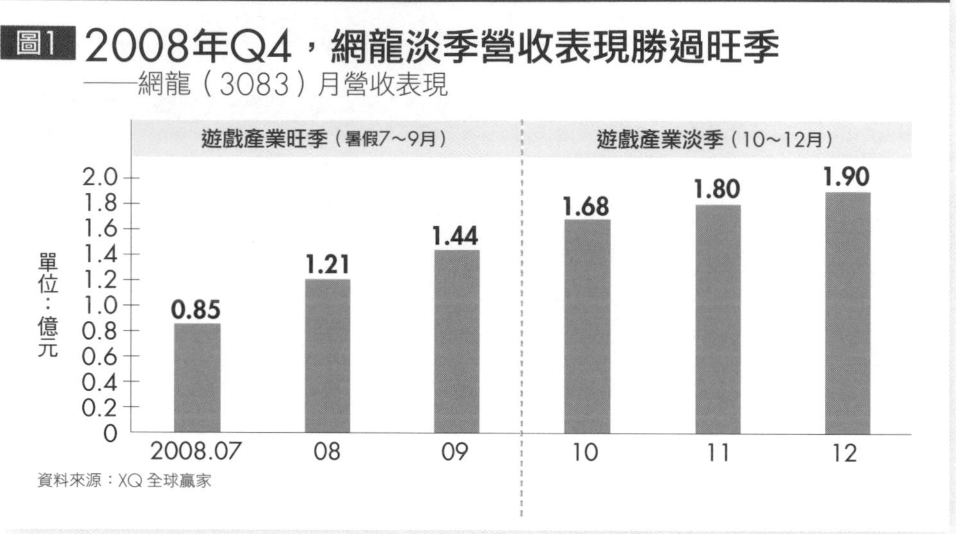

2008 年 7 月～ 9 月在傳統暑假旺季期間，網龍的營收分別繳出 0.85 億元、1.21 億元與 1.44 億元的成績。

但進入傳統淡季的 10 月～ 12 月，營收非但沒有下滑，反而還逆勢上揚，分別創造 1.68 億元、1.8 億元與 1.9 億元的營收（詳見圖 1），甚至比傳統旺季的營收還要高。

換言之，2008 年的網龍，不但打破傳統的產業淡旺季之分，淡季營收還出現比旺季還旺的營運表現。受到「淡季勝過旺季」的利多激勵，網龍

圖2 2009年7月，網龍股價來到519元
——網龍（3083）股價日線圖

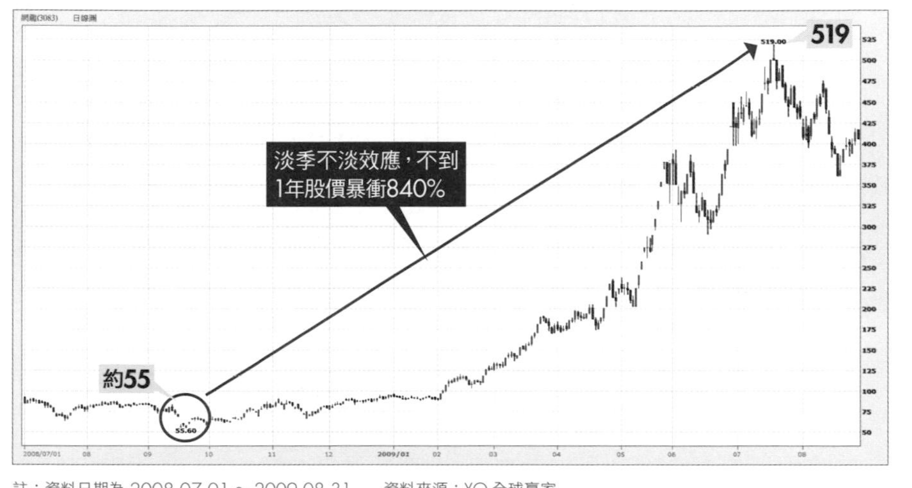

註：資料日期為 2008.07.01 ～ 2009.08.31　　資料來源：XQ 全球贏家

的股價也從 55 元一路起漲，2009 年 7 月甚至來到 519 元（詳見圖 2），榮登當時台股股王的寶座。

善用「淡季買股票，旺季數鈔票」投資策略

案例1》冷氣上游壓縮機大廠瑞智

「淡季買股票，旺季數鈔票」的投資策略，非常適用於產業淡旺季分明

的公司上，因為淡季營收欠佳的預期心理，容易導致股價出現疲弱的走勢，進而提供「逢低布局」的機會；反之，旺季由於有營收逐步上揚的基本面加持，因此不僅容易出現較好的股價表現，也創造了「逢高獲利」的契機。

市場中有許多專業人士，會等待最爛的營收公布，趁著「利空出盡」的時候進場大買股票，就是為了要捉住後市逐步上揚的契機；除此之外，若以「券空」的角度思考，在旺季來臨時掌握股價逢高放空的機會，直到淡季股價疲弱時再回補股票，則是另一個可行的操作方向。

舉例來說，2020 年 8 月檢視月 KD 出現低檔黃金交叉的口袋名單時，冷氣壓縮機大廠瑞智（4532）就引起了我的研究興趣。原因除了瑞智在 2020 年 4 月底出現月 KD 在 14.6 附近黃金交叉之外，另一大考量則是 8 月開始進入瑞智所處產業的傳統淡季。畢竟追蹤這種淡旺季營收差距很大的公司，透過「淡季買股票」的策略，很有機會結出「旺季數鈔票」的果實。

由於壓縮機是空調冷氣的上游零組件，因此瑞智每年的旺季大約落在暑假之前的 3 月到 5 月（受惠冷氣品牌廠的備貨），營運的淡季反而是落在天氣最熱時的 8 月（冷氣品牌廠開始消化庫存）。

此外，追蹤瑞智每年的股價波動，也可以觀察到一個慣性，就是每年 8

月到 10 月之間的營運淡季，通常也是瑞智股價的低點。不過，隨著營運開始從淡季谷底翻揚，股價通常也會跟著水漲船高（詳見圖 3），舉例來說：

① 2012 年 10 月～ 2013 年 4 月：股價從淡季時的 19.85 元，上漲到進入旺季時的 30.65 元，波段漲幅達到 54%。

② 2013 年 8 月～ 2014 年 3 月：股價從淡季時的 24.15 元，上漲到進入旺季時的 36.8 元，波段漲幅達到 52%。

③ 2014 年 10 月～ 2014 年 12 月：股價從淡季時的 28.2 元，上漲到同年 12 月時的波段最高點 34.4 元，波段漲幅達 21.9%。

④ 2015 年 8 月～ 2016 年 3 月：股價從淡季時的 18.7 元，上漲到進入旺季時的 28 元，波段漲幅達 49%。

⑤ 2016 年 9 月：雖然 8 月與 9 月進入傳統淡季，但是此時瑞智的股價已飆升到波段最高點 38.8 元，因此這一年度並沒有出現「淡季買股票，旺季數鈔票」的投資契機。

⑥ 2017 年 12 月～ 2018 年 7 月：這一年度股價高低點的時間，有出

現延後的狀況。12 月股價落底到 28.1 元之後，開始緩步上升，隔年 7 月見到股價高點 33.7 元，波段漲幅達 19.9%。

⑦ 2018 年 10 月～ 2019 年 3 月：股價從淡季時的 21.65 元，上漲到進入旺季時的 27.75 元，波段漲幅達 28%。

⑧ 2019 年 8 月～ 2020 年 3 月：由於受到產業競爭的關係，這一年度瑞智的股價不但沒有出現利用淡季撿便宜的時機，反而股價還一路下跌到隔年 3 月的 13.65 元。直到進入傳統營運旺季之後，股價才開始回升。

有了上述的歷史經驗，相信讀者應該就能明白，我為何會在 2020 年 8 月時對於瑞智產生研究的興趣。欣慰的是，隨著股價從 8 月淡季的最低價 18.75 元，上漲到進入隔年 4 月旺季時的 26 元，波段漲幅達 38% 的同時，也再度印證「淡季買股票，旺季數鈔票」投資心法的可行性。

案例2》飲料包材產業

除了冷氣空調具有明顯的淡旺季之分外，飲料業則是另一個典型淡旺季非常分明的產業。夏天天氣熱的時候，飲料業的收入雖然會特別高，但只要進入冬天，冷颼颼的天氣不僅會讓客戶的消費意願大減，影響公司營收，股價的表現也會相對疲弱，甚至徘徊在相對低檔。然而，相對低檔的股價，

圖3 瑞智股價變化與淡旺季連動度高
——瑞智（4532）月線圖

瑞智（4532）合併月營收變化

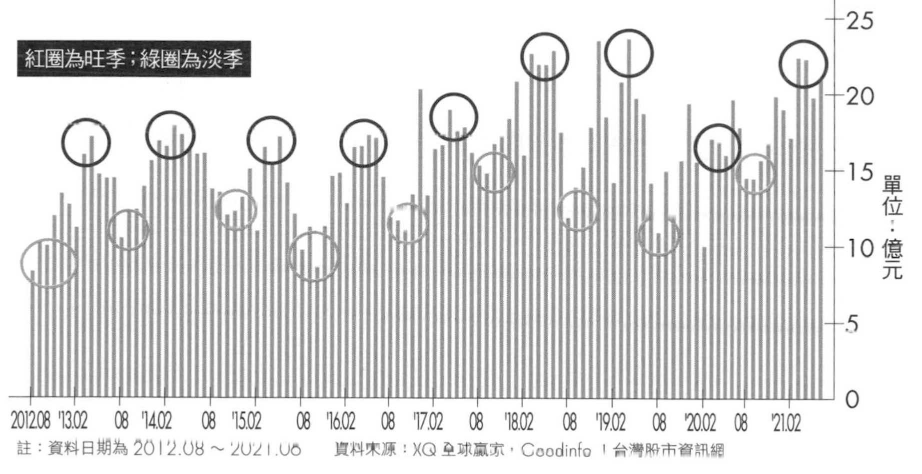

註：資料日期為 2012.08 ～ 2021.08　資料來源：XQ 全球贏家，Goodinfo！台灣股市資訊網

卻是聰明投資人得以在「淡季買股票，旺季數鈔票」的絕佳契機。

而相同的邏輯，也可運用在飲料包材產業上。其實每年 2 月底到 6 月期間，台股中的飲料包材股，例如宏全（9939）、統一實（9907）與大華（9905）都可以看得到程度不一的旺季效應。

2008 年～ 2013 年，每年度的 2 月底到 6 月期間，宏全股價的漲幅依序為 30.4%、57.5%、19.8%、35.4%、1.2% 與 13.1%，平均值為 26.2%；統一實的漲幅依序為 43.4%、35.6%、22.8%、19.4%、0% 與 58.4%，平均值為 29.9%；大華則為 23.2%、119%、37.6%、28.7%、7.4% 與 7.6%，平均值為 37.3%。

然而，同一時期台股大盤的漲幅，僅分別為 10.7%、41.1%、9.6%、5.3%、0.6% 與 6.9%，平均值為 12.4%。

會有如此績效的差別，關鍵就在於每年 3 月到 6 月雖然是台股的淡季（因為有 5 月的報稅季，加上電子業進入淡季），但卻是飲料包材產業的傳統旺季，因此不僅容易反映在營運的增長上，更會直接表現在股價的波動上。

換言之，不管是宏全、統一實或大華，這 3 家飲料包材的公司，每年 2

表2 3檔飲料包材股於每年旺季經常漲贏大盤

——飲料包材股旺季期間與大盤股價漲幅比較

年度	漲幅（%）			
	宏全（9939）	統一實（9907）	大華（9905）	台股大盤
2008	30.4	43.4	23.2	10.7
2009	57.5	35.6	119.0	41.1
2010	19.8	22.8	37.6	9.6
2011	35.4	19.4	28.7	5.3
2012	1.2	0.0	7.4	0.6
2013	13.1	58.4	7.6	6.9
2014	-9.5	-3.2	-5.3	8.7
2015	7.3	-17.3	-3.2	-3.1
2016	-4.0	-7.1	-9.4	3.0
平均值	16.8	16.9	22.8	9.2

註：紅字表示漲幅高於同期台股大盤　　資料來源：《投資家日報》

月底到6月期間股價的表現，都經常優於台股大盤當年度的走勢（詳見表2），也顯示「淡季買股票，旺季數鈔票」的投資策略，非常適用在飲料包材的產業投資上。

不過，值得一提的是，2014年～2016年這3年，由於受到中國同業產能大增所導致的殺價競爭，包材股票的旺季效應已經沒那麼明顯。其中，除了2015年的宏全，當年股價上漲7.3%優於大盤的-3.1%，其餘2年皆由大盤勝出，關鍵就在於每年產業的淡旺季，雖然提供股價短線的波動，

圖4 2009、2010年宏全淡季股價高檔不墜
——宏全（9939）日線圖

註：資料日期為 2009.04.01 ~ 2011.08.31　　資料來源：XQ 全球贏家

但長線趨勢若受到「供給」大於「需求」的影響，那短線旺季的挹注，依舊無法扭轉長線的趨勢。

透過新增產能，達到淡季不淡效應

在正常情況下，一家產業淡旺季分明的公司，營收會隨著淡旺季而增減，反映在股價上，也會出現較大的起伏。因此在投資策略上，如果能掌握到

表3 宏全2010年淡季，營收年增率有大幅成長
——宏全（9939）合併營收表

時間	營收（億元）	營收月增率（%）	營收年增率（%）
2010.10	9.20	-27.46	7.62
2010.11	8.22	-10.65	15.84
2010.12	9.32	13.30	32.96
2011.01	11.11	19.19	36.26
2012.02	7.83	-29.52	0.20

資料來源：Goodinfo！台灣股市資訊網、《投資家日報》

淡季買股票（通常股價基期較低），旺季賣股票（通常股價基期較高），一般而言，都可以獲得不錯的投資利潤。

然而回顧 2009 年～ 2011 年宏全的股價走勢圖（詳見圖 4），基本上完全看不出有受到產業淡旺季的影響，因為即使進入傳統的產業淡季，股價仍然出現「高檔不墜」的情形，關鍵就在於「新產能」的擴充，適時地填補產業淡季的缺口。

根據 2010 年宏全的營收紀錄（詳見表 3），冬天 10 月～ 2 月份的傳統淡季，雖然從月增率（MoM）的角度來看，與旺季時動輒 14 億元的營收相比，仍存在不小的落差，但若從年增率（YoY）的角度分析，維持大約

15% ～ 30% 的 YoY 成長率，適時地填補了淡季的缺口（MoM 下滑幅度縮小），而背後的推手，則是宏全近幾年不斷擴充的新產能。

總結而論，傳統的產業淡旺季，確實會對公司的股價產生一些上下波動的衝擊。然而，若公司本身出現持續擴充產能的成長力道，維持股價的高檔不墜，似乎也透露下一個波段大漲的徵兆。

挖掘EPS上升＋具故事題材股票 坐享股價飆漲果實

延續本書 1-4「四季投資法」的分析內容，當聰明的投資人走過苦悶的春耕，度過難熬的夏耘之後，歡喜的秋收通常會在秋老虎的發威下，一方面吸引市場的注意，另一方面則讓股價出現「噴出」的好表現。

上述所謂的「秋老虎」，講的是一個讓市場認同的故事題材，而這個故事可以是公司獲利的提升，也可以是類股族群的比價效應，或者只是市場空中樓閣的想像題材。不管為何，基本上都可激勵股價向上走揚。

EPS與本益比變化，為股價漲跌關鍵

一般而言，會影響股價高低的原因，不外乎「本益比」與「每股盈餘（EPS）」的變化（詳見圖 1）。

當市場的投資人願意承受較高的風險，便能接受一家公司的 EPS 沒有出

現任何的變化（有時甚至轉壞），以「上調本益比」的方式，合理化股價的上漲。另一方面，當台股行情不好時，投資人由於不願意承受較高的風險，因此即使一家公司的 EPS 沒有改變，但市場下修本益比的結果，也會直接造成股價的下跌。

本益比的上調或下修，與當時的投資氣氛有很大的關係，很難有一個標準可言，因為會隨著市場熱門的議題起伏。但 EPS 就不一樣，因為企業的任何努力，例如擴大營收規模、開發高毛利的新產品，或是降低成本，都有機會達到提升 EPS 的效用，而 EPS 的提升則確保了股價上揚的動能。

熱門題材拉升本益比，短時間可激勵股價大漲

雖然 EPS 的上升是確保股價長期上漲的條件，但在實務經驗中，因為市場認同所拉高的本益比，往往在短時間內，就可以看到非常具體的激勵股價成效。

以 2013 年上半年股價演出大驚喜的 3D 列印概念股大塚（3570）為例，2007 年到 2012 年的 EPS 獲利，分別為 3.63 元、3 元、1.59 元、2.81 元、4.09 元、3.55 元，大致維持 3 元～ 4 元之間的水準，平心而論，這是一家獲利堪稱穩健的公司。

圖1 獲利提升與市場認同題材，會激勵股價走揚
——股價與EPS、本益比的關係

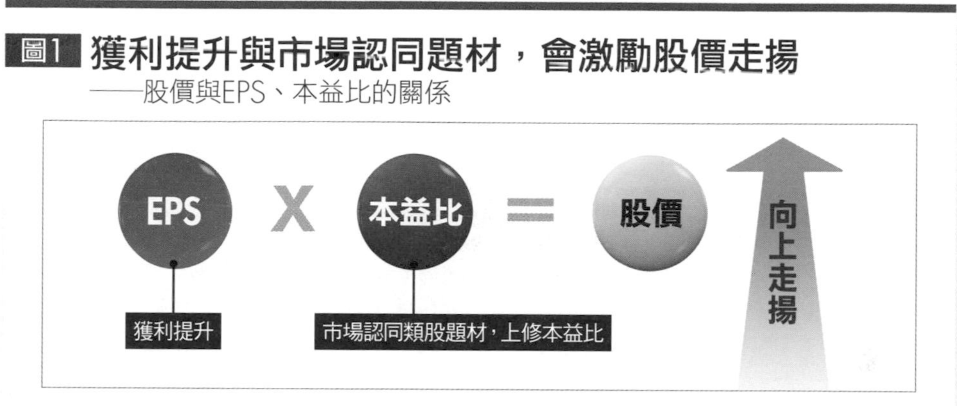

市場對於「獲利穩健」的標準，通常也會給予比較理性的評價，具體一點講，就是本益比頂多在 10 倍左右；換算成股價，大塚當時的股價也就大約落在 30 元～ 40 元之間。

然而原本默默無聞的 3D 列印，就在 2013 年被時任美國總統歐巴馬（Barack Obama）點名可帶動人類第 3 次工業革命之後，不但掀起市場開始「瘋」3D 列印的題材，更在國內外媒體大張旗鼓的報導下，連鴻海（2317）創辦人郭台銘、可成（2474）董事長洪水樹都在自己公司的股東會發表對 3D 列印的看法。郭台銘持相反意見表示：「如果真的是（編按：若 3D 列印真的造成革命），那我的『郭』字倒過來寫。」洪水樹也說，3D 列印要量產，差距就像是弓箭和洲際飛彈。

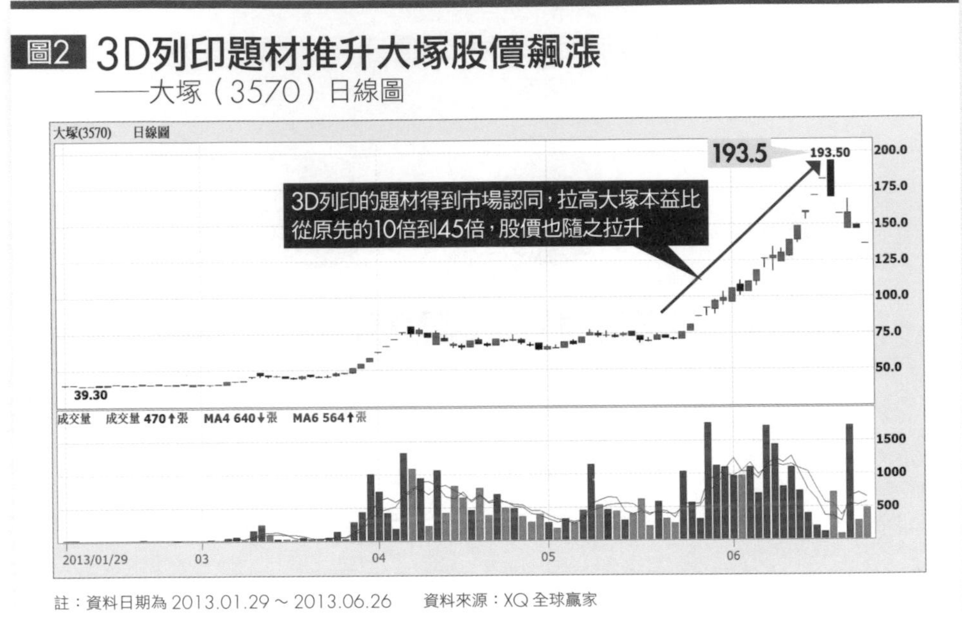

圖2 3D列印題材推升大塚股價飆漲
——大塚（3570）日線圖

註：資料日期為 2013.01.29～2013.06.26　　資料來源：XQ 全球贏家

整體而言，當時市場對於 3D 列印的看法依然是多空分明，但唯一肯定的是，投資氣氛已經被炒熱起來（題材已經出現）。

而回歸股市，大塚的 EPS 雖沒有太大的變化（當時預估 2013 年 EPS 為 4 元），但在市場認同的提升下，本益比從原先的 10 倍，大幅拉升到 45 倍以上，而這本益比拉升的過程，就足以讓大塚的股價從原本不到 40 元的價格，半年內飆漲到 193.5 元（2013 年 6 月 20 日最高價，詳見圖 2）。

圖3 符合3條件的股票，未來股價飆升機率高
——飆股的3大條件

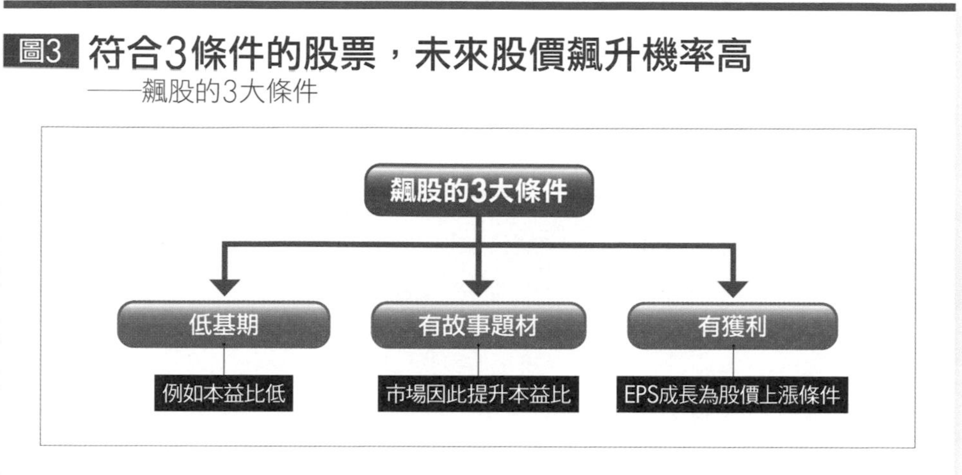

雖然這類型拉升股價的方式，來得快去得也快，但不能否認的，就是股價的確會出現「急漲」的事實。

換言之，發掘未來具有「EPS 上升」，又有「故事題材」的股票，如果股價還能在低基期（例如本益比僅有 10 倍），長期而言可享受到穩定獲利的優勢，市場的認同，更能激勵股價出現飆漲的驚喜（詳見圖 3）。

EPS是決定股價漲跌的核心關鍵

相較於提升本益比對股價所造成的短期做夢題材，提升 EPS 則是讓股價長期的走勢有愈墊愈高的獲利題材（詳見圖 4）。如同上文所說過的，企業每一個提升 EPS 的努力，都是確保日後股價上揚的動能。

換言之，追蹤評價一家企業的投資價值時，從基本面的角度，不管分析的方向為何，最後都只是為了解決並回答一個核心的問題：公司的 EPS 到底是多少？

然而，在實務的經驗中，我發現許多投資人在看待一家公司的 EPS 時，會習慣拿以前的數字做比較，並且直覺性地認為，這是可作為衡量股價高低的標準，甚至作為未來獲利預估的基礎。

產業穩定且具寡占優勢企業》EPS穩定，較易評估股價水平

「過去賺多少，未來應該可以賺多少」，這是一個非常危險的思維，因為這必須建立在「低競爭」，或者是「高度進入障礙」的產業環境，才會有如此的機會與發展。例如台灣電信龍頭股中華電（2412）在國內擁有寡占的競爭優勢，因此長期以來，不管景氣好與壞，大致可維持 5 元的 EPS 獲利，充其量再增加或減少 1 元左右。

但對於大多數的企業而言，由於競爭的關係，每年公司營運的表現，都會深受大環境的影響。反映在 EPS 的獲利表現上，就會產生許多不確定的

圖4 EPS提升才能促使股價長期墊高

——股價長短期波動因素

長期	短期
提升EPS 獲利題材：股價愈墊愈高	提升本益比 做夢題材：來得快去得快

因素，而加深投資人在企業評價上的難度。

景氣循環股》不能以過去EPS評估當前股價合理性

以面板股友達（2409）為例，2008 年上半年，產業營運的火熱讓友達單是前 2 季 EPS 就合計賺進超過 5 元，比照當時股價從高點的 72.5 元滑落到 40 元以下（詳見圖 5），讓許多投資人誤以為友達的股價「很便宜」，但這種以過去 EPS 推論股價高低的做法，卻是極度危險。而後不到半年的時間，面板產業就進入大幅虧損的局面，更開啟了友達股價一路大跌到 8.19 元的跌勢。投資人以為的「很便宜」，最後的結果就是慘遭嚴重套牢。

投資人要有正確的認知，公司過去的 EPS 不但已經反映在過去的股價表現，對現在的投資決策，甚至未來營運的預估，幫助性已經不大了。

圖5 2007～2008年友達股價自高點72.5元快速滑落
——友達（2409）週線圖

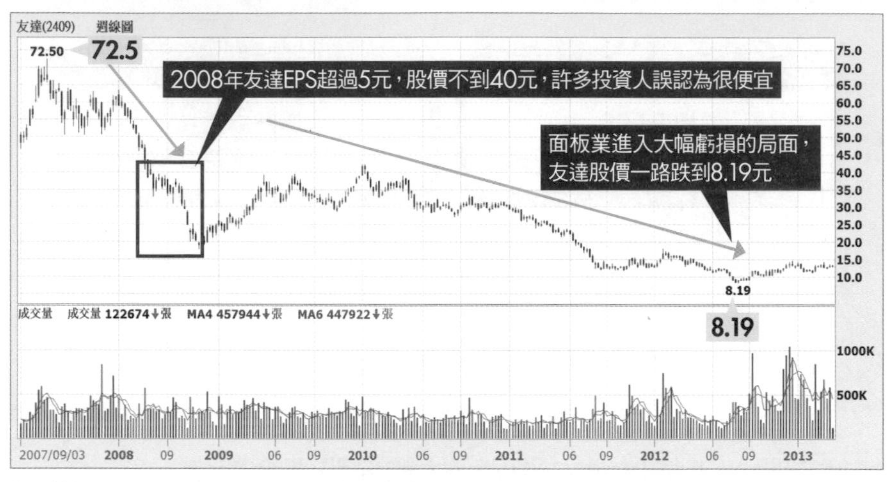

註：資料日期為 2007.09.03 ～ 2013.04.01　　資料來源：XQ 全球贏家

換言之，長期而言，基本面與股價會呈現正相關的發展——基本面好，股價也會好；基本面差，股價也會差。但這裡所謂的基本面，可不是那些已經看到並且公諸於世的財報數字，而是「未來的 EPS」，因為未來的 EPS 才是決定股價如何發展的重要力量。

市場對未來EPS的期待可推升股價

以 2010 年～ 2011 年期間，股價大漲超過 6 倍的龍巖（5530）為

圖6 2010～2011年龍巖獲利平庸，但股價漲勢驚人
——龍巖（5530）日線圖

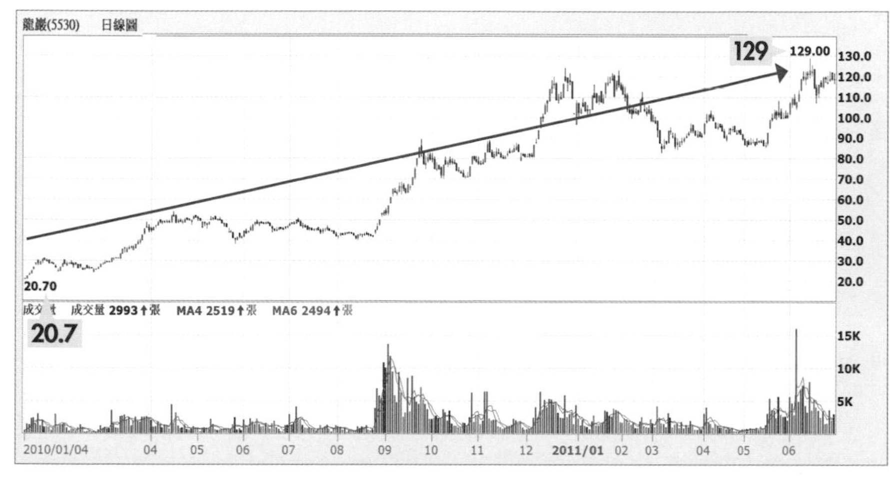

註：資料日期為 2010.01.04～2011.06.30　　資料來源：XQ 全球贏家

例，股價在大漲的背後，也正說明了上述的思考邏輯。回顧龍巖 2011 年以前連續 8 季的獲利，單季 EPS 最多 0.69 元，最差還有 0.01 元的水準，2010 年 EPS 為 2.33 元，即使 2011 年全年的 EPS 成長到 4.68 元，如此的獲利表現，股價憑什麼可以從 20 元左右大漲到 129 元（詳見圖 6）的價格？

此外，更令許多投資人不解的是，一向投資眼光精準的富邦金（2881），

2011 年 6 月甚至願意用每股 100 元的價格，認購 2.5% 龍巖的股票；換句話說，龍巖平庸的企業獲利，卻可以上演驚人的股價漲幅，甚至還獲得專業法人的背書與保證。

問題，出在哪？

回答這個問題之前，要先了解龍巖是什麼公司。簡單說，龍巖為國內殯葬業的龍頭廠商，業務範圍包含生命禮儀服務、生前契約、靈骨塔與相關殯葬服務。

以 2010 年而言，台灣的死亡人數為 14 萬 5,000 多人，但隨著死亡人數逐漸攀升，市場預估，2038 年前後，當戰後嬰兒潮世代陸續達到國人平均壽命 80 歲時，年度死亡人數可能達到 40 萬人，殯葬業的商機將會是 2010 年的 2 倍以上。

然而，龍巖的股價能夠激起市場的追捧，最主要的關鍵當然不是來自於台灣成熟的殯葬市場，而是來自對岸中國的市場想像。

根據當時龍巖的估計，中國每年的殯葬市場規模約為台灣的 65 倍，為了搶占中國市場的商機，2011 年時，龍巖董事會便決議將啟動「雙十計畫」，預估在 2020 年前，投入 4,000 萬美元以上的資金，正式進軍中國前 10 大相對富饒的省分。

龍巖前進中國市場的布局才剛起步，市場的投資人就已經開始畫起未來的大餅，並且預估中國每年約有新台幣 2.55 兆元的市場商機。假設 10 年之後，龍巖能夠取得 1% 的市場占有率，中國市場 1 年的營收貢獻就約有新台幣 255 億元；若再以 30% 淨利率計算，將可創造每年 76.5 億元的獲利。

除此之外，假設未來 10 年龍巖的股本因為資本支出的需求而膨脹 1 倍，從 2011 年的 39.91 億元成長到 80 億元，在上述的基礎下，龍巖「雙十計畫」預估最多可帶來日後高達 9.56 元 EPS 的獲利貢獻。

假設 EPS 9.56 元的獲利推論合理，不但可解釋龍巖的股價憑什麼能大漲到 100 元以上，更足以解釋為什麼富邦金願意用 100 元的價格，認購當時 EPS 僅在 2 ～ 4 元之間的龍巖。

股票投資其實是投資一家公司的未來，一家具有美好成長空間的公司，股票自然會得到市場的認同。股價大漲的背後，絕對都不是反映過去歷史的經營數據，而是反映未來營收與獲利成長的條件。

表1 龍巖的中國夢，並未落實在獲利表現
——龍巖（5530）EPS變化

年度	稅後EPS（元）	年度	稅後EPS（元）
2011年	4.68	2018年	5.19
2012年	5.22	2019年	5.48
2013年	5.05	2020年	2.96
2014年	5.49	2021年	3.36
2015年	2.73	2022年	3.16
2016年	2.45	2023年	2.88
2017年	4.44		

資料來源：XQ 全球贏家

然而，從龍巖 2011 年提出雙十計畫後已過了 13 年，時序進入 2024 年，龍巖的「中國夢」，一直處於「只聞樓梯響，不見人下樓」的進度。獲利非但沒有見到大爆發的成長，2020 年～ 2023 年期間，甚至還滑落到 2.96 元、3.36 元、3.16 元與 2.88 元的水準（詳見表 1），夢醒時分的股價，也一路滑落到 2024 年 5 月期間的 43 元附近（詳見圖 7）。

透過上述的例子可以知道，要進行一家公司的投資評價時，無須太在意過去的 EPS，因為過去的已經過去了。

投資人研究的重心應該是擺在未來的 EPS 預估上，並找出公司做了哪些努力，去提升未來的 EPS，通常有 3 種方式：1. 提高營收、2. 降低成本、3. 降

圖7 龍巖提出雙十計畫，股價短暫上漲後一落千丈
——龍巖（5530）月線圖

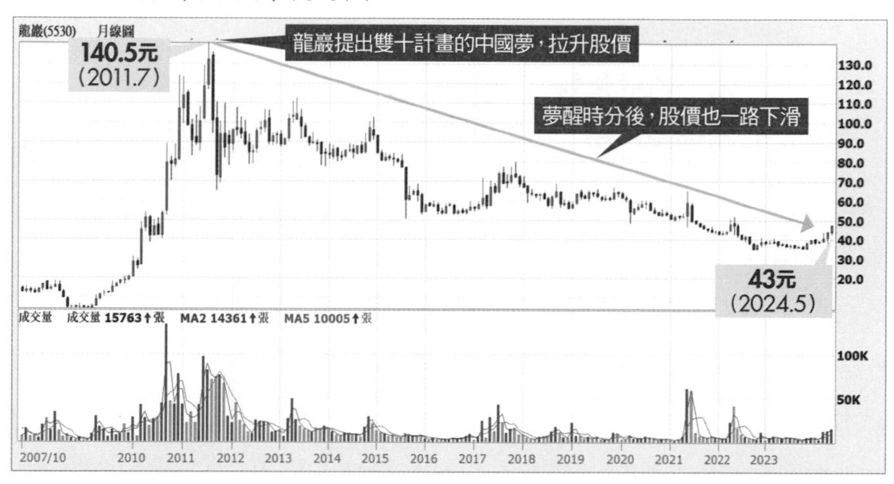

註：資料日期為 2007.10.01 ～ 2024.05.02　　資料來源：XQ 全球贏家

低股本，分別說明如下：

公司提升EPS方法1》提高營收

首先，要了解公司的營收是怎麼來的？

進一步拆解，其實就是「出貨量」×「產品單價」所得的總值，例如原

圖8 營收相當於出貨量乘以產品單價
——營收的組成

本出貨量 1 萬件，產品單價 100 元，營收就是 100 萬元（詳見圖 8）；換言之，提高營收的方法，雖然主要是建立在開發「新產品」、「新客戶」、「新市場」的基礎上，但本質上，就是從提高產品單價或提升銷售數量兩方面，來達到營收上升的目的。

提高營收方法①：拉高出貨量

拉高出貨量又可從兩方面來看，一方面考慮「產業的成長率」，另一方面則衡量「公司的市占率」。

整體而言，如果產業成長，即使公司的市占率沒有提高，出貨量依然能夠提升；反之，如果產業成長停滯甚至下滑，只要公司的市占率能夠走高，出貨量依然有逆勢上升的可能。最好的狀況則是產業成長的同時，公司的市占率還能夠進一步提高（詳見表 2），如此不但可以發揮加乘的營運效果，

表2 營收成長與產業成長性、公司市占率有關
——營收與產業成長性、市占率關聯性

情境	產業	公司市占率	營收狀況
1	成長	提高	勢必成長，為最佳狀況
2	成長	持平	成長
3	持平	提高	成長
4	持平	持平	持平
5	下滑	提高	仍有上升機會
6	下滑	下滑	下滑，為最差狀況

對股價的激勵也最強。

提高營收方法②：提高產品單價

除了拉高出貨量之外，另一個公司提高營收的方式，就是從提高產品單價下手，通常會反映在毛利率的走揚。一般而言，標準化的產品都很難維持價格不墜，產品單價逐季下滑是比較常見的發展；而公司要能 hold 住價格，要不就是擁有寡占的特性，要不就持續推出進階版的產品。

以 DVD 光儲存晶片起家的聯發科（2454）為例，2009 年由於成功切入毛利率較高的手機晶片市場，且在中國的白牌手機市場中，占有 70% 的市占率，因此即使 2009 年營收 1,155 億元，僅較 2008 年營收 904 億

表3 營收僅年增27%，獲利卻年增89%
——聯發科（2454）營收與獲利變化

項目	2008年	2009年	漲跌幅（%）
營業收入（億元）	904	1,155	年增27.77
EPS（元）	18.01	34.12	年增89.45

資料來源：公開資訊觀測站

元成長 27.77%，但毛利率從 52.36% 提升到 58.71% 的結果，EPS 便從 2008 年的 18.01 元，大增到 34.12 元，年增率高達 89.45%（詳見表 3）。而股價也從 2008 年年底時最低的 177 元，一路起漲到 2010 年年初最高的 590 元（詳見圖 9）。

公司提升EPS方法2》降低成本

另外，在市占率的評估，投資人必須深入了解，這家公司做了哪些努力，企圖來提高本身的市占率？而這努力又可分為「提高產能」（詳見 2-9）與「降低成本」兩部分。以下就來談談公司如何降低成本。

對於一家炸雞排攤位的老闆而言，每天開張做生意，除了要面臨「客戶多寡」的壓力之外，經營成本的控制，則是決定賺錢與否的重要關鍵。而

圖9 2008～2010年聯發科股價從177元漲至590元

——聯發科（2454）日線圖

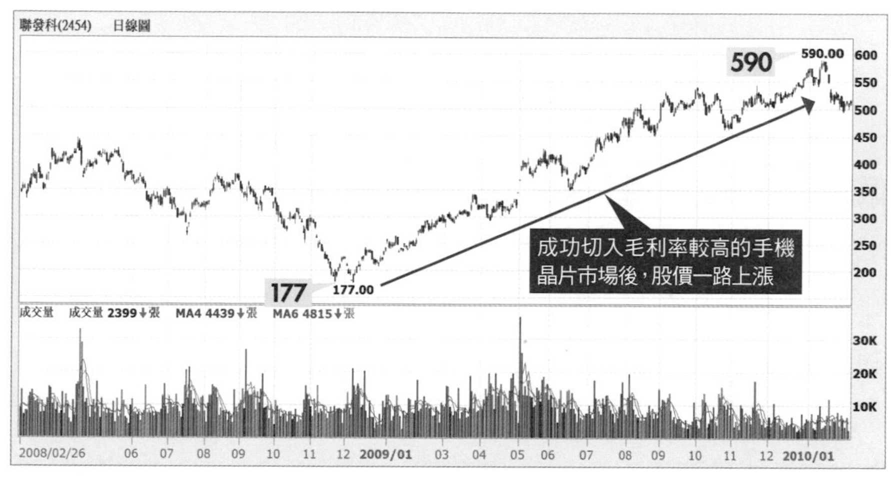

註：資料日期為 2008.02.26～2010.02.06　　資料來源：XQ 全球贏家

要控制的成本，除了一開始購入的油鍋、推車之外，攤位租金、雞肉、沙拉油、員工薪水……等等，都是每天營業時會隨之產生的成本。

一個合理的假設，如果這位老闆想要多賺一些錢，除了提高攤位人氣之外，也可以選擇到原產地以更低廉的價格購買雞肉，或者用大量採購沙拉油提高折扣的空間，或者僱用工讀生而非正職員工以降低人事成本……等方式來壓低營運的成本，而提高獲利。

小攤位的經營模式是如此，大公司的經營模式也是如此。一家企業想要提高獲利的方法，除了「提高營收」之外，另一個選擇就是「降低成本」，一般而言，降低成本的方法有 3 種：①降低固定成本、②降低變動成本，與③降低生產失誤（詳見圖 10）。

降低成本方法①：降低固定成本

所謂的固定成本，指的是用於「建構廠房」與「購買機器設備」所投入的花費。由於這類成本大多已固定，因此稱之為固定成本，而使用的手段則包括「拉高產能利用率」以及「降低折舊費用」。

❶ 拉高產能利用率

拉高產能利用率是降低固定成本最有效的方式，透過擴大生產線產出更多產品，發揮規模經濟的優勢，達到降低每單位固定成本的目的。而規模經濟的效應，也會同時發揮在採購原物料時的議價能力上。

2001 年起，台積電（2330）不惜投入鉅資在 12 吋晶圓廠的擴建與先進製程的推進，目的就是為了確保成本的優勢。用比較生活的例子來解釋上述的概念：一片 12 吋的晶圓就好比一塊 12 吋的生日蛋糕，而所謂的「製程」可以想像成「切蛋糕」，製程愈高（微縮）代表能將同一塊蛋糕，切出愈多個小蛋糕，而切出來的小蛋糕愈多，自然就可以分享給愈多人享用。

圖10 企業會透過3方法降低成本，以提高獲利

——企業降低成本常見方法

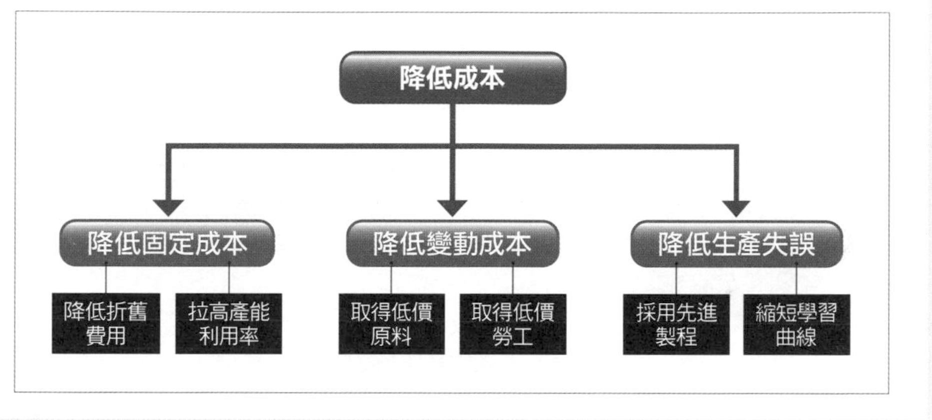

製程的微縮，在半導體產業的技術發展上是很重要的趨勢，因為這攸關單位成本的降低。以一片 12 吋晶圓為例，使用不同的製程，可生產的晶粒顆數就會有很大的差異。在完全不考量良率問題的前提下，90 奈米只能生產 400 顆～ 500 顆晶粒，但若採用 58 奈米則可提升到 750 顆～ 1,000 顆，而 46 奈米的製程則可生產 1,500 顆以上的晶粒（詳見圖 11）。

換言之，假設一片 12 吋晶圓要價新台幣 50 萬元，46 奈米製程的每顆成本為 333 元（50 萬元 ÷1,500 顆），90 奈米製程的每顆成本則為 1,000 元（50 萬元 ÷500 顆），就成本而言，前者僅為後者的 1/3。

圖11 晶圓的製程愈微縮，愈可提高產能
——1片12 吋晶圓在不同製程下可產出的晶粒數量

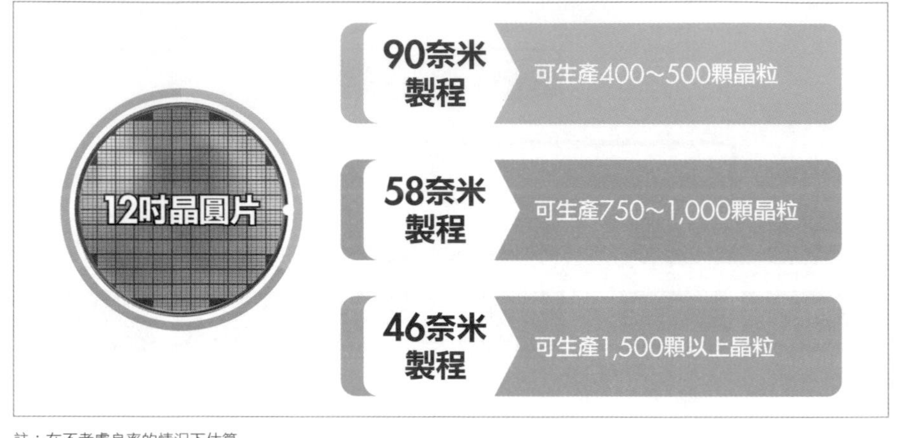

註：在不考慮良率的情況下估算

❷ 降低折舊費用

另外一種降低固定成本的方式，就是降低「折舊費用」。這裡先帶大家認識折舊的基本概念。

財務報表當中的「成本」，對於公司而言又可分為「固定成本」與「變動成本」兩大類。「固定成本」指的是購買機器設備與建置廠房的成本。實際上，雖然從公司購買機器設備的那一天開始，就已經一次性地支付完費用，但在傳統的會計處理上，卻還是要將這一次性的支出與費用，平均

圖12 在會計處理上，折舊費用會認列在固定成本中

——固定成本vs.變動成本

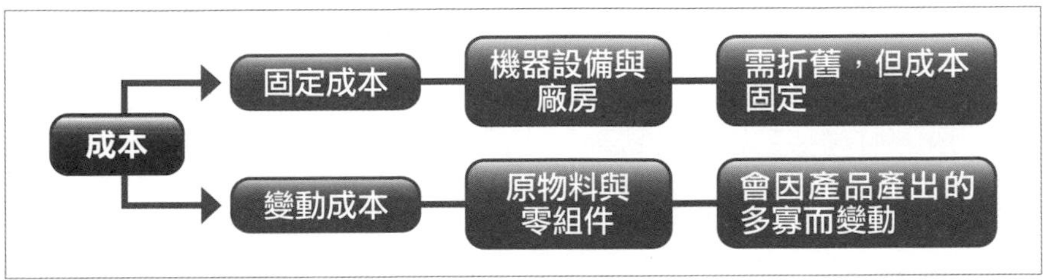

資料來源：《投資家日報》

分攤到往後每一年度的財報中，並且透過「折舊」的名義來認列成本。

機器設備的折舊年限雖因產業不同而有差異，但大約都落在 5 年～ 10 年之間。此外，由於這類成本支出，並不會因為每年營收高低而有所變化增減，因此也稱之為「固定成本」（詳見圖 12）。

舉例來說，假設 A 公司每年的資本支出都落在新台幣 100 億元，若以 10 年的期限來折舊，每年所需要的折舊費用就達 10 億元。而這個成本，必須在計算毛利時扣除，因此會拉低毛利率的表現。不過，假設 A 公司未來已經不用再投入資本支出（編按：這個假設不可能發生），那每年省下的折舊費用，自然就能夠大幅挹注獲利的表現。

再者，變動成本講的就是會因營收高低而有變化的成本，通常指的是原物料、零組件等採購成本；換言之，當一家公司產品的產量愈多，變動成本也會愈高。然而，假設公司完全停產，雖不會產生變動成本，但仍需認列固定成本的折舊支出。

降低成本方法②：降低變動成本

所謂的變動成本，指的是在生產商品的過程中，因為原物料價格、零組件價格，甚至是工資成本的波動高低，而產生不同的「變動」費用。

原物料價格走揚，廠商的進貨成本升高，變動成本也會隨之提高；原物料價格走跌，進貨成本下降，變動成本也會跟著下降。舉例來說，假設過去 1 年期間，日圓相較於新台幣大幅貶值了 20%，台灣日系商品進口成本的降低，讓進口商或製造商的變動成本可以大降，從原本的 40% 下降至 20%。此時，假設終端的商品價格不變的情況下，廠商獲利的空間就會增加，從原本 60% 的利潤空間，上升到 80% 的利潤空間（詳見圖 13）。

除此之外，變動成本與固定成本最大的不同，就是生產線若是停擺、不生產任何商品時，變動成本無須再承擔添購原物料的費用（但可能會有庫存跌價損失），但固定成本因為「建構廠房」或「購買機器設備」費用已經支出，因此仍會以攤銷的名義反映在固定成本的開銷上。

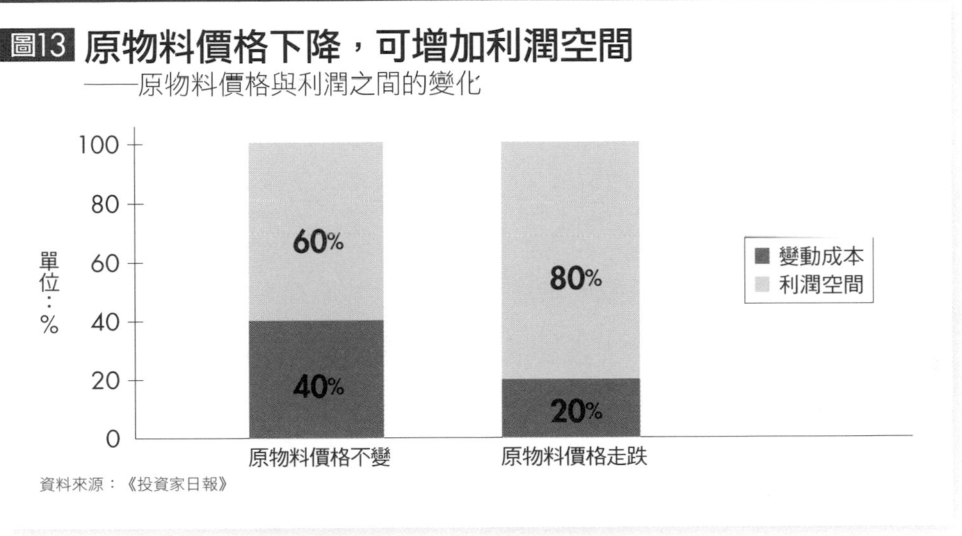

面對原物料的上漲，如果廠商能夠適時反映並提高終端產品的售價，基本上對公司獲利就不會造成被擠壓的衝擊；反之，如果無法調整售價，廠商就只能無奈地「自行吸收」原物料上漲的成本。

降低變動成本案例》長榮航、華航

以台灣兩家航空股長榮航（2618）與華航（2610）為例，長期以來，長榮航的毛利率與營業利益率，在多數時間都比華航的表現來得好一些，比較它們 2022 年與 2023 年前 3 季的營運成本結構，可以更了解其中的原因：

❶ 人力成本占比：長榮航＞華航

長榮航的「用人成本」占總成本比重都維持在 19%，與競爭對手華航 2022 年前 3 季的 14.1% 與 2023 年前 3 季的 14.5% 相比，長榮航不僅高了一些，似乎也可以合理解釋，「員工薪資水準或許也高了一些」。

❷ 維修成本占比：長榮航＜華航

值得一提的，長榮航的「維修成本」占總成本只有 9%，遠遠低於華航 2023 年前 3 季的 14.3%（詳見圖 14）。這說明了長榮航的一大競爭優勢，就是持股 55% 的子公司、也是同時被譽為亞太地區最有影響力的飛機維修公司長榮航太（2645），大幅奠定了長榮航在成本上的優勢。

❸ 燃料成本：兩者都有下滑趨勢

此外，「燃料成本」的部分，這 2 年 2 家航空公司都出現下滑的狀況——長榮航從 2022 年前 3 季的 35%，下降至 2023 年前 3 季的 33%；華航則從 40.1% 下降至 34%，主要是受惠油價下滑，與新飛機加入營運，燃油使用效率更佳所致。

❹ 折舊費用：兩者都有下滑趨勢

至於影響固定成本最大的「折舊費用」，長榮航從 2022 年前 3 季的 24%，下降至 2023 年前 3 季的 18%；華航從 18.2% 下降至 16.6%，有

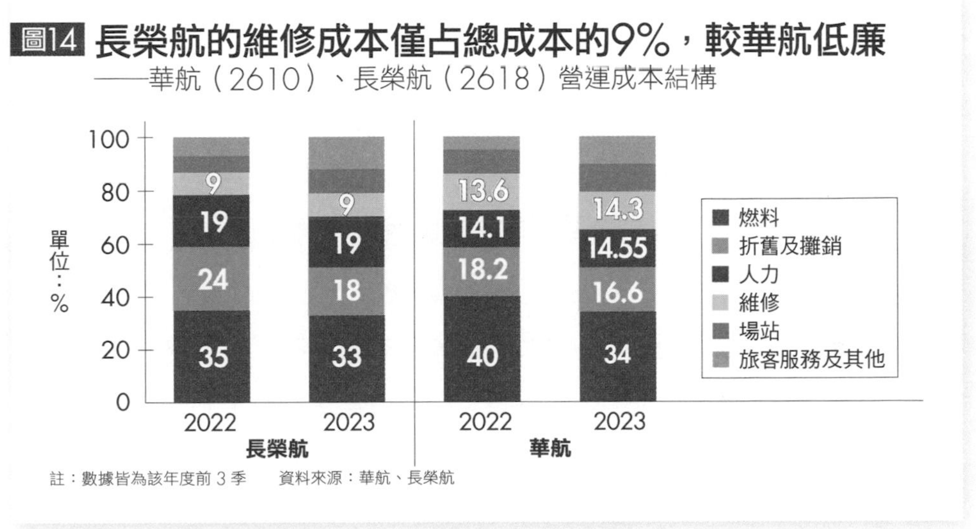

圖14 長榮航的維修成本僅占總成本的9%，較華航低廉
——華航（2610）、長榮航（2618）營運成本結構

註：數據皆為該年度前 3 季　資料來源：華航、長榮航

助於獲利的提升。

展望未來，由於長榮航較大的購機規畫，是放在 2026 年～ 2030 年引進 18 架空中巴士 A350-1000 廣體客機，與 2029 年～ 2032 年引進 15 架空中巴士 A321neo 客機，因此合理預估 2024 年～ 2025 年，長榮航尚可持續維持較低的「折舊費用」與較高的營業利益率。

降低成本方法③》降低生產失誤

降低生產失誤、提高產品良率，是能降低生產成本的第 3 種方法。舉例來說，近年由於 3C 電子走向輕薄與美觀時尚的產品訴求，因此具有質量輕、強度高且散熱性佳等特性的鋁鎂合金，頓時成為最佳的金屬機殼材料。然而，早期台灣廠商例如可成（2474），在發展鋁鎂合金材料時，遇到最大的問題，就是壓鑄良率一直無法提高，甚至連讓廠商損益兩平的 50% 良率都不及；換言之，台灣廠商都在賠錢做生意。

鋁鎂合金壓鑄良率不高，不僅大幅墊高廠商的成本，對於擁有全球市占率超過 90% 筆電（NB）代工的台灣，更產生長期發展不利的影響。因此台灣的金屬工業研究發展中心透過本身在奈米技術的研發能量，輔導產業與廠商突破技術的困境，最後不但一舉將壓鑄的良率拉升到 80% 以上，更奠定日後台灣在全球鋁鎂合金產業龍頭的領導地位。而下游產品的應用，也順利延伸到近年成長非常驚人的智慧型手機與行動裝置市場上。

公司提升EPS方法3》降低股本

EPS 是用獲利除以「股數」所計算出來的，因此公司除了可透過「提高營收」、「降低成本」來提升獲利，也可以利用「降低股本」，讓公司流通在外的股數降低，進而提升 EPS。

降低股本的手段就是「減資」。一般而言，「減資案」發生的狀況會有

圖15 賺太多、賠太多或組織分割，都可能導致公司減資
——減資案發生的3種狀況

3 種：①賺太多、②賠太多，與③公司組織分割（詳見圖 15）。

降低股本原因①：賺太多

「賺太多」的例子，以觀光股晶華（2707）為最佳的典範。由於晶華飯店長期在餐飲與客房都擁有穩定的收入來源，每年可以賺進高達 12 億元的現金收入，讓晶華累積了滿手的現金——2005 年年底公司帳上資金高達 26 億元，甚至還高於當時 21 億元的股本。

因此，董事長潘思亮為了進一步提高公司的經營績效，繼 2002 年首度辦理減資，退還股東每股現金 5 元；2006 年宣布再度減資 72%，每股退還現金 7.2 元，並且成功瘦身到 6 億元的股本。

2 次的減資案，不但彰顯出公司高層理性與負責的務實態度，更讓晶華深受法人的信任，而一躍成為傳產股的股王。從還原權息日線圖觀察，晶華減資新股上市（2007 年 2 月 2 日）後股價一路上漲，最高在 2011 年 6 月上漲達 1.4 倍（詳見圖 16）。

降低股本原因②：賠太多

第 2 種減資的狀況，則是「賠太多」使然，以動態隨機存取記憶體（DRAM）族群最為明顯。2008 年受到全球金融海嘯的影響，不但造成 DRAM 價格的暴跌，更讓國內的 DRAM 廠虧損累累。為了讓公司擺脫全額交割股的命運，彌補帳上虧損的財務黑洞，2009 年起，南亞科（2408）、力晶（5346）與茂德（5387）這 3 家 DRAM 廠，合計辦理的減資金額就高達 1,128 億元。

減資後，雖然可以提升公司財務的狀況（每股淨值提高，詳見表 4），但若產業仍處於「衰退不明」的狀況，賠太多的情況無法改變，股價的提升也只會是短暫的現象，最終還是逃不了虧損的命運，2012 年力晶和茂德甚至還面臨股票下市櫃的命運。

圖16 2007年晶華減資之後，股價狂奔高漲
——晶華（2707）還原月線圖

註：資料日期為 2007.01 ~ 2013.12　　資料來源：XQ 全球贏家

而對於財報上已經呈現「累積虧損」的公司而言，會想要進行「減資」，主要的理由有 3 個：

❶ **預期本業將好轉：**如果減資之後，公司本業還是繼續虧損，那麼就會枉費打消虧損的目的，因為在會計科目的處理上，當公司減資完成之後，未來公司年度若有盈餘獲利，就不需要再「彌補虧損」，而可以選擇配發給股東。

表4 受金融海嘯影響，3家DRAM廠商皆辦理減資
——2009年3家主力DRAM廠減資案一覽表

公司	減資狀況	減資後每股淨值變化
南亞科（2408）	減資311.78億元、幅度66.43%	由2009年的5元以下增至10元以上
力 晶（已下市）	減資343.77億元、幅度38%	由2009年底的3.31元拉升至6.9元
茂 德（已下櫃）	減資472.35億元、幅度65%	由2009年度的2.9元拉升至8.45元

註：南亞科前稱為南科，2014 年 8 月更名　　資料來源：《經濟日報》

❷ **預期將會有外部資金參股公司**：透過「減資」，可以縮減原先股東的持股張數，然後再透過「增資」引進外部資金，進而改變股東結構。因此從實務的經驗中，許多企業進行「減資」的目的，其實都是為了「引進策略夥伴」或是為了「改變經營階層」做準備。

❸ **重新恢復股票的信用交易**：根據《證交法》的規定，當公司的每股淨值低於票面金額時（註 1），將禁止股票的信用交易（融資與融券），流動性將會受到影響；因此公司透過「減資」的手段打消一部分股本，藉此將每股淨值提升到面額以上，對於公司的股票而言，不僅可以重新恢復信用交易，從市場籌碼的角度來看，更可以藉此提高市場資金的動能，有利於股價後續的走勢。

降低股本原因③：公司組織分割

最後一種減資的狀況，則是為了「公司組織分割」的目的。2010 年，華碩（2357）為了徹底劃分「品牌」與「代工」業務，將旗下百分之百轉投資公司和碩（4938）分割上市。而「割肉（切割和碩）」後的華碩，股本不僅從原先的 424 億元縮減到 63 億元，股本的瘦身也讓華碩的 EPS 從 2010 年的 7.72 元，大幅提高到 2011 年的 21.99 元。

總結而論，減資只是一個實現財務會計目的的手段，投資人關注的焦點，還是必須回歸到「產業前景」與「經營者能力與誠信」議題的分析上，如此才能真正分辨出有用的投資資訊。

註 1：「票面金額」又簡稱面額，過去台灣上市櫃公司面額一律為 10 元，2014 年改採彈性面額制，公司可依需求改變面額；但大多數公司仍繼續維持 10 元，僅少數公司採彈性面額。

IFRS正式上路後 財報公布調整2原則

為了與國際接軌，IFRS（國際財務報導準則）正式在 2013 年上路，台灣上市櫃公司的財報公布原則也因此做了一些調整。整體而言，可從「每月營收數字」和「季報公布時間」這兩方面來討論：

每月營收數字》上市櫃公司須公布合併營收

從 2013 年開始，每月 10 號上市櫃公司所公布的營收數字，會直接以「合併營收」呈現，也就是營收數字包含了「母公司營收，加上母公司持股逾 50% 的子公司營收」。表面上雖然可以更加完整呈現一家公司的營運全貌，但就外部投資者而言，卻喪失了一些投資分析的參考依據。

舉例來說，過去我在追蹤大華（9905）營運時，由於公司的習慣是每月 10 號公布台灣廠營收（母公司個別營收），每月 20 號公布合併營收，因此可透過這兩項數值的變化，推究台灣廠與中國廠的營運面貌。

表1 2013年前較易透過營收數字，推算母子公司營運面貌
——大華金屬（9905）每月營收

月份	合併營收（億元）	YoY（%）	台灣廠營收（億元）	YoY（%）	中國廠營收（億元）	YoY（%）
2011.09	6.82	17.53	3.08	4.59	3.74	30.84
2011.10	5.40	60.68	2.17	4.13	3.23	152.58
2011.11	5.87	39.76	2.80	16.67	3.07	70.56
2011.12	7.89	61.68	3.02	20.32	4.87	105.49
2012.01	6.19	13.79	2.36	4.89	3.83	20.06
2012.02	6.83	64.18	3.14	57.79	3.69	70.05
2012.03	6.58	16.25	3.03	8.21	3.55	24.13
2012.04	6.95	6.27	3.47	9.46	3.48	3.26
2012.05	7.77	9.28	3.37	1.07	4.40	18.34
2012.06	8.03	13.10	3.50	-4.63	4.53	32.07
2012.07	8.94	15.35	4.34	5.60	4.60	26.37
2012.08	9.02	23.06	3.26	-13.98	5.76	62.71
2012.09	7.54	10.72	2.85	-7.17	4.69	25.40
2012.10	6.24	15.77	2.96	37.04	3.28	1.55
2012.11	5.18	-11.75	2.96	5.71	2.22	-27.69
2012.12	6.04	-23.45	2.53	-16.23	3.51	-27.93

資料來源：《投資家日報》

表 1 是我過去每個月都會自行整理的營收數據，在分析過程中，只要將「合併營收」減去「台灣廠營收」，便可得知「中國廠營收」的數字。另外，再與去年同期相比算出年增率（YoY），就可進一步看出兩岸營運的概況是

逐漸轉好或是有轉壞的趨勢。

而在新的財報公布原則下，外部的投資人就比較難去推究一家公司在不同市場的營運現況。不過，上述的分析，只適用於那些過去每個月都會乖乖公布「合併營收」的公司（詳見圖 1），因為在過去，台股中有非常多的企業，即使中國廠的營收規模早已超越台灣廠，但公司每個月所公布的營收仍只限於台灣廠，在不公布合併營收的情況下，外部投資人追蹤「每月營收」，都有點像是「瞎子摸象，永遠見不到全貌」。

舉例來說，曾經讓我獲利超過 100% 的羅昇（8374），就是上述典型的企業之一。羅昇中國廠的營收規模早已是台灣廠的 3 倍之大，但在 2013 年以前，羅昇每個月所公布的營收卻只限於台灣廠，外部投資人根本無法探究其在中國的營運。而為了解決這個「瞎子摸象」的困境，我也只能從追蹤其上游供應商上銀（2049）下手，以間接得知羅昇在中國市場的營運概況。

季報公布時間》第1、3季延後，第2季提前

除此之外，每季的財報公布時間，也在 2013 年做了調整。第 1 季財報公布時間從原先的 4 月 30 日延後到 5 月 15 日，第 2 季則從 8 月 31 日

圖1 IFRS上路後，上市櫃公司皆會公布合併營收狀況
——2013年實施新財報公布原則後的影響

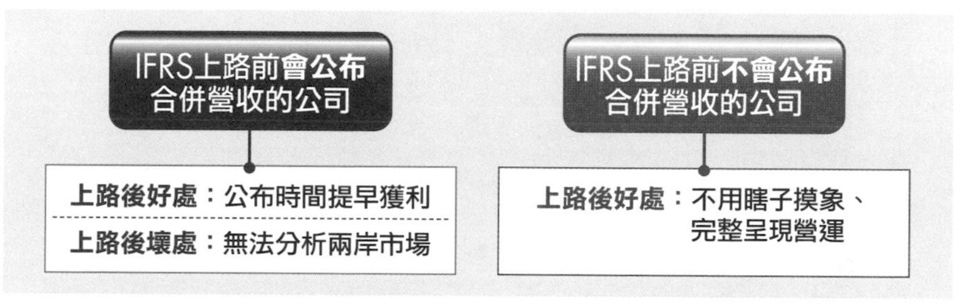

提早到 8 月 14 日，而第 3 季則從 10 月 31 日調整到 11 月 14 日，年報則維持 3 月 31 日以前（詳見圖 2）。

季報公布時間的調整，對投資分析的影響並不大，充其量只是習慣的改變，把習慣調整成新制的時間點就好了。

未能如期公布財報的企業，暗藏營運危機

除此之外，一家公司財報公布時間的早晚，通常也有營運上的意義。整體而言，愈早公布獲利數字的企業，通常代表公司的營運愈有好光景可以期待。不過大多數的上市櫃公司，還是習慣並固定在法定期限的最後一天

圖2 2013年起，第1、2、3季報公布時間皆有調整
——新舊制財報公布期限比較

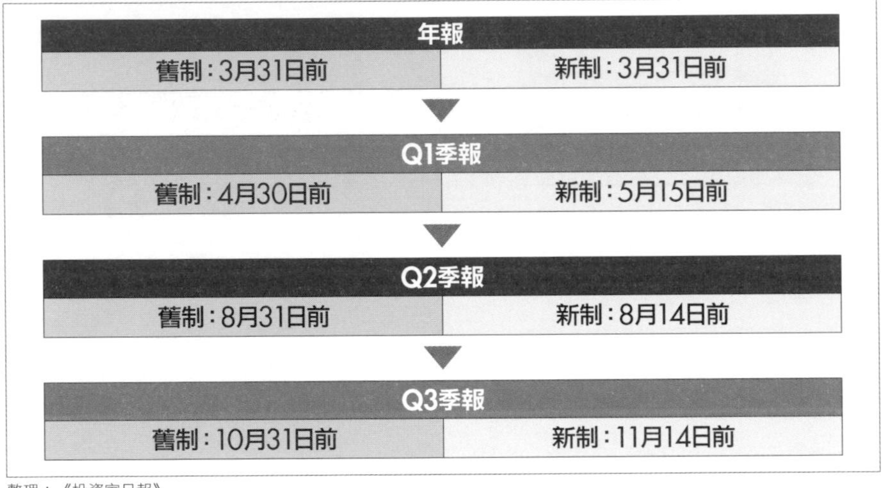

整理：《投資家日報》

才發布財報訊息，因此「愈晚公布」不一定就代表公司業績表現不如預期。

然而，唯一可以肯定的是，沒能在法定期限最後一天公布的企業，一定代表公司出現了大麻煩，不僅會有股票下市的風險，更隱藏著營運上的重大劇變。

2012 年最明顯的例子，就是不斷電電源供應器廠商科風（3043），未

圖3 科風未能準時公布2011年財報，4個月後股價腰斬
——科風（3043）日線圖

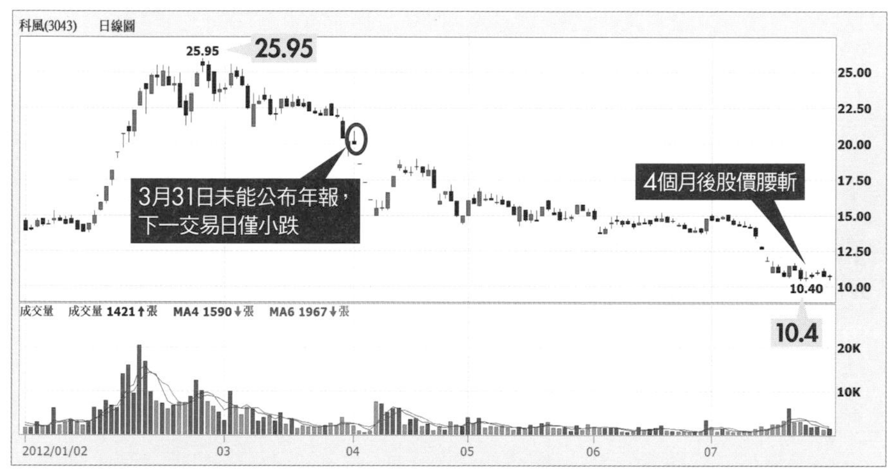

註：資料日期為 2012.01.02 ～ 2012.07.31　　資料來源：XQ 全球贏家

能在 3 月 31 日以前及時公布 2011 年的年報，但投資人卻沒有任何的警覺性；因為在隔一天（4 月 2 日）的交易日，科風的股價非但沒有出現立即性的重挫，盤中甚至還逆勢上漲 0.7 元到 20.9 元，終場雖然收在 20 元，但也僅下跌 0.2 元，相當於 0.99% 的跌幅。

科風未能及時公布財報，股價盤中不跌反漲，幾乎是一個不可思議的發展，顯示投資人未能注意到財報公布的時間，將會讓自己陷入極大的風險

中。比照科風 4 個月後（7 月底）的股價下跌到 10.4 元，剩下當時 4 月 2 日的 20 元的一半（詳見圖 3）。投資人如果能警覺未依照時間公布財報對股價的殺傷力，就可以避免日後投資腰斬一半的巨大損失。

根據規定，上市櫃公司若無法如期公布財報，台灣證券交易所及櫃買中心有權停止該公司的股票交易。如果未能在 6 個月內補交財報以恢復買賣，就會面臨下市櫃的命運，股東手中的股票也將變成壁紙，不可不慎！

第4篇

學會計算價格 抓準進場時機

4-1 專注於公司營運表現 不看盤才能賺大錢

我在英國攻讀財務管理碩士期間，生活中每週最重要的一件事，就是到 TESCO（英國知名大型連鎖超市）採購日常生活用品與生鮮食物。作為一個賣場，TESCO 最主要的功用就是作為公司與顧客之間的交易媒介。

以全英國銷售量最好，同樣也是我每逢週末必定會喝上一杯的健力士（Guinness）黑麥啤酒為例，當 Guinness 從愛爾蘭首都都柏林的工廠生產出來之後，公司為了達到賺取營收與獲利的目的，制定了 500c.c. 罐裝啤酒每罐 2 英鎊的售價，並委託 TESCO 陳列在典雅舒適的賣場販售。

在股票市場中，投資人往往出現不理性行為

對消費者而言，Guinness 的價格可能會出現以下 3 種狀況：

1. **合理價：**消費者以 2 英鎊的價格購買 1 罐 Guinness，並享受那黑麥

香醇的滿足感。

2. 跳樓大拍賣價：例如 TESCO 舉辦週年慶，促銷價買一送一，平均每罐 Guinness 只要 1 英鎊。

3. 市場瘋狂價：Guinness 突然賣到缺貨，在物以稀為貴的情況下，現貨價飆漲到每罐 10 英鎊的價格。

上述第 1 種是比較常見的狀況，而第 2 種狀況發生時，消費者應該很樂意，用同樣的金額，買到 2 罐 Guinness。至於第 3 種狀況發生時，可能會產生以下 2 種盤算：

盤算 1：雖然喜歡 Guinness，但產品已經漲到 1 罐 Guinness 可以買 5 罐海尼根，就機會成本而言，寧願買海尼根（Heineken）。

盤算 2：迷戀 Guinness 已經到了癡迷的程度，因此完全不在乎用超過平時 5 倍的價格買進 1 罐 Guinness（詳見圖 1）。

在現實的世界裡，其實人們對於每項商品，心中都有一個「合理價格」的認知，當「市價」與「合理價格」出現反差的變動時，就會產生「趁機撿便宜」或「太貴不要買」的決定。然而，上述看似合理的消費行為，反映在股票市場的投資，卻發展成完全不一樣的思維模式，而這種思維模式有點類似上述「迷戀 Guinness」的情況，完全不在乎價格。

好公司跌到便宜價，投資人常因恐懼而不敢買進

投資人買進 1 檔股票，或賣出 1 檔股票的原因，有時跟合理價格完全無關，單純只是「貪婪」與「恐懼」的心理作祟下，所形成的衝動決定。投資人甚至會將股價漲跌作為最後的判斷依據，看到一檔股票的股價正在漲時，便充滿信心，一路追價；反之，股價正在跌時，卻害怕不已。

這樣的心態，就我看來，就好比見到 Guinness 漲到 1 罐 10 英鎊時，覺得很便宜；跌到 1 英鎊時，反而覺得很貴。這種似是而非的觀念，其實普遍存在一般投資人的觀念中，也因為有如此的觀念，難怪大多數的投資人很難在股市中賺到錢。

其實股票投資的過程，與上述的消費行為是大同小異的。每天在股市中，有成千、上百家公司的股票展示在投資大眾面前，等著被選購。而股市的作用，就只是提供公司與投資人交易的媒介，就本質上與 TESCO 之類的大賣場同出一轍。

今天投資人買進台積電（2330）的股票，是因為看好台積電未來的營運，並且價格也在合理的範圍內。就如同消費者喜愛 Guinness 的香醇口感，而願意到 TESCO 以 2 英鎊的價格購買。

圖1 即使商品漲到瘋狂價，仍有消費者願意埋單
——售價vs.消費行為

忘卻股價起伏，避免投資變投機

近幾年，台股的起伏很大，時而大漲，時而大跌。許多投資人對於這樣起伏不定的市場，由於過度關心，反而陷入恐慌與憂慮的情緒中。基本上，價格波動對於聰明的投資人而言，只有一項明確的意義，就是當股價大跌時，提供了撿便宜的機會；當股價大漲時，則提供明智的賣出契機。而在

其他時候，投資人都應該忘卻股票市場的一切，將注意力放在公司營運的表現上。

相較於市場中絕大多數的分析師，每天在台股開盤時，都要緊盯行情的變化，我在上午 9 點到下午 1 點半的台股交易時間，反而完全不看盤，不僅不會開啟看盤軟體，也不會關心股票的一時漲跌，更沒有興趣知道今天盤面上有哪些強勢股？或是出現哪些弱勢股？

我可以完全不看盤的原因，是明白一個投資的道理：股票市場只是提供投資人「交易」的地方，它既不能為投資人指引方向，更不能仰賴它的智慧。因為一旦投資人需要仰賴它時，不僅容易迷失在每天股價的起伏變動，更會完全混淆「投資」與「投機」的分界，最後的結果就是一場大災難。

投資跟投機差別在哪裡？以本章的例子而言，投資就是以 1 英鎊的價格買進 1 罐價值 2 英鎊的 Guinness；而投機就是以 10 英鎊、甚至瘋狂到以 100 英鎊買進價值 2 英鎊的 Guinness。

然而，為什麼會用 100 英鎊，買進只有 2 英鎊價值的產品呢？理由有二：一是因為不知道如何計算合理價格；二是希望可以遇到有人願意用 110 英鎊的價格把它買走，這中間就可以轉手賺到 10 元的價差（詳見圖 2）。

圖2 投機往往是因為不會計算合理價或單純想賺價差
——投資vs.投機

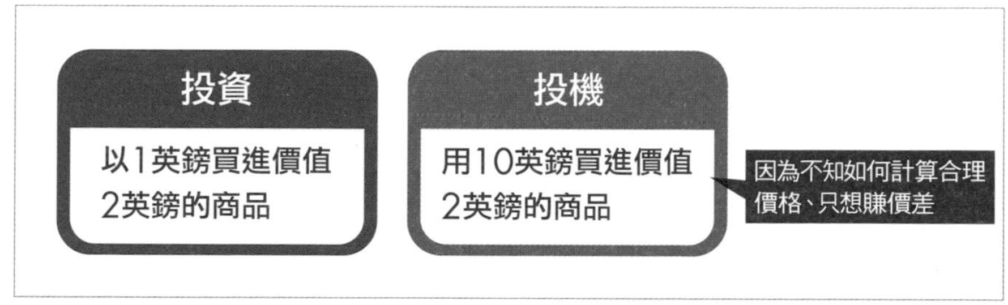

換言之，當投資人開始沉醉在「價差」的追逐時，其實就已經掉入投機的陷阱中。而在投機的世界中，往往需要好運加持，才能長久戰勝市場。

明白了一般投資人容易掉入投機陷阱的原因之後，本篇的內容，將著重於協助讀者解決「不知道如何計算好價格」的問題。基本上，世界上任何一個金融商品的合理價格都是可以被推估出來的，而懂得如何計算好價格的投資人，才能成就完美的投資。

用5種財務比率法 算出股票的「好價格」

就一個完美的股票投資，選對「好公司」只是好的開始，因為只成功了 1/3，而另 2/3 成功的關鍵，除了要「克服人性」之外，還必須堅守「好價格」的原則，才能真正成就完美的投資。

舉例來說，一檔優秀的股票，如果價值是 100 元，但是投資人卻因為市場氣氛熱烈而追高買在 200 元，想要靠這檔股票賺大錢，恐怕有一定的難度。因此，如何計算出一檔股票的真實價格，便成了投資人得學習與面對的課題。

一般而言，從財務分析的角度，計算股票價值的方式大致可以分為 2 大類：1. 內在價值法、2. 財務比率法（詳見圖 1）。前者分析的邏輯是以「現金流量折現」為基礎，優點是容易理解，但缺點則是需要投入大量的時間與精力，才能建立一個合理的評價基礎。美國投資大師巴菲特（Warren Buffett）即是使用這個方法的佼佼者，相關內容將在 4-3 中與大家繼續分享。

圖1 計算股票價值的方式可以分為2大類
——計算股票真實價格的方式

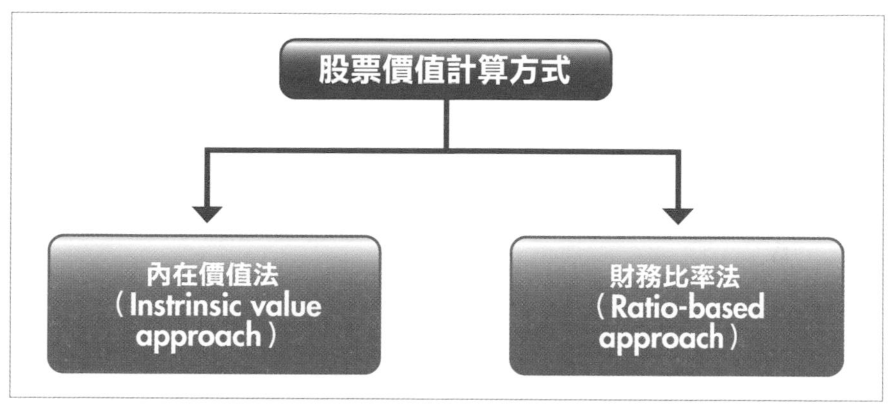

相較於內在價值法，「財務比率法」最大的優點就是計算過程簡單，而相關的財務比率資訊又隨手可得，因此，也是目前市場中比較常見的股價評價方法。財務比率法又可以分為：1. 本益比、2. 股價盈餘成長比、3. 股價淨值比、4. 股價營收比、5. 現金報酬率 5 種（詳見圖 2）。

現金報酬率》評估股價的最佳工具

如果進一步從理論的基礎，與各財務比率法的優缺點來相比較，我認為「現金報酬率」（Cash Return）可以說是這 5 種評價方法中最好的一種，

圖2 財務比率法可分為5種
——財務比率法的種類

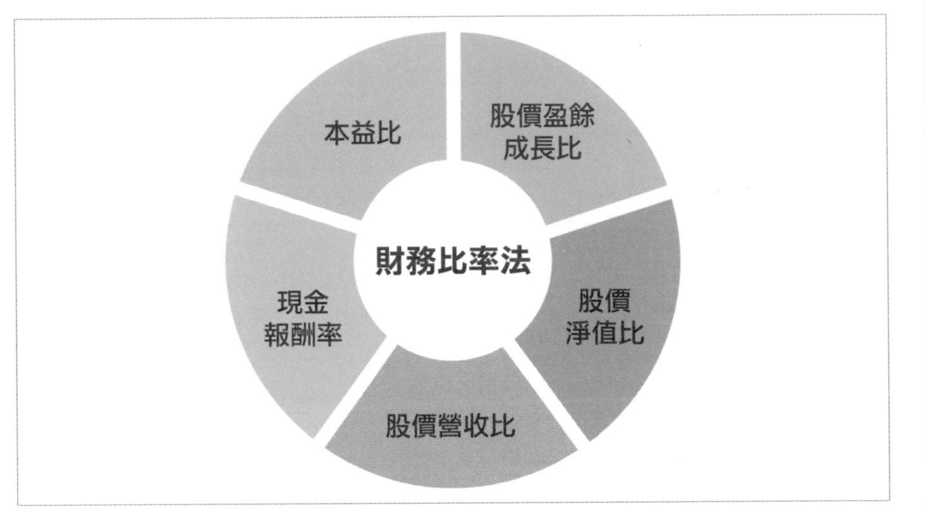

因為分析一家公司的獲利能力，必須從「自由現金流量」的概念切入。現金報酬率的計算方式如圖 3。所謂的「自由現金流量」，指扣除「資本支出」後的實際現金獲利，而「完全持有企業的財務成本」的計算方式，則是公司市值加上長期負債後，再減去現金的總值。

其中，在現金的部分，有一個值得注意的地方是，2013 年開始，由於台灣採用與國際接軌的 IFRS（國際財務報導準則），因此在「現金」與「約

圖3 現金報酬率是從自由現金流量的概念來計算
——現金報酬率計算公式

(自由現金流量+利息費用)÷完全持有企業的財務成本=現金報酬率

當現金」的認知上，產生了一個很大的轉變。

過去台灣的上市櫃公司，會把放在銀行的定存視為「約當現金」，但依現行的 IFRS 會計準則，只要是 3 個月以上的定存，都應該放在「短期投資」的會計科目中。

因此，2013 年第 1 季，台灣所有上市櫃公司有一個普遍的現象，就是「短期投資」突然暴增，以全球最大的電池芯模組廠商新普（6121）為例，2012 年第 4 季帳上的短期投資只有 4.99 億元，但 2013 年第 1 季就增加到 35.41 億元（詳見圖 4）。

接下來就以 2013 年 7 月 11 日取得的新普財報為例，按 3 步驟計算出

圖4 因新制認列方式差異，2013年Q1新普短期投資暴增
——新普(6121)合併資產負債表

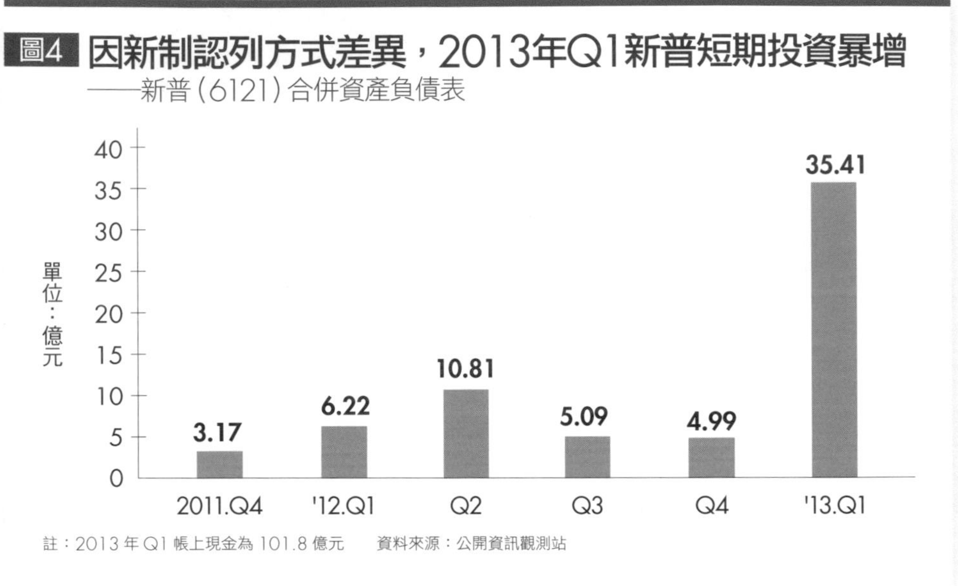

註：2013 年 Q1 帳上現金為 101.8 億元　　資料來源：公開資訊觀測站

它當時的現金報酬率：

步驟1》計算完全持有企業的財務成本

首先要算出現金報酬率的計算分母「完全持有企業的財務成本」（詳見圖 5）。

新普在2013年7月11日當天的市值為389.98億元，長期負債為0元，現金則為 101.8 億元；換言之，新普的完全持有企業的財務成本為：

圖5 完全持有企業的財務成本為市值加長期負債再減現金
——完全持有企業的財務成本計算公式

市值 389.98 億元＋長期負債 0 元－現金 101.8 億元
＝完全持有企業的財務成本 288.18 億元

步驟2》計算自由現金流量

現金報酬率的分子則為自由現金流量加上利息費用。

自由現金流量對於國內的投資人而言，或許是一個非常陌生的財報數據，但是對於國外的分析師而言，卻是一個重要性不亞於每股盈餘（EPS）的財報數據，因為公司自由現金流量的成長，往往也是「預告」盈餘也將成長的先行指標。自由現金流量的計算方式如圖 6，也就是營運活動的現金流量減去資本支出，再減去利息及稅的影響之後，所得的數值便為自由現金流量。

圖6 自由現金流量為營運活動現金流量扣除2支出
——自由現金流量計算公式

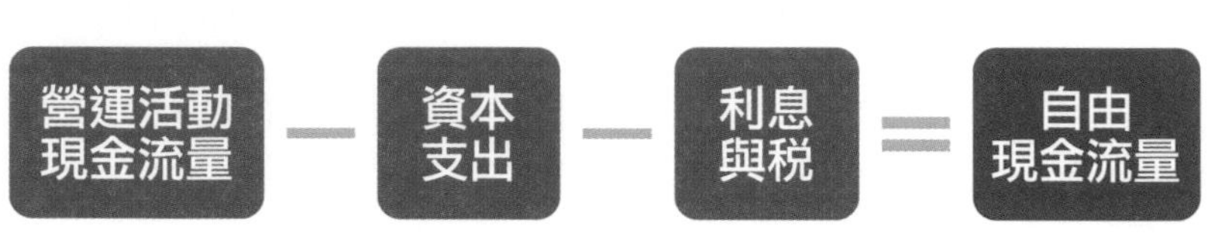

從新普的相關財報數據得知，自 2012 年第 2 季到 2013 年第 1 季，新普來自於營運活動的現金流量合計為 69.62 億元，期間的資本支出、利息與稅金，分別為 15.19 億元、1.13 億元與 13.22 億元（詳見表 1）；換言之，新普的自由現金流量為 40.08 億元，計算方式如下：

營運活動現金流量 69.62 億元－資本支出 15.19 億元－利息 1.13 億元－稅 13.22 億元

＝自由現金流量 40.08 億元

步驟3》計算現金報酬率

有了完全持有企業的財務成本與自由現金流量的數值後，便可算出新普的現金報酬率：

表1 2012年Q2後4季，新普營運活動現金流合計近70億元
——新普（6121）財報數據

時間	營運活動現金流量	資本支出	利息	稅
2012.Q2	17.58	3.79	0.49	4.29
2012.Q3	3.31	4.51	0.28	4.26
2012.Q4	7.64	3.09	0.23	2.51
2013.Q1	41.09	3.80	0.13	2.16
4季合計	**69.62**	**15.19**	**1.13**	**13.22**

註：單位均為億元　　資料來源：新普財報、《投資家日報》

（自由現金流量 40.08 億元＋利息費用 1.13 億元）÷ 完全持有企業的財務成本 288.18 億元

＝現金報酬率 14.3%

現金報酬率的評價方式，主要目的是評估一家企業創造自由現金流量占完全持有企業財務成本的比率；比率愈高，即代表投資報酬率愈高。就投資的角度而言，一家最理想的企業，就是每年不但可以「源源不絕」賺進大筆的現金，而且不需要投入額外的資本支出（例如添購機器設備等），就可以維持目前甚至更好的獲利水準。

現金報酬率的評價，如果能進一步套用到所有的上市櫃公司，便可根據

圖7 新普2024年3月最高漲至556元
——新普（6121）日線圖

註：資料日期為 2012.11.30 ～ 2024.04.30　　資料來源：XQ 全球贏家

現金報酬率的高低列出總排名順序，比率愈高而排名愈前面的公司，就愈具有投資的潛力。這個公式的使用，也可大幅縮小投資人選股的範圍。

時序進入 2024 年，10 年多的時間過去，隨著新普 2024 年 3 月 13 日股價來到波段的最高點 556 元（詳見圖 7），若以 2013 年 7 月 11 日時的收盤價 126.5 元作為成本計算，並考量 2017 年現金減資 4 元，以及期間共配發 138.5 元現金股利的影響後，投資 10 年的年化報酬率大約

圖8 本益比代表投資人願意出多少價格獲得公司盈餘
——本益比計算公式

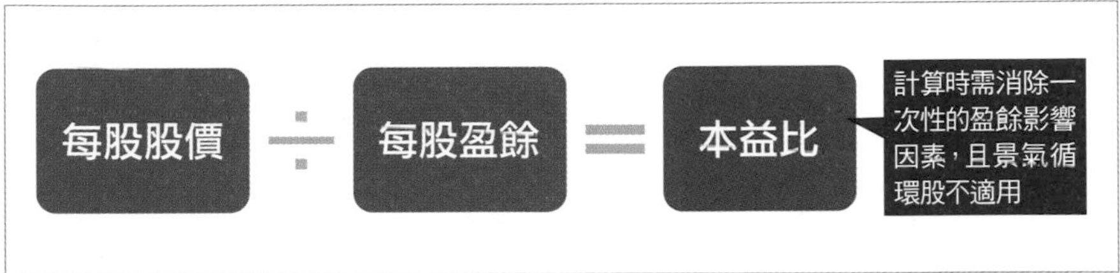

落在13%，與2013年7月所試算的現金報酬率14.3%，可說是相距不遠。

本益比》預估本益比的參考性較追蹤本益比高

「本益比」是目前投資人最常見評價股票的方法，計算的方式就是以每股股價除以每股盈餘（詳見圖8）。本益比愈高，代表投資人願意出較高的價格，從公司獲得1元的盈餘。因此，本益比也可以代表投資人「回收成本」的時間，也就是在每股盈餘不變的情況下，投資人買到本益比20倍的股票，代表20年才能回收原始的投資成本。

然而本益比最大的缺點，就是本益比本身並不會透露出太多關於股票的評價。簡單來說，20倍的本益比是「高」或是「低」，很難有一個確切的

圖9 預估本益比是用未來4季盈餘計算
——本益比種類

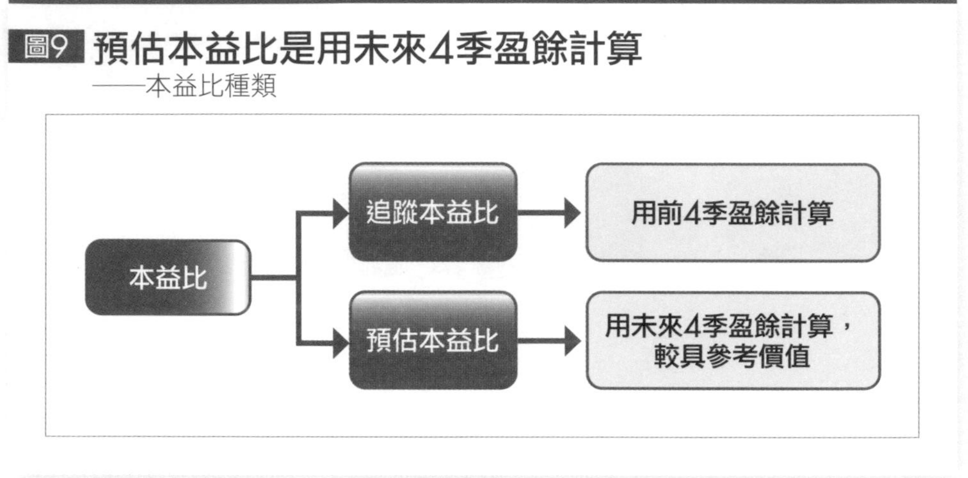

標準，除非再考量到整體市場的本益比、主要競爭對手的本益比，或是公司的歷史本益比等資訊，才能理出一些具有參考價值的頭緒。

此外，採用不同每股盈餘計算，又可區分出「追蹤本益比」與「預估本益比」（詳見圖 9）。由於公司過去的營運表現，並不能代表未來實際的狀況，因此「預估本益比」只要在合理的推論下，通常會具較高的參考價值。

股價盈餘成長比》專業投資人愛用

前面提到，本益比本身不會透露出太多關於股票的評價，然而「股價盈

圖10 若股價盈餘成長比為0.5，投資人可買進股票
——股價盈餘成長比計算公式

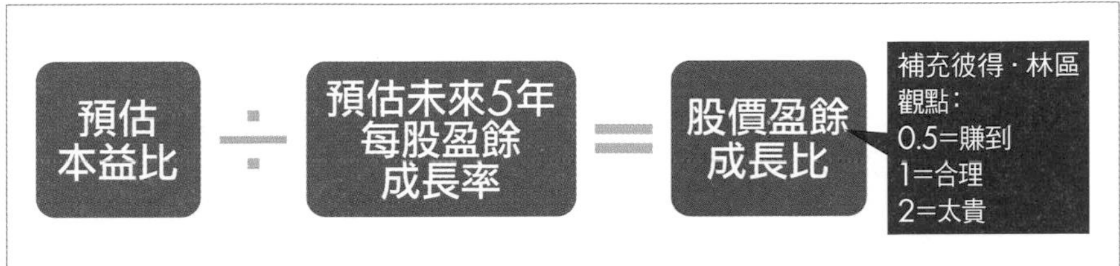

餘成長比」卻提供了一個解決的方案。

股價盈餘成長比（又稱為「本益成長比」）是從本益比延伸出來的一種評價方法，這是由英國傳奇投資人吉姆・史萊特（Jim Slater）所創，後由美國投資大師彼得・林區（Peter Lynch）大力推廣。計算的方式就是以預估的本益比除以未來 5 年的預估盈餘成長率，由於同時考量到本益比與未來成長性，因此是許多專業投資人喜好的一種評價方式。

彼得・林區在其著作《選股戰略》中觀察表示，如果一家公司的股價盈餘成長比僅有 0.5（成長率是本益比的 2 倍），他會毫不考慮地進場逢低買股票；反之，如果一家公司的本益比是盈餘成長率的 2 倍，那他情願帶著家人去拉斯維加斯度假，開心地花掉這筆錢，也不會傻到買進這家公司

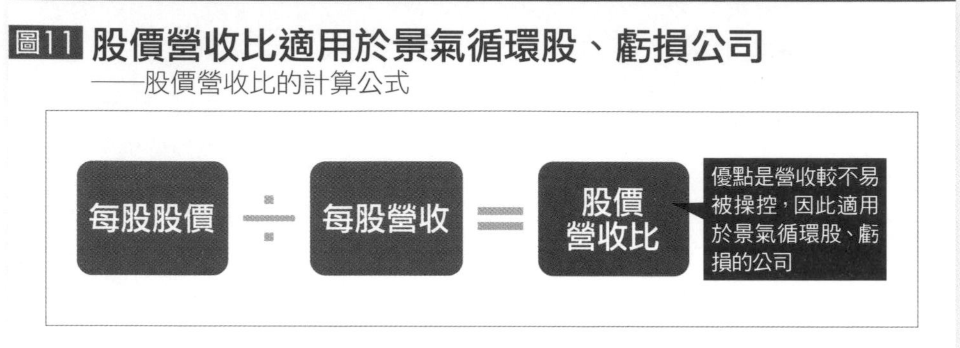

的股票（詳見圖 10）。

股價淨值比》保守型投資人偏愛

「股價淨值比」是許多保守型的投資人相當偏好的評價方式，最著名的愛用者就是巴菲特的老師班傑明．葛拉漢（Benjamin Graham）。葛拉漢認為，股價淨值比提供了一個比盈餘更具體的方法來衡量公司價值，計算方式就是「每股股價」÷「每股淨值」。

但是，就像其他財務比率法一樣，股價淨值比在使用上仍有一些必須考慮的因素。例如，對於一些擁有許多土地、品牌或專利權等無形資產的公司而言，資產負債表上的帳面價值，將無法完全反映出真實價值。

近幾年，台灣積極推動與國際接軌的 IFRS 會計制度，在某一層面來說，就是為了大幅縮小「帳面價值」與「市價」的落差，讓財務報表的閱讀者更能準確掌握到一家公司的真實價值。

股價營收比》數字穩定不易被操弄

此外，對於一些每年盈餘變化很大的公司，「股價營收比」則提供了另一個合理的評價基礎。相較於盈餘容易被公司經理人所操弄，營收則是相對穩定的財務數字，因此股價營收比的好處除了適用景氣循環股之外，虧損的公司也同樣適用（詳見圖 11）。

總結而論，不同的財務比率法優缺點各有不同，因此在股票價格的計算過程中，還必須考量到個別公司的屬性，才能在合理的基礎上評估出一家公司的真實價值。

股市大師愛用股票計算法——現金流量折現法

如果有人問我，在企業評價中，只能選 1 個財務數據，作為評價的最重要指標，我會毫不考慮地回答：「股東權益報酬率（Return On Equity，ROE）。」

「股東權益報酬率」的重要性來自於，它是所有財報分析比率中唯一可對企業營運做出全方位評量的比率指標。

了解現金流量折現法前，先認識ROE

一般而言，一家公司能長期維持優良的股東權益報酬率，一定是代表這家公司在行銷部門、生產部門及財務部門，都能維持很好的績效運作，才能創造出好的 ROE 表現。

我們可以從圖 1 公式的拆解，推論為何 ROE 具有全方面評量公司營運的

圖1 從ROE可看出行銷、生產、財務部門的績效
——股東權益報酬率的計算公式

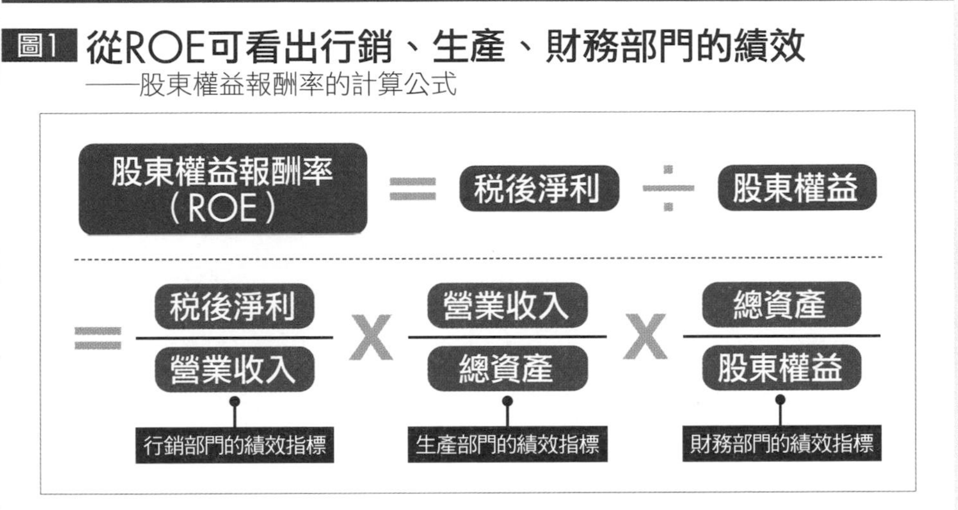

指標意義：稅後淨利除以營業收入，可視為行銷部門的績效指標；營業收入除以總資產，則為生產部門的績效標準；而總資產除以股東權益，則是財務部門的衡量指標。

企業的合理價格，為未來現金流量的折現總和

了解 ROE 的重要性之後，接下來就要進入到「現金流量折現」的計算方式。這當中還會再參考的財務數據包括了「盈餘」、「淨值」、「折現率」與「盈餘分配率」。

整體而言，我認為，一家企業合理的價格，就是加總這家企業未來現金流量折現後的總和。

範例試算》便利商店年賺100萬元的合理收購價

首先，稍微簡述現金流量折現到底是一個什麼樣的思考邏輯。請各位假設一個狀況：假如一間在你家附近的便利商店想要出售轉讓給你，那麼你願意花多少錢買下？

或許你會考量這家便利商店的地點好不好？人潮多不多？或者是其他你覺得對便利商店營運很重要的因素，但總歸而言，最後還是得回歸到一個最實在的問題，這家便利商店賺不賺錢？再假設這間便利商店每年都可賺 100 萬元，在這前提下，你又願意花多少錢買呢？

回收成本的時間，或許可以提供一個評價的思考方式：出價 1,000 萬元，回收的時間是 10 年；如果出價 2,000 萬元，回收的時間便是 20 年；如果可以用 500 萬元買下，那麼僅需 5 年的光景就可以回收成本。

到底怎樣的價格才算合理？多久的回收時間才算正常？因為這個牽涉到機會成本的問題，所以我建議，不妨比較「無風險報酬率」與「投資報酬率」

圖2 用現金流量折現法計算價格前，須考量5財務數據
——現金流量折現法5大財務數據

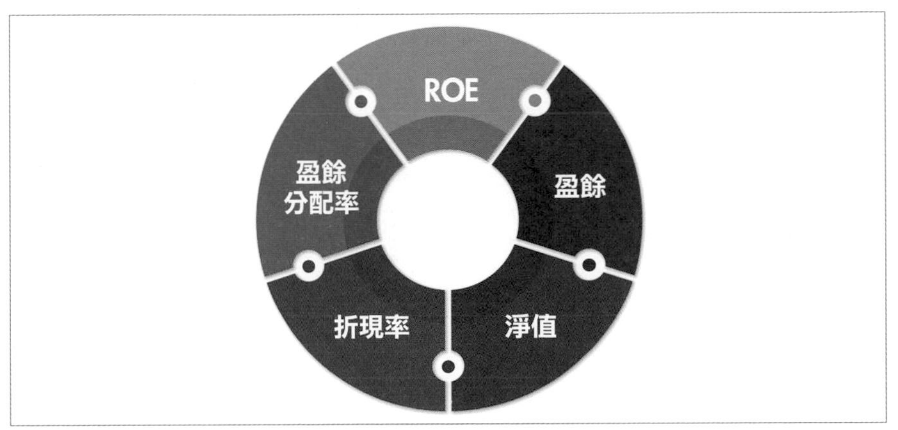

之間的差異（無風險報酬率，通常採用政府的 30 年期公債利率，因為這是市場上無風險狀況下，可以獲得最高的利潤）。

回到收購便利商店的問題，如果出價 2,000 萬元，以它每年獲利 100 萬元的情況，這項投資的每年報酬率便為 5%。假設目前政府 30 年期的債券利率為 5%，那麼投資便利商店與投資政府債券的報酬率便相同。投資政府債券是一項無風險投資（至少政府不會倒），然而投資便利商店，卻極有可能面臨營運或財務上的風險，例如經理人中飽私囊、巧遇地震等諸如此類的意外。所以，便利商店的投資報酬率必須遠高於政府債券的利率，而其差距的部分便是補償投資人要多承擔的「風險」，又稱「風險貼水」。

具體來說，折現率的設定方式為：「無風險利率＋風險貼水」。無風險利率一般就是用公債的利率，例如美國 30 年期公債利率為 5% 時，就可用 5% 這個數字，但若是日後利率下降，也需要把這個數字降低。

由於風險貼水是投資人要多承擔的企業營運風險，而風險評估會影響到「折現率」的給予，這也是企業評價中最困難的部分，因為這牽涉到對企業整體營運風險的評估。營運風險高，給予的折現率則高；營運風險低，給予的折現率則低。相同財務數字表現的公司，會因為採用不同的折現率，使計算出來的企業價值產生很大的差別。

就我個人的經驗法則，對於沒有競爭對手的公司，風險貼水（營運風險）的部分我會用 5%（無風險利率要另外加計）；有很多競爭對手的，風險貼水的部分會用 10%、15%（無風險利率要另外加計）。

由於這牽涉到個人主觀意見的形成，在「適當折現率」的採用上要格外謹慎，因為折現率若給得太高，將嚴重低估企業價值；反之，則會因高估企業價值而付出昂貴的代價。

表1 盈餘年增0%且年報酬率14.9%下，買進價為335萬元
——便利商店20年現金流量折現表

試算條件：便利商店年盈餘100萬元、折現率15%、盈餘成長率0%

年度	盈餘（萬元）	折現價（萬元）	累計（萬元）	年化報酬率（%）
1	100	86.96	86.96	100.00
2	100	75.61	162.57	41.50
3	100	65.75	228.32	26.00
4	100	57.18	285.50	19.00
5	100	49.72	**335.22**	14.90
6	100	43.23	378.45	12.30
7	100	37.59	416.04	10.40
8	100	32.69	448.73	9.00
9	100	28.43	477.16	8.00
10	100	24.72	501.88	7.20
11	100	21.49	523.37	6.50
12	100	18.69	542.06	5.95
13	100	16.25	558.31	5.50
14	100	14.13	572.45	5.10
15	100	12.29	584.74	4.70
16	100	10.69	595.42	4.45
17	100	9.29	604.72	4.15
18	100	8.08	612.80	3.90
19	100	7.03	619.82	3.70
20	100	6.11	625.93	3.55
企業價值（萬元）			**625.93**	

資料來源：《投資家日報》

在巴菲特的投資觀念中，不碰「複雜、難懂」的企業，關鍵便在於難以掌握營運風險。「複雜」將使評估分析的過程過於龐雜，而「難懂」常會使分析陷於狹隘的觀點中。複雜、難懂的企業，將會使「給予適當的折現率」成為一項極具困難的工作。

狀況1》不考慮盈餘成長

為了簡單論述，這個便利商店的例子，先假設折現率為 15%，這中間包含了 5% 的無風險利率，與投資人所承擔的 10% 風險貼水（折現率已將通貨膨脹納入考量，因為政府的債券利率已反映通貨膨脹）。以此推論便利商店每年的現金流量，也就是將未來每年現金流量折現至今並加總，例如：

1 年後的 100 萬元：以 15% 折現，僅值 87 萬元（100 萬元 ÷1.15）。

2 年後的 100 萬元：以 15% 折現，僅值 75.6 萬元（100 萬元 ÷1.15^2）。

……依此類推（詳見表 1）。

該用多少價格購入便利商店，端看不同投資人對報酬率的要求，以及當時整體市場的氣氛而定。參考表 1 的折現結果，若對每項投資案的基本要求報酬率為 14.9%，那麼合理的購買價便為 335 萬元（第 5 年回收），

表2 盈餘年增10%且年報酬率14.9%下，買進價為438萬元
——便利商店20年現金流量折現表

試算條件：便利商店年盈餘100萬元、折現率15%、ROE 20%、盈餘分配率50%、盈餘成長率10%

年度	盈餘（萬元）	折現價（萬元）	累計（萬元）	年化報酬率（%）
1	110.00	95.65	95.65	100.00
2	121.00	91.49	187.14	41.50
3	133.10	87.52	274.66	26.00
4	146.41	83.71	358.37	19.00
5	161.05	80.07	**438.44**	14.90
6	177.16	76.59	515.03	12.30
7	194.87	73.26	588.29	10.40
8	214.36	70.07	658.36	9.00
9	235.79	67.03	725.39	8.00
10	259.37	64.11	789.5	7.20
11	285.31	61.33	850.83	6.50
12	313.84	58.66	909.49	5.95
13	345.23	56.11	965.6	5.50
14	379.75	53.67	1,019.27	5.10
15	417.72	51.34	1,070.61	4.70
16	459.50	49.10	1,119.71	4.45
17	505.45	46.97	1,166.68	4.15
18	555.99	44.93	1,211.61	3.90
19	611.59	42.97	1,254.58	3.70
20	672.75	41.11	1,295.69	3.55
企業價值（萬元）			**1,295.69**	

資料來源：《投資家日報》

如果要求報酬率為 7.2%，合理的購買價便是 501 萬元（第 10 年回收）。

至於當時整體市場氣氛，則會影響到你是否有機會可以用理想的價格，買到便利商店。如果當時景氣低迷，甚至剛好遇到老闆跳樓大拍賣，撿便宜的機會便會出現。

狀況2》假設盈餘年增10%

上述的例子，是在沒有考慮盈餘成長的情況下，所計算出來的企業價值。假設便利商店每年盈餘都能成長 10% 的情況，那麼計算價值就必須再做調整，也就是如表 2 所示，每年的盈餘會以 10% 的幅度成長，再折現回來。

可以看到，如果投資案的基本要求報酬率為 14.9%，那麼便利商店的適合購買價便為 438 萬元（第 5 年回收），如果要求報酬率為 7.2%，適合購買價便是 789 萬元（第 10 年回收）。

這個例子中，我們是假設便利商店每年的盈餘成長為 10%，而在財務分析中，一家企業的盈餘成長率，會相當於其 ROE×（1 －盈餘分配率）；其中，盈餘分配率指現金股利占盈餘的比率（詳見圖 3）。所以假設便利商店的 ROE 都能維持在 20%，且盈餘分配率為 50%，那麼便利商店的盈餘成長率為 10%（＝ 20%×（1 － 50%））。

圖3 盈餘成長率可透過ROE、盈餘分配率計算
——盈餘成長率計算公式

ROE X（1－盈餘分配率）＝ 盈餘成長率

另外，在評量時，如果便利商店本身的總資產減去總負債之後，有剩餘的淨值（即股東權益），那麼就必須將現金流量的折現價再加上淨值，才能計算出正確的企業價值。

舉例來說，未來 20 年現金流量的折現價為 789 萬元，而企業本身的淨值為 100 萬元，那麼合理的企業價值就是 889 萬元（＝ 100 萬元＋ 789 萬元）。

實際案例》以現金流量折現法計算台積電企業價值

回到股票市場的實際評價上，以晶圓代工龍頭台積電（2330）為例，2019 年到 2023 年在財務方面的表現，平均 ROE 為 29.22%、盈餘分

表3 2019年~2023年台積電平均ROE為29.22%

——台積電（2330）ROE與盈餘分配率

年度	ROE（%）	盈餘分配率（%）
2019年	20.93	71.32
2020年	29.84	50.08
2021年	29.70	47.81
2022年	39.64	28.06
2023年	26.00	40.20
平均值	**29.22**	**47.49**

配率平均為 47.49%（詳見表 3），所以盈餘成長率推估為 15.34%（＝29.22%×（1 － 47.49%））。

補充一點，在計算台積電盈餘成長率時，所採用的 ROE 及盈餘分配率數據是過去 5 年的「平均值」，會比較符合現實的評估，這是避免在盈餘成長時，出現愈看愈好的陷阱。另一個好處則是，投資人不必去預測經濟的波動，因為「平均法」已經為投資人完成預測了。

重新再回到用現金流量折現的觀點，來評價台積電這檔股票，在假設折現率為 10% 的基礎下（編按：5% 為無風險利率＋ 5% 風險貼水），未來 20 年後折現後的每股企業價值就是落在 1,019.95 元（詳見表 4），計算

表4 未來20年後，台積電折現後的每股企業價值約1019元

——台積電（2330）現金流量折現表

計算財務指標：折現率10%、ROE 29.22%、盈餘分配率47.49%、盈餘成長率15.34%、股本2,593億元、每股淨值133.38元

年度	EPS（元）	折現價（元）	企業價值累計（元）
0年（2023.Q4）	32.34		133.38
1年	37.30	33.91	167.29
2年	43.03	35.56	202.85
3年	49.63	37.29	240.13
4年	57.24	39.10	279.23
5年	66.02	41.00	320.23
6年	76.15	42.99	363.21
7年	87.84	45.08	408.29
8年	101.32	47.26	455.55
9年	116.86	49.56	505.11
10年	134.79	51.97	557.08
11年	145.13	50.87	607.95
12年	156.27	49.79	657.74
13年	168.26	48.74	706.48
14年	181.16	47.71	754.19
15年	195.06	46.70	800.88
16年	210.03	45.71	846.59
17年	226.14	44.74	891.33
18年	243.49	43.79	935.12
19年	262.17	42.87	977.99
20年	282.28	41.96	1,019.95
	企業價值		**1,019.95**

註：1. 財報基準日為 2023.Q4；2.ROE 及盈餘成長率採 2019 年～ 2023 年平均數據直接計算，表中僅採四捨五入至小數點後第 2 位呈現；3. 推估第 11 年到第 20 年 EPS 時，盈餘成長率採減半計算　　資料來源：《投資家日報》

方式就是：

2023 年 Q4 每股淨值 133.38 元
＋第 1 年 EPS 折現價 33.91 元
＋第 2 年 EPS 折現價 35.56 元
＋第 3 年 EPS 折現價 37.29 元
⋮
＋第 20 年 EPS 折現價 41.96 元

而在實務操作上，557 元會是我對台積電利用 2023 年 Q4 財報所設定的買進價格，因為它隱含了 7.2% 的年化報酬率，而長期的賣出目標價可設定 20 年回收價格的 1,019 元。

最後要補充的是，上述的價格，會需要隨著台積電公布最新的財報數據，以及聯準會的利率政策，進行滾動式的調整，如此才能符合實際的狀況。

總結而論，「現金流量折現」優點是容易理解，但缺點是需要投入大量的時間與精力，才能建立一個合理的評價基礎。因為「適當折現率」的採用，必須格外謹慎，如果折現率給得太高，將嚴重低估企業價值；反之，則會高估企業價值而付出昂貴的代價。

把握過街老鼠股 賺取「鹹魚大翻生」的超額利潤

「逆向思考」是投資賺錢很重要的思維策略，愈多人說好的產業或股票，往往投資的風險愈高；反之，愈多人說不好的產業或股票，有時反而更容易出現投資暴利，尤其是那些愈殺紅眼、淘汰競賽愈激烈的產業，最後能夠存活下來的公司，未來的股價就愈能存在超額的利潤。

2011 年～ 2012 年，台股中有 4 個產業：DRAM、面板、太陽能、LED，不但被喻為 4 大「慘」業，更幾乎成了「過街老鼠，人人喊打」的標的。其中，DRAM 產業更是一面倒地被所有人看衰。

被所有人看衰的產業或股票，真的有這麼差嗎？也讓我開始有不一樣的想法：DRAM 真的有這麼差嗎？從財務報表來看，這個問題的答案，或許會大出所有人的意料之外。

先不談台灣 DRAM 產業「技不如人」的技術困境，單就財務報表中的一些觀念來看，這些「過街老鼠股票」到底值不值得投資？其中評量的標準包括：

1. 有在吃老本嗎？

評量方式：每股盈餘（EPS）雖虧錢，但來自營運現金流量是正數。

2. 公司會倒嗎？

評量方式：帳上現金可以支應 1 年內到期的長期負債。

3. 公司值多少錢？

評量方式：計算每股清算價值。

思考1》有在吃老本嗎？

觀察現金流量，只要骨子裡仍賺錢，無須擔憂帳面虧損

原隸屬台塑（1301）集團的DRAM廠華亞科（已由美商美光公司購併），表面上在2011年Q3時已經連續6季虧損，股價也慘不忍睹（詳見圖1）。

即使當時全球的DRAM廠商都苦不堪言，但檢視華亞科 2010 年 Q4 ～ 2011 年 Q3 的財報，若扣除設備折舊的影響之後，華亞科來自營運活動

圖1 華亞科股價走跌，但仍有營業現金流入
——華亞科日線圖

華亞科營運現金流量

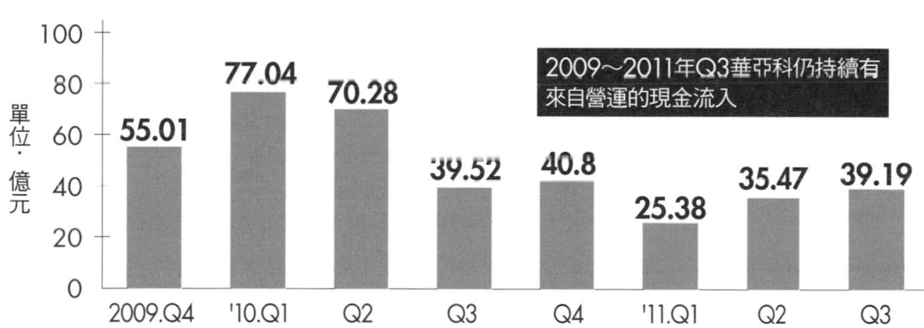

註：上圖資料日期為 2009.12.25 ～ 2011.11.30；下圖資料日期為 2009.Q4 ～ 2011.Q3
資料來源：XQ 全球贏家、《投資家日報》

的現金流量仍維持「正數」的表現，分別創造 40.8 億元、25.38 億元、35.47 億元與 39.19 億元的現金流量；換句話說，就我的認知，華亞科基本上仍是一家「還在賺錢」的公司。

對於一家帳面雖然「虧損」，但骨子裡仍在「賺錢」的公司而言，華亞科當時的股價跌到不及每股淨值 8.28 元的一半，合理嗎？當然不合理。

果不其然，沒隔多久市場就開始合理反映股價超跌的情況，華亞科的股價也在 3 個月內一路從 3.73 元急升到 9.19 元，出現了一波短線漲幅高達 146% 的反彈行情（詳見圖 2）。

另一家 DRAM 廠華邦電（2344），在相同的時間，也出現相同的情況。

檢視華邦電的現金流量表，由於公司 2009 年從「標準型 DRAM」轉型到「利基型 DRAM」的決策，不但讓當時的華邦電成為國內唯一還可維持帳面獲利的 DRAM 廠，來自營運的現金流量在 2010 年～ 2011 年期間的 8 季，累計超過 216 億元；換言之，當時表面與骨子裡都賺錢的華邦電，股價卻一路從最高的 11.15 元暴跌，2011 年 11 月底爆出 6 年來最大量，當天收盤價只剩 3.77 元（詳見圖 3），不到每股淨值的 40%，合理嗎？答案當然不合理。

圖2 自2011年11月下旬起，華亞科股價3個月內急漲146%
——華亞科日線圖

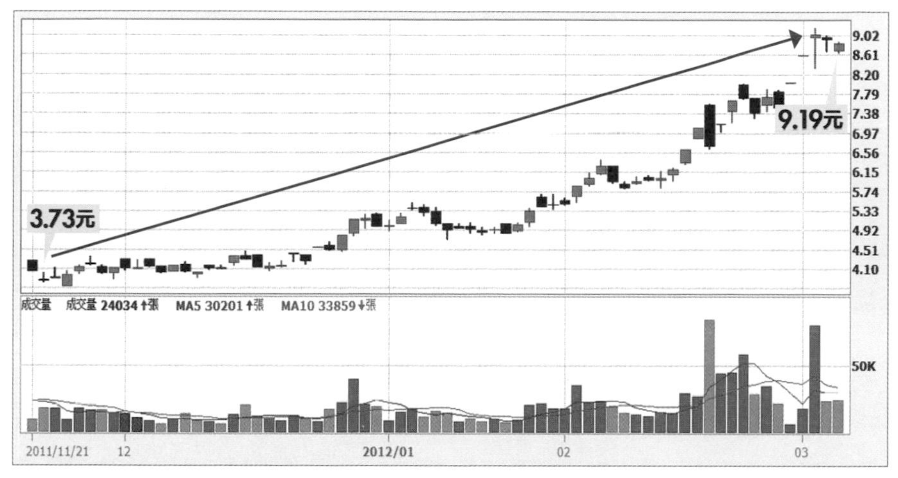

註：資料日期為 2011.11.21 ～ 2012.03.04　　資料來源：XQ 全球贏家

果不其然，往後的 3 個月，市場開始合理反映華邦電該有的價值，股價一路從 3.51 元急升到 6.96 元，短線漲幅高達 97%（詳見圖 4）。

思考2》這家公司會倒嗎？

考慮財務安全，帳上現金可以支應1年內到期的長期負債

除了現金流量之外，財務安全則是另一個考量的重點。

檢視一個競爭已經殺到見骨的產業，評價一家人人都看衰的公司時，投資人要思考的，應該是聚焦在「這家公司會倒嗎？」的議題上。因為假設公司倒閉或是股票下市，所有的投資也將付諸流水，一去不回，因此投資這類型股票前，一定要再三確認這個「假設前提」是否會發生。

一家公司會不會倒？關鍵在於公司手上的現金是否足以支應平常的營運活動，其中能否「償還銀行的借款利息與本息」，往往是衡量公司是否能度過財務危機最大的關鍵。

在財報分析的教科書中，會以「流動比率」與「速動比率」作為公司償債能力的衡量標準，但在我的實務經驗中，會習慣以最嚴格的標準，來看待一家公司的財務安全。尤其在評價一家外人看似「岌岌可危」的公司時更是如此。

而這個更嚴謹的標準，就是檢視公司目前的帳上「現金」，是否足以支付「1 年內到期的長期負債」（詳見圖 5）？如果不夠，其中資金缺口的差異又有多大？

舉例來說，面板大廠友達（2409）時任董事長李焜耀曾多次在 2011 年公開表示，雖然當時全球的面板產業慘不忍睹，但友達的財務結構比同業

圖3 華邦電股價走跌，但仍有營業現金流入

——華邦電（2344）日線圖

華邦電（2344）營運現金流量

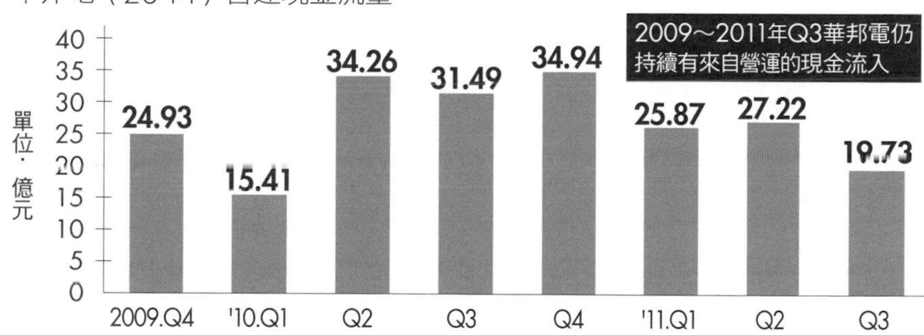

註：上圖資料日期為 2010.12.30 ~ 2011.12.01；下圖資料日期為 2009.Q4 ~ 2011.Q3
資料來源：XQ 全球贏家、《投資家日報》

圖4 2011年11月中旬起，華邦電股價3個月內大漲97%
——華邦電（2344）日線圖

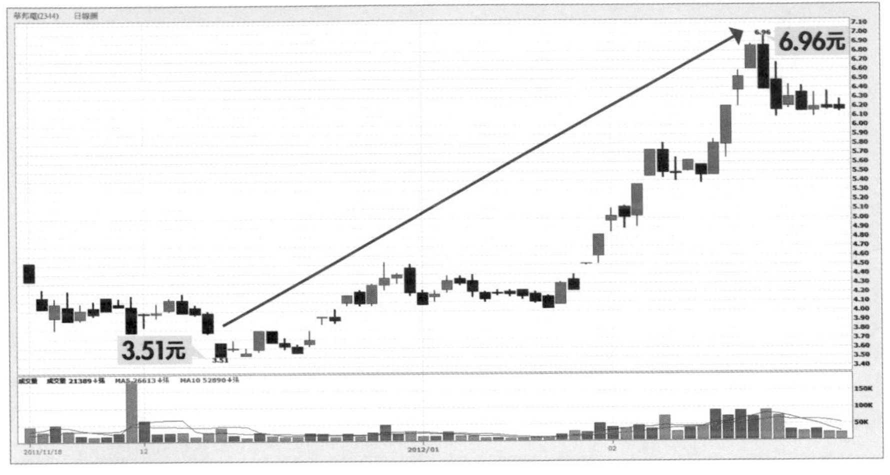

註：資料日期為 2011.11.18～2012.02.24　　資料來源：XQ 全球贏家

的競爭對手奇美電（3481，現已更名為群創）好上太多。換句話說，李焜耀言下之意是，即使台灣的面板廠商不幸撐不過這一波景氣寒冬，奇美電一定會比友達更早遭殃。

李焜耀這一番談話其實是有根據的。因為翻開 2011 年 Q3 的財務報表檢視，友達的帳上現金有 834 億元，而 1 年內到期的長期負債為 410 億元，基本上友達是可以支應未來 1 年的償債壓力；相較之下，奇美電同期的現

圖5 財務安全指帳上現金須足以支付1年內到期負債
——財務安全的衡量標準

現金 － 1年內到期的長期負債 ＝ 財務安全的衡量標準

金為 618 億元，但 1 年內要到期的長期負債卻高達 690 億元。

因此，如果面板產業的市況一直不見起色，母公司鴻海（2317）又不願注資，銀行也不願意再借錢給奇美電，那合理的推估，無須 1 年的光景，奇美電就將會走上倒閉的命運。當然，奇美電倒閉的機會不大，因為背後有富爸爸鴻海加持，相信即使面板市況再惡劣，鴻海創辦人郭台銘仍然會含淚「注資」。

再用上述的標準來檢視台灣其他的面板廠商，尤其是當時股價已經跌到只剩 1.2 元的彩晶（6116）。當投資人開始擔心股票是否會下市，我卻得到一個意外的發現：由於當時彩晶帳上現金約有 163 億元，1 年內到期的長期負債僅為 10 億元，因此在現金足以支付負債的情況下，財務風險根本

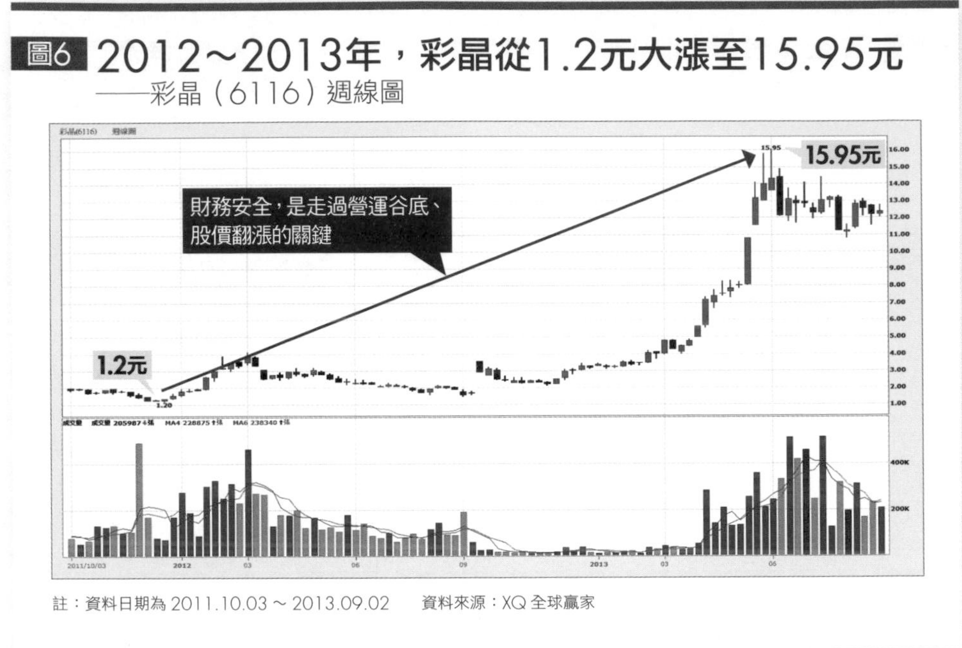

圖6 2012～2013年，彩晶從1.2元大漲至15.95元
——彩晶（6116）週線圖

註：資料日期為 2011.10.03～2013.09.02　　資料來源：XQ 全球贏家

不大。不僅不會有下市的風險，豐沛的帳上現金更提供了公司得以走過營運谷底的關鍵。2 年之後，彩晶的股價一路大漲到 15.95 元，也寫下了一頁鹹魚大翻生的精彩故事（詳見圖 6）。

重新再回到富爸爸的含淚注資，同樣也發生在 DRAM 廠華亞科的身上。

翻開華亞科 2011 年 Q3 的財報，帳上現金僅剩下 6.94 億元，但是 1

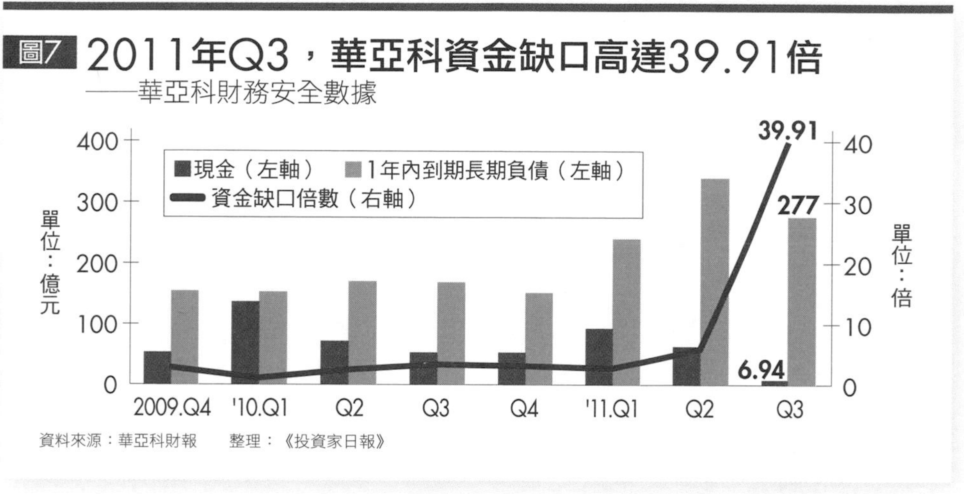

年內要到期的長期負債卻高達277億元，資金的缺口高達39.91倍，遠遠超過前7個季度平均2～3倍的資金缺口（詳見圖7）。換句話說，華亞科未來如果得不到當時的富爸爸台塑集團的注資，公司的營運前景確實堪憂。

相較之下，擁有華新（1605）集團加持的華邦電，當時的財務狀況就顯得比同業好很多——2011年Q3公司帳上現金為73億元，1年內到期的長期負債為94億元，資金缺口的倍數約為1.29倍（詳見圖8）。整體來說，華邦電當時的財務結構，雖然無法通過最嚴格的衡量標準，但由於資金缺口仍在可接受支應的範圍內，因此結論就是：公司1年內倒閉的風險不大。

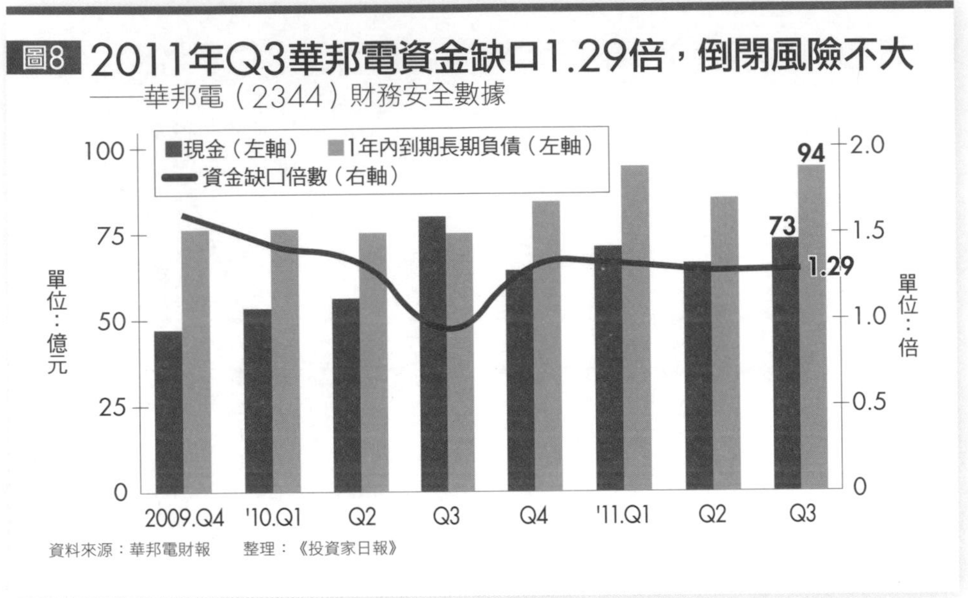

思考3》公司值多少錢？

採取最嚴格標準，計算公司每股清算價值

確認公司的倒閉風險不大之後，接下來要考慮的，就是這家公司「最少」值多少錢？

用最嚴格的標準檢視「這家公司會倒嗎？」是評價「過街老鼠股票」是否能夠危機入市的一個條件。而另一個過濾條件，就是要用最嚴格的標準

圖9 將可用資產扣掉全部負債，即為公司清算價值
——企業清算價值計算公式

可用資產 － 全部負債 ＝ 清算價值

來計算「這家公司到底值多少錢？」。

一般而言，市場在評價一檔股票的合理價格時，會習慣以「本益比」、「股價淨值比」或「現金流量折現」等方式計算（評價方式詳見 4-2 及 4-3）。但是在實務的經驗中，為了更能符合「過街老鼠股票」的實際狀況，我將投資學教科書中的評價方法做了一些改良，並以「清算價值」作為衡量的基礎。

所謂的清算價值，就是假設公司決定結束營業之時，公司所剩的價值為多少？而計算的方式則是以「可用資產」扣掉「全部負債」之後，所得的數值便是公司所剩的清算價值（詳見圖 9）。

可用資產的定義因人而異，不過，我所定義的可用資產為「總資產－應

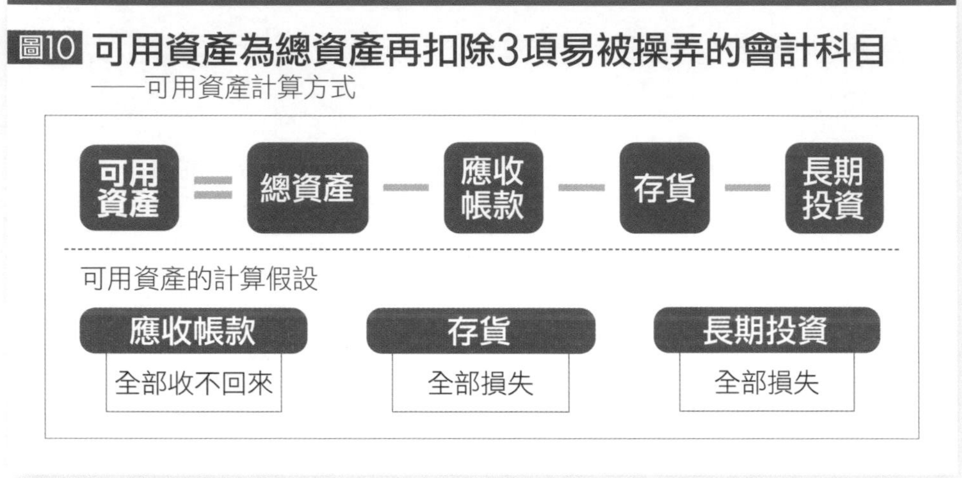

收帳款－存貨－長期投資」（詳見圖 10）。會有這樣的定義，主要的考量是財報分析中，最容易被經理人操控的資產就屬應收帳款、存貨與長期投資這 3 個會計科目。因此在評價可用資產時，我的假設是「應收帳款全部收不回來」、「存貨全部損失」與「長期投資全部損失」。

至於負債的定義，則是全部列計，也就是「短期負債＋長期負債」。因此，我所定義的清算價值就是前述的「可用資產－全部負債」。

以華邦電 2011 年 Q3 的財報為例，總資產為 650.83 億元、應收帳款為 53.92 億元、存貨為 68.19 億元、長期投資為 17.05 億元、短期負債

表1 華邦電的清算價值為243.91億元

——華邦電（2344）2011年Q3財報數據

科目	金額（億元）	科目	金額（億元）
總資產	650.83	短期負債	189.07
應收帳款	53.92	長期負債	78.67
存貨	68.19	清算價值	**243.91**
長期投資	17.05	股本	367.33

資料來源：《投資家日報》

為 189.07 億元、長期負債為 78.67 億元。

因此，根據我的定義，2011 年 Q3 華邦電的清算價值為 243.93 億元（詳見表 1），計算式如下：

華邦電清算價值

＝總資產 650.83 億元－應收帳款 53.92 億元－存貨 68.19 億元－長期投資 17.05 億元－短期負債 189.07 億元－長期負債 78.67 億元

＝ 243.93 億元

由於華邦電的股本為 367.33 億元，每股面額 10 元，發行股數則為 36.733 億股，因此每股清算價值為 6.64 元，計算式如下：

華邦電每股清算價值

＝清算價值 243.93 億元 ÷36.733 億股

＝ 6.64 元

換句話說，6.64 元不僅是華邦電當時用「最嚴格的標準」所計算出來的每股清算價值，合理推估，只要市價低於 6.64 元以下，都可解讀為超跌，未來都存在合理反映價值的上漲空間。

相同的評價邏輯，運用在另一家 DRAM 廠華亞科身上，華亞科 2011 年 Q3 總資產為 1,240.88 億元，應收帳款 62.32 億元、存貨 41.1 億元、長期投資 0 元、短期負債 514.9 億元、長期負債 341.47 億元、股本為 464.17 億元。因此，華亞科的每股清算價值為 6.05 元，比照 2011 年 12 月 7 日的收盤價為 4.18 元，當時華亞科的股價，確實有超跌的委屈。

再以另一家 DRAM 廠力晶（已下市）為例，2011 年 Q3 總資產為 949.51 億元，應收帳款為 16.31 億元、存貨為 50.11 億元、長期投資為 231.24 億元、短期負債為 423.43 億元、長期負債為 328.94 億元、股本為 554.08 億元。根據上述的定義計算，力晶的每股清算價值竟為負 1.81 元。比照 2011 年 12 月 7 日收盤價 1 元，當時的的力晶不僅沒有「太委屈的理由」，甚至預告了 2012 年年底股票下市的命運。

圖11 2011年Q3，力晶的每股清算價值為負值
——3家DRAM廠的每股清算價值與收盤價

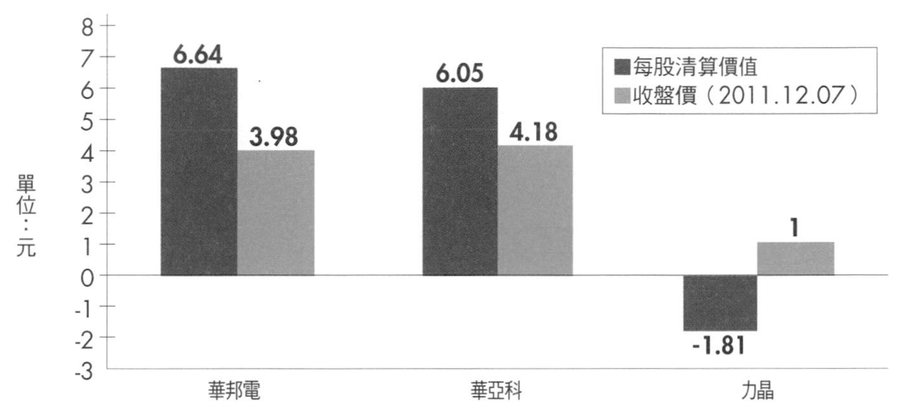

註：華亞科已於2016年被購併、力晶則於2012年年底下市　資料來源：各公司、《投資家日報》

換言之，從每股清算價值的角度來講，華邦電與華亞科才值得投資人考慮（詳見圖11）。此外，如果進一步考量上述現金流量與財務結構，華邦電則是我認為當時的首選標的。

我在2011年Q3，利用「每股清算價值」的概念來推論台灣DRAM廠商的投資價值，得到事後的完全驗證——當時每股清算價值為-1.81元的力晶，2012年12月股票下市，而被我視為DRAM廠投資首選的華邦電，只要投資人能在股價低於每股清算價值時買進，後續都會有不錯的投資利潤（詳見圖 12）。

總結而論，愈多人不看好的產業或股票，甚至被所有人視為「過街老鼠」的股票，只要投資人能夠掌握合理的股價評價方式，不但可以掌握危機入市的機會，更可為自己創造日後投資暴利的絕佳契機。

實際範例》2023年Q2航運股

從上述的「過街老鼠股」尋找獲利機會，這套策略我後來將之命名為「鹹魚大翻生」選股策略。以 2023 年 Q2 為例，當時符合條件的口袋名單中，航運股是一個比較明顯的族群，合計有陽明（2609）、長榮（2603）、萬海（2615）、四維航（5608）、台航（2617）等 5 檔標的入選。以下同樣根據上述 3 大評量標準來依序檢視：

1.有在吃老本嗎？

評量方式：EPS 雖虧錢，但來自營運現金流量是正數

通常這類型的股票，企業大多都是處於連續虧損，也就是 EPS 為負值的狀況，不過倘若來自營運活動的現金流量，仍呈現正數，就代表目前企業不是處於「吃老本（現金愈來愈少）」的狀況，而是處於還有能力「賺進

圖12 2011年底以低於6.64元買進華邦電，將有利可圖
——華邦電週線圖

註：資料時間為 2010.04.06 ~ 2013.06.24　　資料來源：XQ 全球贏家

現金」的狀態。

上述的概念，就好比有一位司機，花了 60 萬元買了一輛計程車，並且預計使用 5 年的時間，假設每個月含加油、保養、吃飯等其他支出為 3 萬元，其收入的情境分析如下：

① **景氣佳，1 年淨獲利 72 萬元**：景氣不錯，每月載客的平均營收可達

10 萬元，年營收 120 萬元（＝ 10 萬元 ×12 個月）。扣除每年折舊費 12 萬元（編按：即使不營業也要認列的固定成本 60 萬元 ÷5 年），再扣除 36 萬元的變動成本（編按：有營業才會產生的成本 3 萬元 ×12 個月），1 年淨獲利 72 萬元。

② 景氣差，1 年淨虧損 6 萬元：時機歹歹，每月載客的平均營收只剩 3.5 萬元，年營收降至 42 萬元（＝ 3.5 萬元 ×12 個月）。扣除每年 12 萬元的固定成本，再扣除 36 萬元的變動成本，1 年帳面虧損 6 萬元。在這個情境中，雖然帳面是虧損，不過由於營收已超過變動成本，因此司機還是賺得到吃飯錢，並持續累積現金，提供繼續苦撐待變的籌碼。

③ 突發疫情，1 年淨虧損 24 萬元：因疫情大爆發，每月載客的平均營收只剩 2 萬元，年營收 24 萬元（＝ 2 萬元 ×12 個月）。扣除每年 12 萬元的固定成本，扣除 36 萬元的變動成本，1 年帳面虧損 24 萬元。在這個情境中，不僅帳面虧損，營收更達不到變動成本，因此司機不僅賺不到吃飯錢，甚至得開始「吃老本」；此外，若真遇到這狀況，最好的方式就是停工，將每月的變動成本降至最低，減少吃老本的速度。

了解上述的概念之後，接下來就可以檢視上述 2023 年 Q2 符合「鹹魚大翻生」的 5 檔航運股，目前是否有處於「吃老本」的狀況？

① **長榮**：長榮雖然 2023 年 Q2 營業活動之淨現金流出 360 億元，不過排除所得稅的影響之後，營運產生之現金流入仍有 143 億元，因此從廣義的角度來看，並未出現真正「吃老本」的狀況（詳見表 2）。加上 2022 年 Q2 到 2023 年 Q1 賺得夠多，營業活動之淨現金流入分別為 1,141 億元、1,244 億元、601 億元與 193 億元，因此營業活動的現金流量，仍在健康的範圍。

② **陽明**：陽明雖然 2023 年 Q2 營業活動之淨現金流出 250 億元，不過排除所得稅的影響之後，營運產生之現金流入仍有 23.77 億元，因此從廣義的角度來看，並未出現真正「吃老本」的狀況。加上 2022 年 Q2 到 2023 年 Q1 賺得夠多，營業活動之淨現金流入分別為 429 億元、578 億元、326 億元與 77.97 億元，因此營業活動的現金流量，仍在健康的範圍。

③ **萬海**：萬海雖然 2023 年 Q2 營業活動之淨現金流出 69.6 億元，不過排除所得稅的影響之後，營運產生之現金流入仍有 53.8 億元，因此從廣義的角度來看，並未出現真正「吃老本」的狀況。此外，2023 年 Q1 雖然有「吃老本」的疑慮，營業活動之淨現金流出 5.86 億元，不過由於金額不大，加上 2022 年 Q2 到 Q4 賺得夠多，營業活動之淨現金流入分別為 350 億元、323 億元與 115 億元，因此營業活動的現金流量，仍在健康的範圍。

表2 2023年Q2扣除所得稅，航運股現金流量尚稱健康

長榮（2603）營業活動現金流量表

營業活動	2022.Q2	2022.Q3	2022.Q4	2023.Q1	2023.Q2
本期淨利	1,253.00	1,183.00	384.70	162.30	162.10
營運產生之現金流入	1,235.00	1,281.00	584.20	180.60	143.10
所得稅之（支付）退還	-93.25	-49.27	-0.80	-9.07	-535.10
營業活動之淨現金流入	1,141.00	1,244.00	601.20	193.40	-360.80

陽明（2609）營業活動現金流量表

營業活動	2022.Q2	2022.Q3	2022.Q4	2023.Q1	2023.Q2
本期淨利	754.20	627.70	189.00	42.26	61.55
營運產生之現金流入	729.20	720.10	317.20	57.71	23.77
所得稅之（支付）退還	-297.50	-155.50	-6.57	-4.27	-299.40
營業活動之淨現金流入	429.80	578.40	326.80	77.97	-250.20

萬海（2615）營業活動現金流量表

營業活動	2022.Q2	2022.Q3	2022.Q4	2023.Q1	2023.Q2
本期淨利	405.80	281.90	47.58	-24.52	19.84
營運產生之現金流入	452.40	377.90	121.40	-4.07	53.80
所得稅之（支付）退還	-101.50	-54.22	-6.27	-1.79	-123.40
營業活動之淨現金流入	350.90	323.70	115.10	-5.86	-69.60

四維航（5608）營業活動現金流量表

營業活動	2022.Q2	2022.Q3	2022.Q4	2023.Q1	2023.Q2
本期淨利	8.42	7.43	2.39	-1.99	-1.56
營運產生之現金流入	13.13	9.29	9.41	2.81	2.50
所得稅之（支付）退還	0.00	0.00	0.00	0.00	-1.71
營業活動之淨現金流入	12.48	8.50	7.12	1.93	-0.74

台航（2617）營業活動現金流量表

營業活動	2022.Q2	2022.Q3	2022.Q4	2023.Q1	2023.Q2
本期淨利	11.250	3.340	4.160	1.780	2.870
營運產生之現金流入	5.840	5.460	8.660	2.930	7.290
所得稅之（支付）退還	-0.810	0.001	-0.004	-0.005	-1.190
營業活動之淨現金流入	5.030	5.460	8.650	2.930	6.100

註：單位皆為億元　　資料來源：Goodinfo！台灣股市資訊網

④ **四維航：**四維航當時已連續兩季出現虧損，分別為負 1.56 億元與負 1.99 億元，加上 2023 年 Q2 的營業活動之淨現金流出 0.74 億元，因此目前確實已處於「吃老本」的狀況。不過由於金額不大，加上 2022 年 Q2 到 2023 年 Q1 淨現金流入夠多，因此企業整體的現金流量，還在健康的範圍。

⑤ **台航：**台航不管是從本期淨利，還是營業活動之淨現金流入，都是呈現正數。2022 年 Q2 到 2023 年 Q2 來自營業活動之淨現金流入分別為 5.03 億元、5.46 億元、8.65 億元、2.93 億元與 6.1 億元；換言之，目前企業的營業活動現金流量表現是挺健康的。

總結來說，檢視 2023 年 Q2 符合「鹹魚大翻生」的 5 檔航運股，都未出現明顯「吃老本」的狀況，全數都通過第 1 個評量指標。

2.公司會倒嗎？

評量方式：帳上現金可以支應 1 年內到期的長期負債

檢視的標準，要考量公司目前帳上可動用的現金，是否足以支應 1 年內到期的長期負債？若可以，公司短期內倒閉的風險，就會大幅下降。

一家公司的負債主要有 2 大類（詳見圖 13）：

一是流動負債，主要指的是 1 年內到期的負債，包括短期借款、應付帳款等，其目的多半是為了公司平日營運周轉所需。

二則是非流動負債，又可以稱為長期負債，主要指還款日在 1 年以上的負債，包括銀行借款、發行公司債等，多半都是用於長期投資或是擴充產能所需。除此之外，若長期負債的還款期限，已經剩不到 1 年，此時會計的處理會改列入流動負債中，並以「一年或一營業週期內到期的長期負債」呈現。

5 檔航運股 2023 年 Q2 的負債狀況如下：

圖13 公司的負債可分為流動與非流動2類
——企業負債種類與目的

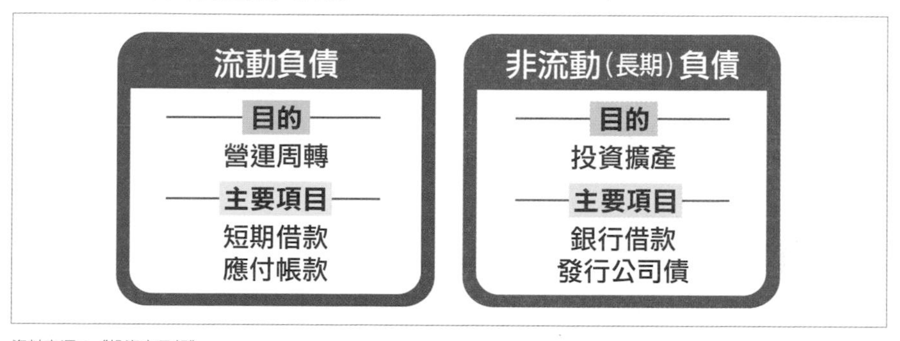

資料來源：《投資家日報》

① **長榮**：2023年Q2，長榮1年內到期的長期負債總額為423億元，包括48.31億元的應付公司債，以及374.75億元的長期借款。對照公司的「現金及約當現金」總額仍高達3,743億元，有超過8.8倍的差距，也顯示出現階段長榮擁有較佳的還款能力，短期內會倒閉的風險不大（詳見表3）。

② **陽明**：2023年Q2，陽明1年內到期的長期負債總額為25.73億元，對照公司的「現金及約當現金」總額仍高達1,155億元，如果再加計持有債券（編按：按攤銷後成本衡量之金融資產）1,473億元，有超過102倍的差距，也顯示出現階段陽明擁有較佳的還款能力，短期內會倒閉的風險

不大。

③ **萬海：**2023 年 Q2，萬海 1 年內到期的長期負債總額為 62.78 億元，對照公司的「現金及約當現金」總額仍高達 1,364 億元，超過 21 倍的差距，也顯示現階段萬海擁有較佳的還款能力，短期內會倒閉的風險不大。

④ **台航：**2023 年 Q2，台航 1 年內到期的長期借款總額為 8.95 億元，對照公司的「現金及約當現金」總額僅為 8.38 億元而言，似乎有點不足；換言之，現階段台航若無法跟銀行「借新還舊」，或在本業上賺進現金，或賣出其他資產變現，恐怕就會面臨財務上周轉不靈的風險。

⑤ **四維航：**2023 年 Q2，四維航 1 年內到期的長期借款總額為 56.67 億元，對照公司的「現金及約當現金」總額僅為 50.21 億元而言，似乎有點不足；換言之，四維航若無法跟銀行「借新還舊」，或在本業上賺進現金，或賣出其他資產變現，恐怕就會面臨財務上周轉不靈的風險。

3.公司值多少錢？

評量方式：計算每股清算價值

清算價值的計算方式為：總資產－應收帳款－存貨－長期投資－總負債，

表3 2023年Q2，長榮、陽明、萬海還款能力佳
——5檔航運股2023年Q2資產負債表數據

股票簡稱（股號）	現金及約當現金	按攤銷後成本衡量之金融資產──流動資產	1年內到期長期銀行借款	1年內到期公司債
長　榮（2603）	374,340,928	16,736,151	37,475,408	4,831,985
陽　明（2609）	115,512,795	147,355,887	2,573,408	0
萬　海（2615）	136,414,702	0	6,278,850	0
台　航（2617）	838,958	0	895,275	0
四維航（5608）	5,021,836	0	5,667,586	0

註：單位皆為千元　　資料來源：公開資訊觀測站

最後除以股數（因為 5 檔航運股每股面額皆為 10 元，因此股數為「股本 ×0.1」），就能算出 5 檔航運股的每股清算價值，分別計算如下：

① **長榮：**核心業務在貨櫃航運的長榮，2023 年 9 月 15 日收盤價在 118.5 元，Q2 每股清算價值為 177.6 元，計算方式為：（總資產 8,849 − 總負債 4,335 − 存貨 90.8 − 應收帳款 204.4 − 長期投資 460）億元 ÷（股本 211.6 億元 ×0.1），市價除以每股清算價值為 0.67 倍（＝ 118.5÷177.6，詳見表 4）。

時序進入 2024 年 5 月，隨著長榮的股價後續最高漲至 229.5 元，若以 2023 年 9 月 15 日收盤價 118.5 元計算，波段漲幅高達 93%。

② **陽明**：核心業務在貨櫃航運的陽明，2023 年 9 月 15 日收盤價在 46.45 元，Q2 每股清算價值為 72.3 元，計算方式為：（總資產 4,799 －總負債 2,019 －存貨 44.6 －應收帳款 90.3 －長期投資 120.8）億元 ÷（股本 349.2 億元 ×0.1），市價除以每股清算價值為 0.64 倍（＝46.45÷72.3）。

2024 年 6 月，隨著陽明的股價後續最高漲至 86 元，若以 2023 年 9 月 15 日收盤價 46.45 元計算，波段漲幅高達 85%。

③ **萬海**：核心業務在貨櫃航運的萬海，2023 年 9 月 15 日收盤價在 50.6 元，Q2 每股清算價值為 69.9 元，計算方式為（總資產 3,399 －總負債 1,300 －存貨 41 －應收帳款 35.9 －長期投資 61.8）億元 ÷（股本 280.6 億元 ×0.1），市價除以每股清算價值為 0.72 倍（＝50.6÷69.9）。

2024 年 6 月，萬海的股價最高漲至 102 元，若以 2023 年 9 月 15 日收盤價 50.6 元計算，波段漲幅高達 101%（詳見圖 14）。

④ **台航**：核心業務在散裝船與代營船舶事業的台航，2023 年 9 月 15 日收盤價在 29.6 元，Q2 每股清算價值為 35.6 元，計算方式為（總

表4 2023年Q2，長榮股價除以每股清算價值不到0.7倍

——5家航運股2023年Q2財務數據與清算價值

股票簡稱（股號）	總資產	總負債	存貨	應收帳款與票據	長期投資	股本	清算價值
長　榮（2603）	8,849	4,335	90.8	204.4	460.0	211.6	3,759
陽　明（2609）	4,799	2,019	44.6	90.3	120.8	349.2	2,524
萬　海（2615）	3,399	1,300	41.0	35.9	61.8	280.6	1,960
台　航（2617）	246	94	0	0.6	2.7	41.7	149
四維航（5608）	233	138	1.4	0.2	0.2	36.9	93

5家航運股2023年Q2每股清算價值計算

股票簡稱（股號）	2023.09.15收盤價（元）	每股清算價值	市價／每股清算價值（倍）
長　榮（2603）	118.50	177.6	0.67
陽　明（2609）	46.45	72.3	0.64
萬　海（2615）	50.60	69.9	0.72
台　航（2617）	29.60	35.6	0.83
四維航（5608）	20.55	25.4	0.81

註：上表單位皆為億元　　資料來源：《投資家日報》

資產 246 －總負債 94 －存貨 0 －應收帳款 0.6 －長期投資 2.7）億元 ÷（股本 41.7 億元 ×0.1），市價除以每股清算價值為 0.83 倍（＝29.6÷35.6）。

2024 年 5 月，台航的股價後續最高漲至 40.25 元，若以 2023 年 9

圖14 2024年6月萬海股價最高漲至102元
——萬海(2615)日線圖

註:資料日期為 2023.09.15 ~ 2024.06.14　　資料來源:XQ 全球贏家

月 15 日收盤價 29.6 元計算,波段漲幅高達 35%。

⑤ 四維航:核心業務在散裝航運的四維航,2023 年 9 月 15 日收盤價在 20.55 元,Q2 每股清算價值為 25.4 元,計算方式為(總資產 233 －總負債 138 －存貨 1.4 －應收帳款 0.2 －長期投資 0.2)億元 ÷(股本 36.9 億元 ×0.1),市價除以每股清算價值為 0.81 倍(＝20.55÷25.4)。不過,截至 2024 年 6 月,四維航的股價尚未漲到每股

清算價值之上。

上述 5 檔航運股，除了四維航之外，其他 4 檔的股價漲幅表現，都呼應了我所主張的「每股清算價值」，確實具備了一定的參考價值。

延伸學習　學會看懂現金流量表

財務報表主要可分為4大報表，若從實務的經驗來看，我認為「綜合損益表」不僅可用來檢視一家公司的營運面貌，更是許多市場新手，剛開始學財報分析的入門課題。「資產負債表」的功用，則是提供市場老手，挖掘一檔股票價值的重要線索。「現金流量表」，在市場高手的眼裡，可用來直搗黃龍、掌握一家公司營運核心與未來發展的依據。最後的「財務比率表」則是協助投資人判斷一家公司獲利能力、經營能力與償債能力的綜合指標。

公司財報可分為4大報表

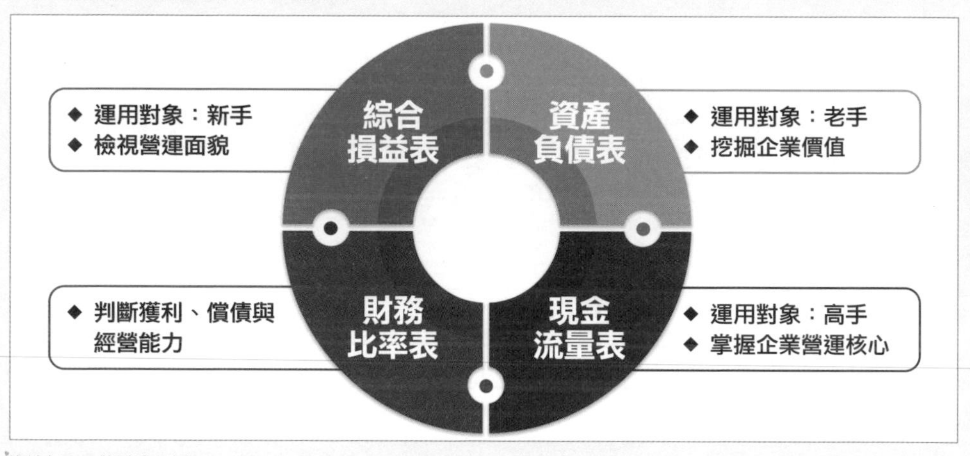

資料來源：《投資家日報》

認識現金流量表3大組成要素

而「高手」在看的現金流量表，主要有3大組成要素，分別為：

1. **來自營業活動：**顧名思義，就是反映一家公司「本業」賺現金的活動，淨現金流入計算方式為：本期淨利＋折舊攤銷－應收帳款（增加）－存貨（增加）。

一般而言，折舊攤銷的多寡會影響一家企業的固定成本，應收帳款則會影響營收的高低，至於存貨則會影響變動成本的起伏。此外，我的第2本著作《12招獨門秘技：找出飆股基因》的第9招「鹹魚大翻生」，在評量的過程中，會參考來自營運的現金活動。

2.**來自投資活動：**顧名思義，就是反映一家公司「投資未來」的活動，淨現金流入計算方式為：採用權益法之投資＋子公司收購（處分）＋固定資產（增加）＋無形資產（增加）。

一般而言，固定資產（增加）指的就是資本支出，無形資產（增加）則是反映發生購併企業時所需調整的會計科目。此外，《12招獨門秘技：找出飆股基因》的第7招「2個領先指標，揪出起漲前的成長股」，在評量的過程中，會參考來自投資的現金活動。

3.**來自融資活動：**顧名思義，就是反映一家公司「籌措資金」的活動，淨現金流入計算方式為：短期借款增加＋公司債發行＋長期借款增加－發放現金股利。

現金流量表由營業、投資、融資活動現金流組成

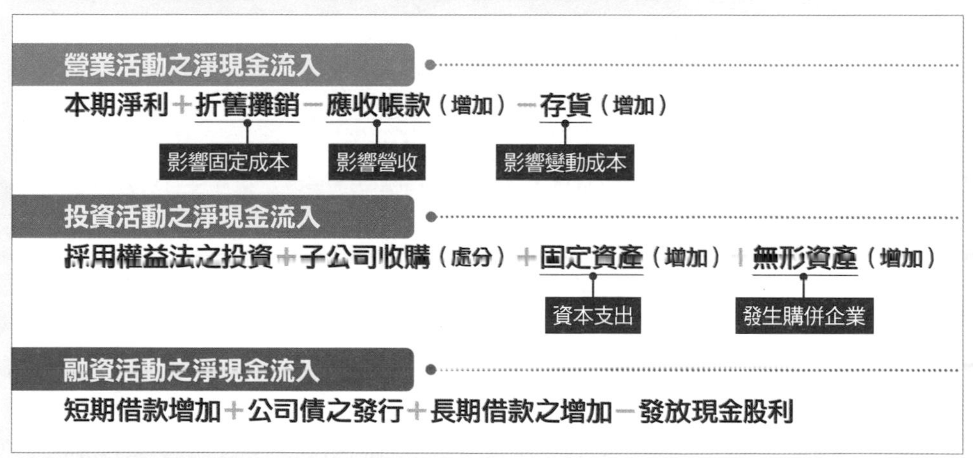

資料來源：《投資家日報》

國家圖書館出版品預行編目資料

超前部署賺好股：報酬是靠耐心等待出來的，用16年獲利58倍／孫慶龍著.--一版.--臺北市：Smart智富文化，城邦文化事業股份有限公司，2024.07
面； 公分
ISBN 978-626-98272-7-5（平裝）

1.CST：股票投資 2.CST：投資技術 3.CST：投資分析

563.53 113009675

Smart 智富

超前部署賺好股

報酬是靠耐心等待出來的，用16年獲利58倍

作者 孫慶龍
主編 黃嫈琪

商周集團
執行長 郭奕伶

Smart 智富
社長 林正峰（兼總編輯）
總監 楊巧鈴
編輯 邱慧真、施茵曼、梁孟娟、陳婕妤、陳婉庭、蔣明倫、劉鈺雯
協力編輯 曾品睿
資深主任設計 張麗珍
封面設計 廖洲文
版面構成 林美玲、廖彥嘉

出版 Smart 智富
地址 115 台北市南港區昆陽街 16 號 6 樓
網站 smart.businessweekly.com.tw
客戶服務專線 （02）2510-8888
客戶服務傳真 （02）2503-6989
發行 英屬蓋曼群島商家庭傳媒股份有限公司城邦分公司

製版印刷 科樂印刷事業股份有限公司
初版一刷 2024 年 7 月
初版四刷 2024 年 8 月

ISBN 978-626-98272-7-5

定價 390 元